John Briggs, F. David Peat:
Die Entdeckung des Chaos
Eine Reise durch die
Chaos-Theorie

Mit 120 Abbildungen
Aus dem Amerikanischen
von Carl Carius

Deutscher
Taschenbuch
Verlag

Ungekürzte Ausgabe
März 1993
Deutscher Taschenbuch Verlag GmbH & Co. KG, München
© 1989 John Briggs, F. David Peat
Titel der amerikanischen Originalausgabe:
Turbulent Mirrow. An Illustrated Guide to
Chaos Theory and the Science of Wholeness
Harper & Row, New York 1989
© der deutschsprachigen Ausgabe:
1990 Carl Hanser Verlag, München
ISBN 3-446-15966-5
Umschlaggestaltung: Klaus Meyer
Umschlagabbildung: H. Jürgens, H.-O. Peitgen, D. Saupe
(aus H.-O. Peitgen, P. Richter: The Beauty of Fractals,
Heidelberg 1986)
Satz: Fotosatz Reinhard Amann, Aichstetten
Lithos: Wartelsteiner, Garching
Druck und Bindung: Friedrich Pustet, Regensburg
Printed in Germany · ISBN 3-423-30349-2

Für Maureen und Barbara,
die eine ziemliche Menge Chaos erdulden mußten,
damit dieses Buch geschrieben werden konnte.

Inhalt

Der Gelbe Kaiser sagte: »Wenn mein Geist durch seine Tür geht und meine Knochen zu der Wurzel zurückkehren, aus der sie wuchsen, was wird von mir bleiben?«

CHUANG-TZU

Der Schöpfungsmythos aus dem Rigweda versichert, daß es am Anfang keine Luft, keinen Himmel und kein Wasser gab, und auch keinen Tod und keine Unsterblichkeit. Es gab keine Nacht und keinen Tag. Es gab nur das Atmen des Einen. Dann vollzog sich auf irgendeine Weise die Schöpfung. Niemand weiß, wie das geschah, und der Rigweda vermutet, daß nicht einmal der Eine dies gewußt haben dürfte.

KOMMENTAR ZUM RIGWEDA

»Wie kinderleicht deine Rätsel alle sind«, brummte Goggelmoggel. »Natürlich meine ich das nicht. Denn wenn ich wirklich herunterfiele – davon kann freilich keine Rede sein – aber angenommen –«, und nun schürzte er die Lippen und sah so feierlich und gewichtig drein, daß Alice sich kaum mehr das Lachen verbeißen konnte, »– angenommen, ich fiele herunter«, fuhr er fort, »so hat der König versprochen – ganz recht, du kannst ruhig erbleichen! Darauf warst du denn doch nicht gefaßt, wie? Der König hat mir versprochen – in eigener Person – er will mir – will mir –«

»All seine Reiter senden«, fiel ihm Alice etwas vorwitzig ins Wort...

»All seine Reiter, jawohl!« fuhr Goggelmoggel fort. »Die hätten mich im Nu wieder hinaufgeschafft, im Nu hätten die das!...«

ALICE HINTER DEN SPIEGELN

Nicht wie im Chaos: zerquetscht, zerstampft,
Sondern: in Harmonie verstreut,
Wo wir Ordnung in der Vielfalt wahrnehmen,
Und wo alles, voneinander abweichend, dennoch zusammenklingt.

ALEXANDER POPE

Schopenhauer weist darauf hin, daß ein Lebenslauf, wenn man ein fortgeschrittenes Alter erreicht hat und zurückblickt, den Anschein erweckt, als hätte er Stetigkeit, Ordnung und Planmäßigkeit besessen, so als sei er von einem Romanschriftsteller komponiert worden. Ereignisse, die, als sie geschahen, zufällig und momenthaft zu sein schienen, erweisen sich als unerläßliche Faktoren in der Komposition einer zusammenhängenden Geschichte. Aber: Wer hat diese Geschichte komponiert? Schopenhauer meint, daß unser ganzes Leben – genauso wie unsere Träume, die durch einen Aspekt unseres Selbst, dessen wir uns nicht bewußt sind, Gestalt gewinnen – durch den Willen in uns geprägt ist. Und gerade so wie Menschen, denen wir offensichtlich rein zufällig begegnen, zu bedeutsamen Wirkungskräften in unserem Leben werden, so wird man selbst, ohne sich dessen bewußt zu sein, zu einem Wirkungsfaktor, der dem Leben der anderen Bedeutung verleiht. Alles verbindet sich miteinander zu einer großen Symphonie, in der jedes Moment unbewußt jedes andere prägt ... ein großer Traum eines träumenden Einzelnen, in dem alle Traumgestalten ebenfalls träumen ... Alles steht in Wechselbeziehung zu allem anderen, so daß man niemanden verantwortlich machen kann. Ja, es ist sogar so, als stünde eine einzige Absicht hinter allem, die immer einen bestimmten Sinn ergibt, obwohl niemand weiß, welcherSinn dies ist und ob man im Leben auch gelebt hat, was tatsächlich beabsichtigt war.

JOSEPH CAMPBELL

Vorwort

Eine alte chinesische Legende bietet sich als Gleichnis für die Rätsel von Ordnung und Chaos an.

Einst vor langer Zeit, so sagt die Legende, waren die Spiegelwelt und die Menschenwelt noch nicht getrennt. Damals waren Spiegelwesen und Menschenwesen nach Form und Farbe ganz verschieden voneinander, vermengten sich und lebten doch harmonisch zusammen. Zu jener Zeit konnte man auch durch die Spiegel hindurch kommen und gehen. Eines Nachts jedoch drangen die Spiegelwesen ohne Warnung in unsere Welt ein, und es brach Chaos herein. Die Menschenwesen stellten schnell fest, daß die Spiegelwesen das Chaos selbst darstellten. Die Macht der Eindringlinge war groß. Dank der magischen Fähigkeiten des Gelben Kaisers gelang es, sie zu besiegen und in ihre Spiegel zurückzutreiben. Um sie dort festzuhalten, zwang der Kaiser die chaotischen Wesen durch einen Zauber, Handlungen und Aussehen der Menschen mechanisch nachzuahmen. Des Kaisers Zauber war stark, aber, so sagt die Legende, er konnte nicht ewig währen. Eines Tages wird der Zauber so schwach werden, daß sich in unserem Spiegel turbulente Gestalten zu regen beginnen. Zunächst wird der Unterschied zwischen den Spiegelbildern und unseren gewöhnlichen Gestalten unmerklich sein. Aber nach und nach werden die Gesten ganz allmählich abzuweichen beginnen, Farben und Formen sich wandeln. Und plötzlich wird die lange eingekerkerte Welt des Chaos in unsere eigene Welt hinein überkochen.

Ist sie etwa schon da?

Eine DC 9, die im Schneesturm auf dem Flughafen Denver startet, gerät nur wenige Meter über dem Boden in Schwierigkeiten. Sie überzieht und kippt ab. 28 Menschen sterben. Von vielen denkbaren Ursachen scheinen den Untersuchungskommissionen schließlich zwei übrigzubleiben. An beiden sind neue Entdeckungen über die Wirkung chaotischer Luftströme oder Turbulenzen beteiligt. In dem einen Szenarium ist es ein störrischer Luftwirbel, der sich in der Spur eines Jets bildete, der auf einer benachbarten Rollbahn landete. Er wollte sich einfach nicht auflösen. Er trödelte ein paar Minuten herum, bis andere Luftströmungen ihn in den Weg der DC 9 stupsten, wo er einen verhängnisvollen Klumpen in den Düsen bildete. In dem anderen denkbaren Szenario, auf das sich die Ursachenforscher schließlich einigten, war der Schuldige das bißchen Eis, das einige Passagiere nach der abschließenden Enteisung noch auf den Tragflächen wahrgenommen haben wollten. Aus diesen paar Körnchen erwuchs eine Turbulenz, die mächtig genug war, den riesigen Jet abstürzen zu lassen.

Weit draußen auf hoher See macht sich eine andere Art von Turbulenz bemerkbar. Normalerweise zermahlen sich die Wasserbewegungen, zerspritzen und verflüchtigen sich im vertrauten Chaos der Meeresdünung. Aber die Forscher mußten lernen, daß gelegentlich etwas geschieht, was den gesunden Menschenverstand und die Gesetze der Wissenschaft zu verletzen scheint. In diesem wirren Wellenrauschen kann das wäßrige Chaos ein Orchester bilden, seine Unordnung synchronisieren, sich in eine einzige glatte Welle verwandeln, die Tausende von Meilen weit wandert, unter Schiffen durch und durch Stürme, ohne auch nur den kleinsten Gestaltverlust zu erleiden.

Wieder eine andere Form von synchronisiertem Chaos könnte, so spekulieren manche Wissenschaftler, am Werk gewesen sein, als an jenem berüchtigten Schwarzen Montag im Oktober 1987 weltweit die Börsenkurse absackten. Man nimmt an, daß der Börsenhandel per Computer, die sich selbst steuernden Programme zur Wahrung des Wertes größerer Aktiendepots und die blitzartige Kommunikation zwischen allen Finanzmärkten der Welt eine Situation herbeiführten, in der relativ unbedeutende schlechte Nachrichten ungeheuer schnell verstärkt wurden. Einen nicht enden wollenden Tag lang vernetzte sich all das zufällige und scheinbar unabhängige Verhalten der Investoren zur Erzeugung einer Finanzkatastrophe.

Wie unsere Version der Legende vom Gelben Kaiser scheinen diese Beispiele darauf hinzuweisen, daß Ordnung und Chaos lebendig und geheimnisvoll miteinander verwoben sind. Während der letzten paar Jahre haben die Wissenschaftler, die sich darum bemühten, diese Vernetzung zu entwirren, eine ganz neue Sicht auf die Wirklichkeit gewonnen. Diese Sicht bringt erregende Einblicke in die Ganzheit der Natur mit sich und hat die Wissenschaft dazu gezwungen, einige ihrer grundlegenden Annahmen neu zu untersuchen.

Die Welt, wie sie die traditionelle Wissenschaft definiert hatte, war eine Welt von fast platonischer Reinheit. Die Gleichungen und Theorien, die den Umlauf der Planeten, das Aufsteigen von Wasser in einer Röhre, die Flugbahn eines Balls oder die Struktur des genetischen Codes beschreiben, enthalten eine Regelmäßigkeit und Ordnung wie die Zuverlässigkeit eines Uhrwerks, die mit den Naturgesetzen fest zu verbinden wir uns angewöhnt haben. Wissenschaftler haben zwar schon immer zugegeben, daß die Welt außerhalb des Laboratoriums selten so euklidisch ist, wie sie uns im Spiegel dieser Gesetze erscheint, den wir der Natur gegenüberstellen. Turbulenz, Unregelmäßigkeit und Unvorhersagbarkeit sind überall. Aber es schien immer erlaubt anzunehmen, daß dies »Rauschen« war, eine Unsauberkeit, die sich daraus ergab, daß in der Wirklichkeit so viele Dinge zusammenkommen. Mit anderen Worten: Man glaubte, das Chaos rühre aus einer Komplexität her, die man im Prinzip doch immer auf ihr wohlgeordnetes Fundament reduzieren könne.

Heute entdecken die Wissenschaftler, daß diese Annahme falsch war.

Ein Specht pickt ziellos nach Insekten, die zufällig in der Rinde eines Baumes verteilt sind; Berge wölben sich auf und werden abgenagt zu gezackten Gipfeln, der Gewalt eines langfristig im wesentlichen unvorhersagbaren Wetters unterworfen; die unregelmäßigen Oberflächen von Herzen, Gedärmen, Lungen und Hirnen gehen ein in das ungeheure Geflecht aller anderen organischen Strukturen, die die Oberfläche unseres Planeten in einer Weise bedecken, die nicht mit euklidischen Begriffen faßbar ist.

»Die meisten biologischen Systeme – und auch sehr viele physikalische – sind unstetig, inhomogen und unregelmäßig«, sagten Bruce West, ein Physiker der Universität von Kalifornien, und Ary Goldberger, Professor an der Harvard Medical School, in einem Artikel im *American Scientist*. Sie gehören zu einer wachsenden Anzahl von Wissenschaftlern, die eine gewagte neue Perspektive entwerfen: »Der Aufbau und das Verhalten lebender Systeme sind in ihrer Variabilität und Kompliziertheit gleichermaßen dem Chaos wie einem regelmäßigen Muster nahe.«

Chaos, Unregelmäßigkeit, Unvorhersagbarkeit – könnte es sein, daß diese Dinge nicht nur Rauschen bedeuten, sondern ihren eigenen Gesetzen folgen? Das ist es, was einige Wissenschaftler jetzt zu lernen beginnen. Mehr als das – solche Wissenschaftler zeigen uns, welche seltsamen Gesetze des Chaos hinter vielen, wenn nicht den meisten Dingen stehen, die wir in unserer Welt bemerkenswert finden: der menschliche Herzschlag und menschliches Denken, Wolken, Gewitter, die Struktur der Galaxien, das Entstehen eines Gedichts, das Auf und Ab der Population von Raupen des Großen Schwammspinners, die Ausbreitung eines Waldbrandes, eine gewundene Küstenlinie, sogar Ursprung und Evolution des Lebens selbst.

So hat ein neuer Schlag von Wissenschaftlern begonnen, an einem neuen Spiegel zu arbeiten, der der Natur gegenübergestellt wird: Ein turbulenter Spiegel.

Im folgenden werden wir sehen, daß diese neuen Forscher in der Landschaft auf der einen Seite des Spiegels studieren, auf welche Weise Ordnung zerfällt und ins Chaos übergeht; daß sie auf der anderen Seite herausfinden, wie Chaos Ordnung erschafft; und daß sie an der kaum faßbaren Oberfläche des Spiegels an dieser Verbindungsstelle zwischen beiden Welten mithelfen, die Aufmerksamkeit von den quantitativen Zügen dynamischer Systeme auf ihre qualitativen Eigenschaften zu lenken. Und auf beiden Seiten, wie auch in der Mitte, überschneiden sich die Grenzen der wissenschaftlichen Disziplinen: Mathematiker studieren biologische Systeme, Physiker packen die Probleme der Neurophysiologie an; Neurophysiologen büffeln Mathematik. Oft ist ihr gemeinsames Werkzeug der Computer. Mit seiner Hilfe iterieren Chaosforscher die Gleichungen, wie Chemiker Reagenzien mischen; Farben und Formen, die Zahlen darstellen, flimmern auf den Bildschirmen und erstarren zu Ergebnissen. Solche abstrakten und doch unendlich lebendigen Formen haben mitgeholfen, unerwartetes Einfühlungsvermögen zu schärfen dafür, wie Komplexität sich ändert. Obwohl wir dazu neigen, dem Computer scharfe Entscheidungen und hohe Genauigkeit zuzuschreiben, ist doch ironischerweise gerade das Computermodell mit seinen aufregenden Bildern von Rückkoppelung und Chaos ein Symbol für den Sprung geworden, zu dem die neue turbulente Wissenschaft ansetzt – für jenen Sprung von den traditionellen Interessen der Wissenschaft an Vorhersage, Kontrolle und Analyse der Teile zu neuer Beschäftigung mit der Frage, wie sich das unvorhersagbare Ganze bewegt.

Ja, eben dadurch, daß sie dem üblicherweise recht verschwommenen Ausdruck »Ganzheit« Bedeutung verleiht, bereitet die Wissenschaft von Chaos und Veränderung eine Revolution unserer Sichtweise vor. Der Reporter und Wissenschaftsautor James Gleick sagt in seinem faszinierenden Buch über die Entdeckungen und die Persönlichkeiten einiger der Wissenschaftler, die in den Siebzigern und Achtzigern die Chaostheorie »erfanden«: »Mehr und mehr von ihnen fühlten die Vergeblichkeit, wenn sie die Teile isoliert vom Ganzen studierten. Für sie war das Chaos das Ende des reduktionistischen Programms der Wissenschaft.« Ein neues Verstehen der Begriffe von Ganzheit, Chaos und Veränderung stellt das Herz der Revolution dar. Der Chaosphysiker Joseph Ford nennt dies »eine wesentliche Verschiebung in der ganzen Wissenschaftsphilosophie und darin, wie der Mensch seine Welt anschaut«.

So scheint also in diesen paar kurzen Jahren der alte Zauber verblaßt, ja aufgelöst zu sein, der die Welt des Chaos von der Welt der Ordnung trennte, und die Wissenschaft findet sich mitten in einer Invasion räuberischer Eindringlinge. Oder ist das gar kein Raubzug? Vielleicht ist es etwas Nützliches und Schöpferisches, eine moderne Auferstehung des alten Sinnes für Harmonie zwischen Ordnung und Chaos.

Von der Ordnung zum Chaos

Prolog

Eine alte Spannung

Der Kaiser des südlichen Meeres hieß Shu (Kurz). Der Kaiser des nördlichen Meeres hieß Hu (Plötzlich) und der Kaiser der Mitte hieß Hun-tun (Chaos). Shu und Hu trafen sich von Zeit zu Zeit im Gebiet des Hun-tun und Hun-tun war sehr großzügig zu ihnen. Shu und Hu berieten, wie sie seine Freundlichkeit erwidern könnten. »Alle Menschen«, sagten sie, »haben sieben Öffnungen. Zum Sehen, Hören, Essen und Atmen. Allein Hun-tun hat keine. Versuchen wir doch, ihm welche zu bohren!« Jeden Tag bohrten sie ein Loch, und am siebenten Tag starb Hun-tun.

CHUANG-TZU
(nach der engl. Übersetzung von Burton Watson)

Der Anfang von allem

Alte Völker glaubten, die Kräfte des Chaos und der Ordnung seien Teil einer unbehaglichen Spannung, kaum eine Harmonie zu nennen. An Chaos dachten sie als an etwas Unermeßliches und Kreatives.

In seiner *Theogonie* versicherte Hesiod seinen Lesern: »Das erste aller Dinge war das Chaos. Das nächste die breitbrüstige Erde.« Kosmologien aller Kulturen stellten sich einen Anfangszustand vor, in dem Chaos oder Nichts vorherrschten, aus dem die Wesen und die Dinge hervorbrachen. Die alten Ägypter stellten sich das frühe Universum als einen gestaltlosen

Abgrund namens Nut vor. Nut gebar Ra, die Sonne. In einer chinesischen Schöpfungsgeschichte entspringt ein Strahl reinen Lichts, Yang, dem Chaos und errichtet den Himmel, während das zurückbleibende schwere Trübe, Yin, die Erde bildet. Yin und Yang, weibliches und männliches Prinzip, gehen dann daran, die zehntausend Dinge (mit anderen Worten: alles) zu erschaffen. Es fällt auf, daß die Prinzipien von Yin und Yang auch nach ihrem Auftauchen die Eigenschaften des Chaos, dem sie entsprangen, behalten haben sollen. Zuviel Yin oder Yang wird das Chaos zurückbringen.

In der babylonischen Schöpfungsgeschichte hieß das Chaos Tiamat, die Urmutter des Alls. Sie und andere frühe Götter verkörperten die verschiedenen Gesichter des Chaos. Zum Beispiel gab es einen Gott, der die grenzenlosen Weiten ursprünglicher Gestaltlosigkeit symbolisierte, und einen Gott, der Verborgene genannt, der die Unberührbarkeit und Nichtwahrnehmbarkeit darstellte, die in der Wirrnis des Chaos lauert. Die babylonische Einsicht, daß die Gestaltlosigkeit des Chaos doch verschiedene Gesichter haben könnte, mit anderen Worten eine Art impliziter Ordnung, mußte Tausende von Jahren warten, bis sie durch die moderne Wissenschaft wiederentdeckt wurde.

Die von der Turbulenzwissenschaft neu gefundene Einsicht in die Wechselbeziehung von Ordnung und Chaos ist ebenfalls eine uralte Idee. Die Schöpfer der babylonischen Mythen erzählten, daß Tiamat sehr zornig wurde, als sie ein Heer neuer Gestalten aus dem Chaos taumeln sah, die dem Universum Struktur gaben. Sie sah ihr herrlich unordentliches Reich schrumpfen. Um ihr turbulentes Territorium zurückzugewinnen, plante sie die Auslöschung all der Ordnung, die sie selbst geboren hatte. Tiamats gestaltlose Ungeheuer machten sich daran, alles zu terrorisieren, und sie hatten Erfolg, bis Marduk, der von ihr abstammte, sie besiegte und eine neue Ordnung schuf.

Die mythische Vorstellung, daß die kosmische Schöpferkraft auf einer wechselseitigen Beziehung zwischen Ordnung und Unordnung beruht, überlebt sogar noch bis in die monotheistischen Kosmologien wie die des Christentums.

Psalm 74, Vers 13 und 14, erzählt, daß Gott (die Ordnung) gezwungen ist, »die Köpfe der Drachen auf den Wassern zu zerbrechen« und »die Köpfe des Leviathan zu zerschmettern«. (Nachzulesen auch im Buch Hiob, 40 und 41.) Ein Kommentator weist darauf hin, daß wir hier auf der

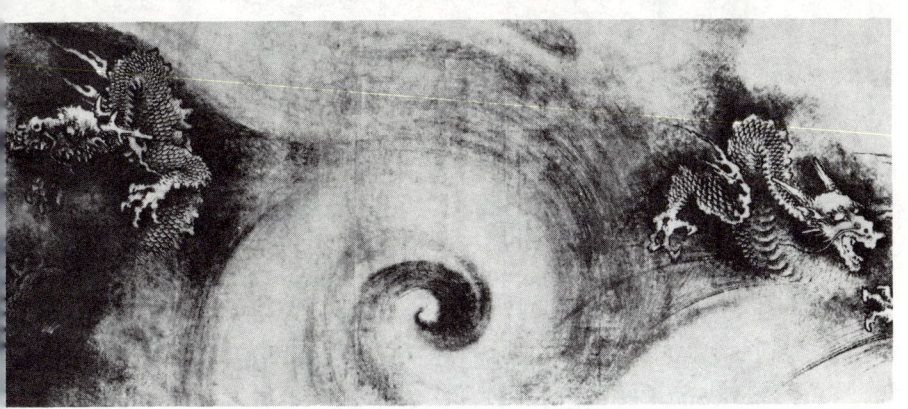

Spur eines Schöpfungsbegriffs sind, der den Kampf der Gottheit gegen
die Mächte des Chaos betont. Das biblische Universum beginnt wüst und
leer, also gestaltlos, bis Gott es erschafft oder anordnet. Dieser Kampf gegen die Unordnung ist aber nicht ein einmaliges Ereignis. Die Sintflut, Sa-
tan, die Peiniger Jesu Christi – in alledem wird das hydragleiche Chaos
offenbar, das weiterhin sein Haupt erhebt. Und als bei Jesu Kreuzigung
»die Erde erbebte und die Felsen zerrissen und die Gräber sich auftaten«,
da drohte die Unordnung die Schöpfung wieder einzuholen. Vielleicht
aber sollte dieses Grollen des Chaos vor allem ankündigen, daß eine neue
Ordnung im Kommen war. Oder findet etwa Gottes beständiger Kampf
mit dem Chaos in ihm selbst statt, da ja aus mancherlei Sicht der jüdisch-
christliche Schöpfer selbst ebensosehr Chaos wie Ordnung ist? Gott ist
der Wirbelsturm, die wilde Zerstörung, der Bringer von Plagen und
Überschwemmung. Um Schöpfer zu sein, muß er offenbar an einer verschwommenen Grenzlinie zwischen Ordnung und Chaos arbeiten. Viele
Kulturen haben diese Sicht geteilt. Die Gestalt, die aus dem Dunst dieses
Grenzbereichs hervortritt, ist Dionysos, der Gott jener ziellosen Besessenheit, die unter aller kulturellen Routine zu finden ist; es ist der indi-
sche Schöpfergott Shiva, der an schrecklichen, unheimlichen Plätzen lebt

wie an Schlachtfeldern und Kreuzwegen; es sind die Ungeheuer Sünde und Tod.

Während in alten Zeiten die Spiegelwelten des Chaos und der menschlichen Ordnung in einem wackeligen Bündnis lebten, hat die Wissenschaft all dies geändert. Mit dem Heraufkommen der Wissenschaft, genauer gesagt der reduktionistischen Wissenschaft, wurde ein neuer Zauber wirksam, so mächtig wie der des Gelben Kaisers, und eine jahrhundertelange Unterdrückung der Spiegelwelt des Chaos begann.

Wie das Chaos vergessen wurde – oder: Das Treffen bei Hun-tun

Der Psychologe, Anthropologe und Kritiker René Girard bemerkte, daß wir Menschen ein starkes Bedürfnis haben, die Unordnung in den Mythen aus der Sicht der Ordnung zu interpretieren. »Schon das Wort Unordnung legt nahe, daß Ordnung der Unordnung vorangeht und sie überragt«, sagt er. »Ständig sind wir dabei, die Mythologie in dem Sinn zu verbessern, daß wir die Unordnung in ihr mehr und mehr unterdrücken.«

Eine der Arten, in der die frühen griechischen Philosophen die mythische Vorstellung von Unordnung »verbesserten«, bestand darin, ihr eine wissenschaftliche Haltung einzuimpfen. Thales, Anaximander und Anaxagoras schlugen vor, daß eine besondere Substanz oder Energie – wie Wasser oder Luft – in chaotischer Bewegung gewesen sei und daß aus dieser Substanz heraus die verschiedenen Gestalten im Universum auskristallisiert wären. Schließlich, so dachten diese Vor-Wissenschaftler, würde die Ordnung sich auflösen und wieder in den kosmischen Strom einmünden, und dann würde ein neues Universum in Erscheinung treten. Dies war die alte mythische Vorstellung in neuer abstrakter Form, wie sie der nüchtern analysierende Blick erforderte.

Mit Aristoteles tat die wissenschaftliche Methode einen weiteren Schritt und distanzierte sich noch weiter vom Chaos. Er spekulierte, daß die Ordnung alles durchdringt und in immer raffinierteren und komplexeren Hierarchien existiert. Dieses Konzept wurde später durch Denker des Mittelalters und der Renaissance zur Idee der *Großen Kette* des Seins ausgearbeitet, einem Schema, in dem alle Lebensformen, von den Würmern bis zu den Engeln, auf einer aufsteigenden Skala angeordnet waren.

Das Mittelalter war eine lange, launische Zeit, in der der wissenschaftliche Geist von Aristoteles, Euklid, Demokrit, Pythagoras und Hippokrates mit den alten Mythologien im Wettstreit stand. Die Hermetiker oder Alchimisten des Mittelalters sind ein gutes Beispiel für diesen Kampf. Sie vermischten gnostische Spekulationen, Christentum und die Theologien Ägyptens, Babyloniens und Persiens. Sie glaubten an eine Schöpfung aus dem vorher existierenden Chaos, zu dem das Groteske und Irrationale gehörten. Das Unbeständige, Dunkle und Trübe erschien ihnen als lebensschaffend, der Abstieg ins Chaos und die Begegnung mit Ungeheuern als lebenserneuernd, und die Schöpfung war ihnen ein immerwährend sich erneuernder Prozeß. Ihre Maxime, die sie mit den Astrologen teilten, war »wie oben, so unten«. Und doch waren die Alchimisten auch Wissenschaftler, die mit wissenschaftlichen Methoden und Instrumenten arbeiteten und wichtige chemische Entdeckungen machten.

Zur Zeit Galileis, Keplers, Descartes' und Newtons hatte der wissenschaftliche Geist mit seiner Unterdrückung des Chaos die Oberhand gewonnen. Newtons Gesetze der Himmelsmechanik und Descartes' Koordinaten, die es den Wissenschaftlern erlaubten, sich die Welt als ein riesiges Netz vorzustellen, erweckten den Anschein, als könnte alles in mathematischen oder mechanischen Begriffen beschrieben werden.

Zur Zeit Napoleons konnte sich der französische Physiker Pierre Laplace allen Ernstes vorstellen, daß die Forscher eines Tages eine einzige mathematische Gleichung herleiten würden, die mächtig genug wäre, alles zu erklären. Der Gelbe Kaiser, den Zauberstab reduktionistischer Wissenschaft in der Hand, hatte seinen Zauber über die Welt geworfen. Die Unordnung war nun eingekerkert und gezwungen, die Gesten einer universellen Ordnung zu reflektieren. Wie nur hatte es dazu kommen können?

Im wesentlichen ist der Reduktionismus die Natursicht eines Uhrmachers. Eine Uhr läßt sich auseinandernehmen und in ihre Bestandteile wie Zahnräder, Hebelchen, Federn und Triebwerk zerlegen. Sie läßt sich aus diesen Teilen auch wieder zusammensetzen. Der Reduktionismus stellt sich auch die Natur als etwas vor, was sich zusammensetzen und auseinandernehmen läßt. Reduktionisten glauben, daß auch die komplexesten Systeme aus atomaren und subatomaren Entsprechungen von Federn, Zahnrädchen und Hebeln bestehen, die die Natur auf unendlich vielfältige, geniale Art kombinierte.

Zum Reduktionismus gehörte jene recht simple Sicht des Chaos, wie sie sich in Laplace' Traum von einer universellen Formel offenbart. Chaos war einfach Komplexität so hohen Grades, daß Forscher ihr praktisch nicht nachgehen konnten. Aber man fühlte sich sicher, daß man dies eines Tages im Prinzip doch tun könnte. Und wenn dieser Tag käme, dann gäbe es kein Chaos mehr, sondern sozusagen nur noch Newtons Gesetze. Man hatte einen Gegenzauber gefunden.

Das 19. Jahrhundert aber stellte diesen Zauber auf eine harte Probe. Zum Beispiel hatten schon um die Mitte des 18. Jahrhunderts Forscher begonnen, sich darüber den Kopf zu zerbrechen, warum es ihnen nicht gelang, eine sich für immer bewegende Maschine, ein Perpetuum mobile, zu erfinden. Dummerweise stellte sich beim Betreiben jeder Maschine heraus, daß ein Teil der eingespeisten Energie in eine Form überging, die man nicht zurückgewinnen und wiederbenutzen konnte. Die Energie war desorganisiert, chaotisch geworden. Diese Beobachtung der fortschreitenden Desorganisation nützlicher Energie führte auf das wichtige Entropiegesetz und zur Begründung der Wärmelehre oder Thermodynamik.

Eine Zeitlang stellte der Entropiebegriff die universelle Newtonsche Ordnung in Frage. Bedeutete die Tatsache, daß jede Maschine ständig neue Energie braucht und daß alle Gestalten unausweichlich unter der Lawine der Entropievermehrung zermalmt werden und zerfallen, bedeutete dies, daß das Chaos im Prinzip ebenso mächtig ist wie die Ordnung?

In den siebziger Jahren des 19. Jahrhunderts versuchte der Wiener Physiker Ludwig Boltzmann der Herausforderung durch das entropische Chaos zu begegnen, indem er bewies, daß Newtons Mechanik trotz allem auch auf dem reduktionistischen Niveau der Atome und Moleküle gültig ist. Die Bewegungen dieser Teilchen des kosmischen Uhrwerks gehorchten stets den Newtonschen Gesetzen, wie Boltzmann meinte, nur wird es in komplizierten Systemen, wo Trillionen von Atomen und Molekülen herumtorkeln und einander stoßen, immer weniger wahrscheinlich, daß diese geordnete Beziehungen zueinander aufrechterhalten. Alles in allem sind regelmäßige Anordnungen großer Zahlen von Atomen und Molekülen höchst unwahrscheinlich. So überrascht es nicht, daß solche geordneten Beziehungen recht schnell vergehen müssen, wenn sie einmal zustande kamen. So sollten nach Boltzmann selbst die Atome unseres Sonnensystems einst in völlig zufälliges Durcheinander vermischt werden. Nun stellten sich die Reduktionisten vor, das Ende unseres Universums werde ein Zustand völliger Homogenität sein, ein lauwarmer Kosmos gleichverteilter Teilchen: sinnlos, geschlechtslos, gestaltlos.

Für Wissenschaftler des 19. Jahrhunderts bedeutete allerdings Boltzmanns Chaosbegriff etwas ganz anderes als das gestaltlose Nichts der alten Mythen, die sich das Chaos doch aktiv vorgestellt hatten. Das mythische Chaos war der Ursprung aller Dinge gewesen, aus dem die Gestalten und das Leben hervorgegangen waren. Das passive Chaos der Entropie war eher das Gegenteil. Es war der Vorgang, in dem Gestalten und Systeme sich abnutzten oder die Energie erschöpften, die sie zusammengehalten hatte. Die Uhr ging in Stücke, ihre Teile wurden durcheinandergerüttelt und mußten dabei nach den klassischen Gesetzen zusammenprallen.

Indem Boltzmann die Wahrscheinlichkeit in die Physik einführte, hatte er den Reduktionismus davor errettet, vom Chaos verschlungen zu werden. Hatte er doch bewiesen, daß das passive Chaos der thermischen Entropie wiederum nichts anderes als ein Ausdruck der Newtonschen Ordnung war. Der reduktionistische Zauber blieb ungebrochen.

Etwa zur selben Zeit, als Boltzmann die Gesetze der Entropie enthüllte, machten Charles Darwin und Alfred Russel Wallace eine Theorie bekannt, die erklärte, wie neue Lebensformen erscheinen. Wie Boltzmann sahen Darwin und Wallace im Zufall, in der Wahrscheinlichkeit, ein Schlüsselelement für die mechanischen Abläufe in komplexen Gestalten. Hier aber führt der Zufall nicht zum Durcheinanderwerfen und zur Zerstörung komplexer Ordnung, sondern er erzeugt hier Zufallsvariationen in den Individuen existierender Arten. Einige dieser Variationen überleben und bringen neue Arten hervor.

So herrschte gegen Ende des 19. Jahrhunderts noch immer der Glaube an den Reduktionismus und das mechanistische Weltbild vor, aber der Preis, der dafür bezahlt wurde, war hoch. Die Menschheit sah sich nun selbst als das Ergebnis unwahrscheinlicher Zusammenstöße von Teilchen, die den teilnahmslos herrschenden Gesetzen des Weltalls gehorchten. Als Kinder der Götter entthront, aber im Besitz des Wissens um diese Gesetze, setzten die Menschen sich selbst auf einen neuen Thron. Durch die Kenntnis der Gesetze, so glaubte man, würden wir immer geschickter darin werden, den Einfluß der Entropie auf komplizierte

Systeme vorherzusagen und zu kontrollieren. In der Praxis mochte sich das passive entropische Chaos vielleicht nicht ganz ausschalten lassen, aber man würde es minimal halten oder umgehen können, wenn man immer genauer verstünde, wie die universelle mechanistische Ordnung funktioniert, die ihm zugrunde liegt.

In den Vorstellungen der alten Babylonier hatte das Chaos viele Gesichter. Die reduktionistische Wissenschaft des 19. Jahrhunderts hatte das chaotische Antlitz der Entropie maskiert. Aber auch ein weiteres Gesicht des Chaos hatte sie verdeckt, indem sie einen Trick der reduktionistischen Mathematik anwandte.

Wenn die Ingenieure des 19. Jahrhunderts ihre neuen Brücken, Dampfschiffe und anderen technischen Wunderwerke errichteten, so begegnete ihnen immer wieder Unordnung in Form plötzlicher Veränderungen, die so ganz anders waren als das langsame Wachstum der Entropie, wie es von Boltzmann und der Wissenschaft der Thermodynamik beschrieben worden war. Platten wölbten sich unerwartet auf, und Baustoffe brachen. Solche Erscheinungen forderten die mächtige Mathematik heraus, die die Newtonsche Revolution geschmiedet hatte.

Der Wissenschaft erschien ein Phänomen gesetzmäßig, wenn die Bewegungen sich im Sinne eines Schemas von Ursache und Wirkung durch eine Differentialgleichung darstellen ließen. Newton führte die Idee des Differentials erstmals in seinen berühmten Bewegungsgleichungen ein, die zeitliche Veränderungen mit Kräften in Beziehung setzten. Von nun an verließen sich die Wissenschaftler auf lineare Differentialgleichungen. Verschiedenste Phänomene wie der Flug einer Kanonenkugel, das Wachstum einer Pflanze, die Verbrennung von Kohle und die Funktion einer Maschine lassen sich durch solche Gleichungen beschreiben, in denen kleine Veränderungen kleine Wirkungen hervorrufen, und große Wirkungen dadurch zustande kommen, daß viele kleine Änderungen sich aufsummieren.

Es gibt aber auch eine ganz andere Sorte von Gleichungen, und auch die Wissenschaftler des 19. Jahrhunderts waren grob mit ihnen vertraut. Dies waren die nichtlinearen Gleichungen. Nichtlineare Gleichungen kommen vor allem bei der Beschreibung unstetiger Vorgänge vor – wie Explosionen, plötzlichen Materialbrüchen oder hohen Windgeschwindigkeiten. Nur war das Problem, daß der Umgang mit den nichtlinearen Gleichungen mathematische Techniken und eine Art von Einsicht erforderte, die damals nicht zur Verfügung standen. Mathematiker der viktorianischen Zeit konnten nur die allereinfachsten nichtlinearen Gleichungen in Spezialfällen lösen, und allgemeines nichtlineares Verhalten blieb ein Geheimnis. Zum Glück mußten die Ingenieure des 19. Jahrhunderts nicht in solche Mysterien eindringen, um ihre mechanischen Bravourstücke zu vollbringen, weil in den meisten kritischen Situationen, mit denen sie zu tun hatten, »lineare Näherungen« anwendbar waren. Lineare Näherungen sind eine Art von Differentialgleichungen. Sie stützen sich auf vertraute Intuitionen, auf den wohlerprobten und zuverlässigen reduktionistischen Zusammenhang zwischen Ursache und Wirkung. So lieferten diese Art Gleichungen eine Art Trick, der die jähen Abgründe des Chaos verhüllte. Noch einmal hatten die Wissenschaftler den alten reduktionistischen Zauber wirksam erhalten.

Der Zauber hielt bis in die siebziger Jahre an, als mathematische Fortschritte und das Aufkommen schneller Computer die Wissenschaftler in die Lage versetzten, komplexe und nichtlineare Gleichungen zu untersuchen. Dadurch wurde innerhalb weniger kurzer Jahre diese seltsame Art von Mathematik zu einem der beiden Winde, die nun die turbulente Wissenschaft antreiben.

Die nichtlinearen Dämonen

Nichtlineare Gleichungen führen den Mathematiker in zwielichtige Bereiche. Wer sie löst, bewegt sich scheinbar in einer normalen mathematischen Landschaft, kann sich aber ganz plötzlich in einer völlig anderen Wirklichkeit wiederfinden. In einer nichtlinearen Gleichung kann die winzige Änderung einer Variablen eine völlig unverhältnismäßige, ja katastrophale Wirkung auf andere Variable haben. Während die Beziehungen zwischen den Elementen eines sich entwickelnden Systems über einen großen Wertebereich ziemlich konstant sein mögen, ändert sich dies plötzlich an einem kritischen Punkt und die das System beschreibende Gleichung schießt in einen Bereich völlig anderen Verhaltens. Werte, die bisher nahe beieinander lagen, schnellen auseinander. Bei linearen Gleichungen erlaubt die Untersuchung einer Lösung dem Mathematiker, das Ergebnis auf andere Lösungen zu verallgemeinern; bei nichtlinearen Gleichungen ist das ganz anders. Selbst wenn sie

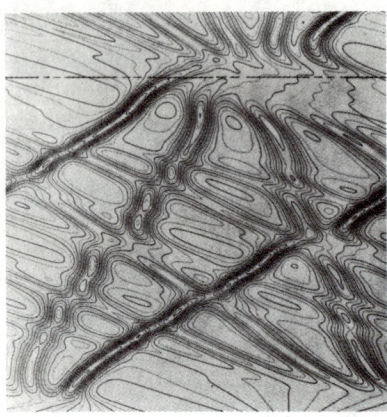

Abb. P.2 Diese Computer-Darstellung einer nichtlinearen Lösung stellt komplexes zeitliches Verhalten dar. Ein modernes Abbild des Chaos, dem die Welt entsprang?

gewisse allgemeine Eigenschaften gemeinsam haben, neigen nichtlineare Lösungen dazu, sich eigenbrötlerisch und absonderlich zu benehmen. Anders als die schönen, glatten Kurven, die Gymnasiasten aufgrund linearer Gleichungen in ihre Mathematikhefte malen, zeigen die bildlichen Darstellungen nichtlinearer Gleichungen Lücken, Schleifen, Rekursionen – Turbulenzen aller Art.

Mit nichtlinearen Gleichungen kann man beschreiben, wie ein Erdbeben losbricht, wenn zwei der großen Platten an der Oberfläche der Erdkruste gegeneinander drücken und dabei entlang der Spannungslinie unregelmäßigen Druck aufbauen. Die Gleichung zeigt, wie beim Zusammenquetschen der unter der Oberfläche verborgenen Landschaft diese Spannung jahrzehntelang allmählich steigt, bis plötzlich ein weiterer Millimeter ausreicht, um einen »kritischen« Wert zu erreichen. Bei diesem Wert macht die Spannung einen Sprung, wobei die eine Platte über die andere gleitet und den Boden in dieser Gegend heftig erbeben läßt. Diesem ersten Stoß folgen weitere Instabilitäten in Form von Nachbeben.

Nichtlineare Gleichungen können zwar auf elegante Weise solches Chaos darstellen und den Wissenschaftlern tiefe Einsichten darüber vermitteln, wie sich derart komplexe Ereignisse entfalten, sie erlauben es aber keineswegs, genau vorherzusagen, wo und wann das nächste Beben zu erwarten ist. Wie wir sehen werden, liegt dies daran, daß in der nichtlinearen Welt, die den größten Teil unserer Welt einschließt, exakte Vorhersagen sowohl praktisch als auch theoretisch unmöglich sind. Das Nichtlineare hat die Reduktionisten aus ihrem Traum aufgeschreckt.

Die Gleichungen der Einsteinschen allgemeinen Relativitätstheorie sind im wesentlichen nichtlinear, und eines der erstaunlichen Dinge, die die Nichtlinearität dieser Theorie vorhersagt, ist das Schwarze Loch, ein Riß im Gewebe der Raumzeit, wo die ordentlichen Gesetze der Physik versagen.

Systemtheoretiker rechnen nichtlineare Gleichungen mit vielen verschiedenen Zahlenwerten durch und schaffen es dadurch, die Wirkungen verschiedener Planungsstrategien auf die Entwicklung von Städten, auf das Wachstum von Wirtschaftsunternehmen oder auf die Funktion einer ganzen Volkswirtschaft darzustellen. Mittels nichtlinearer Modelle lassen sich in solchen Systemen mögliche kritische Punkte aufspüren, also Stellen, in denen eine kleine Veränderung unverhältnismäßig große Wirkung hervorbringen kann.

Ein Unterschied zwischen linearen und nichtlinearen Gleichungen ist die Rückkoppelung – d. h. in nichtlinearen Gleichungen gibt es Terme, die wiederholt mit sich selbst multipliziert werden. Wachsendes Verständnis für das Wesen von Rückkoppelungen ist der zweite Wind, der die turbulente Wissenschaft antreibt.

Rückkoppelung

Im späten 18. Jahrhundert setzte James Watt einen Regler auf seine Dampfmaschine und schuf so eine Rückkoppelung. Ein jedermann vertrautes Rückkoppelungssystem ist auch die Regelung der Hausheizung. Sinkt die Zimmertemperatur unter den Wert, der auf dem Thermostat eingestellt wurde, so antwortet der Thermostat, indem er den Brenner einschaltet, und es wird wärmer im Zimmer. Steigt die Zimmertemperatur aber über eine zweite, auf dem Thermostat eingestellte Temperatur, so meldet dieser dem Brenner, daß er abschalten muß. Was der Thermostat tut, beeinflußt den Brenner, aber ebenso beeinflußt das, was der Brenner tut, den Thermostaten. Die Art, in der Brenner und Thermostat miteinander verbunden sind, nennt man in der Fachsprache eine negative Rückkoppelung.

Negative Rückkoppelungen tauchen in der Technikgeschichte schon 250 v. Chr. auf, als der Grieche Ktesibios eine solche benutzte, um die

Höhe des Wassers in einer Wasseruhr zu regulieren. Im 18. und 19. Jahrhundert wurden Regler weithin angewandt. Die mathematischen Modelle, die man in den dreißiger Jahren entwickelte, um die Beziehung zwischen Raubtier und Beute zu beschreiben, schlossen negative Rückkoppelungen und andere Verknüpfungen ein. Die in der amerikanischen Verfassung verankerten Kontrollmechanismen haben sich als funktionierende negative Rückkoppelungen erwiesen, und Adam Smith hatte solche in seiner Schilderung des »Reichtums der Nationen« eingebaut. Aber wie der Systemwissenschaftler George Richardson vom MIT sagt: »Nichts deutet darauf hin, daß im Denken der Wirtschaftler, Politiker, Philosophen und Ingenieure jener Zeit Rückkoppelungen irgendeine Rolle spielten.«

Erst in den vierziger Jahren schließlich erkannte man das eigentliche Wesen negativer Rückkoppelungsschleifen. Die Kybernetik, die Informationstheorie der Maschinensprache, machte sie populär, und in den fünfziger Jahren fingen die Wissenschaftler an, auch die Existenz anderer als negativer Koppelungen wahrzunehmen. Beispielsweise die positive Rückkoppelung.

Abb. P.3

Das ohrenbetäubende Pfeifen einer öffentlichen Lautsprecheranlage ist ein Beispiel für positive Rückkoppelung. Es setzt schlagartig ein, wenn das Mikrophon zu nahe an den Lautsprecher kommt. Das Mikrophon fängt etwas aus dem Lautsprecher auf und schickt es zurück in den Verstärker, der es wiederum an die Lautsprecher weitergibt. Das chaotische Geräusch resultiert aus einem Verstärkungsprozeß, in dem das Ausgangssignal einer Stufe zum Eingangssignal einer anderen wird.

Wenn man Rückkoppelungen negativ oder positiv nennt, so ist das kein Werturteil. Die Namen bedeuten einfach, daß der eine Rückkoppelungstyp hemmt und der andere verstärkt. Heute weiß man, daß diese beiden grundlegenden Arten von Rückkoppelung überall vorkommen: auf allen Ebenen des Lebendigen, in der Evolution des ökologischen Gesamtsystems, in den momentanen psychologischen Abläufen bei gesellschaftlichem Umgang und in den mathematischen Ausdrücken nichtlinearer Gleichungen. Rückkoppelung verkörpert wie die Nichtlinearität eine grundsätzliche Spannung zwischen Ordnung und Chaos.

Durch die jüngste Erforschung von Rückkoppelung und Nichtlinearität ist eine uralte Spiegelwelt neu entdeckt worden.

Abb. P.4

Das Poincarésche Problem:
Wie Newton fiel und keiner es merkte

Wie sich nun herausstellt, sind die Wissenschaftler unserer Zeit nicht die ersten, die diese Spiegelwelt wiederentdeckten. Schon im Ausklang des 19. Jahrhunderts war ein brillanter französischer Mathematiker, Physiker und Philosoph kopfüber hineingestolpert und hatte zur Vorsicht gemahnt. Er warnte, daß der Reduktionismus eine Illusion sein könnte. Aber so dramatisch der Warnruf auch war, es dauerte fast ein Jahrhundert, bevor man ihn hörte.

Henri Poincaré machte seine beunruhigende Entdeckung in einem Gebiet, das man als »Mechanik abgeschlossener Systeme« kennt. Es ist der Inbegriff der Newtonschen Physik.

Ein solches abgeschlossenes System soll nur aus ein paar wenigen wechselwirkenden Körpern bestehen, die gegen alle äußeren Störungen abgeschirmt sind. Nach der klassischen Physik folgt das Verhalten solcher Systeme strengen Regeln und ist vorhersagbar. Ein einfaches Pendel im Vakuum würde ohne Reibung und Luftwiderstand seine Energie beibehalten. Ein solches Pendel würde in alle Ewigkeit hin- und herschwingen. Es wäre nicht der Entropieerzeugung unterworfen, die sonst an allen Systemen zehrt und sie zwingt, ihre Energie allmählich an die Umgebung abzugeben.

Der klassische Forscher war überzeugt, daß Zufälligkeiten und Chaos jeder Art sich in ein System wie das Pendel im Vakuum oder die um unsere Sonne umlaufenden Planeten höchstens durch von außen kommende Zufälle einschleichen könnten. Abgesehen von solchen Störungen müßten das Pendel und die Planeten auf ewig unabänderlich ihre Bahnen verfolgen.

Dieses tröstliche Bild von der Zuverlässigkeit der Natur ging in Stücke, als Poincaré die unverschämte Frage nach der Stabilität des Sonnensystems stellte. Auf den ersten Blick mag das Problem, das Poincaré sich hier stellte, ziemlich absurd erscheinen, gerade recht für die Tüftelei eines Wissenschaftlers im Elfenbeinturm. Schließlich gibt es ja die Planeten schon ziemlich lange, und mindestens seit der Zeit der Babylonier war es möglich, Sonnen- und Mondfinsternisse auf viele Jahre genau vorherzusagen. War nicht gerade dies der Kern der Newtonschen Revolution gewesen: Die Entdeckung der ewigen Gesetze, die die Bewegung des Mondes um die Erde und der Erde um die Sonne beherrschen? Und darüber hinaus hatten die Newtonschen Gesetze die gesamte Physik des 19. Jahrhunderts beherrscht. Ein Wissenschaftler, der das Kraftgesetz und die Massen der an einer Wechselwirkung beteiligten Körper kannte, mußte nur noch Newtons Gleichungen lösen, wenn er die Folgen dieser Wechselwirkung vorhersagen wollte. Das Kraftgesetz (die Abnahme der Schwerkraft mit dem umgekehrten Abstandsquadrat) war gut verstanden und durch Messungen genau bestätigt.

Ja – all dies traf zu, aber Poincaré hatte ein wohlgehütetes Geheimnis: Da war eine kleine Schwierigkeit mit den Gleichungen selbst.

Für ein System von nur zwei Körpern, wie Sonne und Erde oder Erde und Mond, lassen sich Newtons Gleichungen exakt lösen: Die Bahn des Mondes um die Erde läßt sich genau bestimmen. Für jedes idealisierte Zwei-Körper-System sind die Bahnen stabil. Wenn wir also vernachlässigen, daß die Gezeitenkräfte von Ebbe und Flut an der Mondbewegung zerren, so können wir annehmen, daß der Mond auf ewig seine Bahn um die Erde ziehen wird. Wir müssen dazu aber auch noch die Wirkung der Sonne und der anderen Planeten vernachlässigen, um ein idealisiertes Zwei-Körper-System vor uns zu haben. Das Problem ist – und dies genau war Poincarés Problem! –, daß die Newtonschen Gleichungen unlösbar werden, wenn man den einfachen Schritt von zwei zu drei Körpern tut (z. B. wenn man versucht, die Wirkung der Sonne auf das Erde-Mond-System zu berücksichtigen). Aus formalen mathematischen Gründen läßt sich die Gleichung für drei Körper nicht exakt lösen; nur mit dem Verfahren schrittweiser Näherung läßt sich hier das Ergebnis ansteuern.

Um z. B. die Schwerkraftwirkung der Sonne und des Planeten Jupiter auf die Bewegung eines Asteroiden im Asteroidengürtel (zwischen Mars und Jupiter) zu berechnen, mußten die Physiker eine Methode benutzen, die sie »Störungstheorie« nannten. Der kleine zusätzliche Einfluß, den die Jupiterbewegung auf einen Asteroiden haben würde, mußte der idealisierten Zwei-Körper-Lösung in einer Reihe schrittweiser Näherungen hinzugefügt werden. Dabei trägt jeder Näherungsschritt etwas weniger bei als der vorherige, und so hofften die theoretischen Physiker, das richtige Ergebnis zu finden, indem sie eine potentiell unendliche Anzahl solcher Korrekturen aufaddierten. In der Praxis wurden diese Rechnungen von Hand ausgeführt und erforderten lange Zeit. Die Theoretiker hofften beweisen zu können, daß die Näherungsverfahren schon nach dem Aufsummieren nur weniger Korrekturterme sich der exakten Lösung hinreichend annähern würden.

Poincaré wußte, daß das Näherungsverfahren für die ersten paar Terme gut funktionierte. Was aber war mit der unendlichen Menge immer kleinerer Terme, die dann folgten? Welche Wirkung würden sie haben? Könnten etwa ihretwegen die Bahnen sich in zig Millionen Jahren ändern, so daß das Sonnensystem beginnen müßte, unter seinen eigenen inneren Kräften auseinanderzufallen?

Eine moderne Version der Poincaréschen Frage betrifft Elementarteilchen, die im Ring eines Teilchenbeschleunigers herumgejagt werden. Werden die Bahnen dieser Teilchen stabil bleiben, oder werden sie sich auf unvorhersehbare Art ändern?

Mathematisch gesehen ist das von Poincaré aufgegriffene Vielkörperproblem nichtlinear. Dem idealen Zwei-Körper-System fügte er einen Term hinzu, der die nichtlineare Komplexität (Rückkoppelung) der Gleichung vergrößerte und der der kleinen zusätzlichen Wirkung durch die Bewegung eines dritten Körpers entsprach. Dann versuchte er diese neue Gleichung zu lösen.

Wie erwartet, entdeckte er, daß die meisten der möglichen Bahnen für zwei Körper nur geringfügig geändert werden, wenn der dritte Körper hinzukommt: Eine kleine Störung ruft eine kleine Wirkung hervor, aber die Bahnen bleiben unversehrt. Soweit waren die Ergebnisse ermutigend, aber was dann geschah, löste einen beträchtlichen Schock aus.

Poincaré entdeckte, daß selbst unter winzigsten Störungen einige Bahnen launenhaftes, ja geradezu chaotisches Verhalten zeigten. Seine Berechnungen ergaben, daß die geringfügigste Anziehung durch die Schwerkraft eines dritten Körpers einen Planeten dazu bringen könnte, auf seiner Bahn wie betrunken im Zickzack herumzutorkeln und sogar völlig aus dem Sonnensystem fortzufliegen.

Poincaré hatte eine Anarchistenbombe ins Newtonsche Modell des Sonnensystems geworfen und drohte es zu sprengen. Wenn solche seltsamen chaotischen Bahnen wirklich vorkommen konnten, dann wäre ja das ganze Sonnensystem instabil. Wenn man nur lange genug wartete, könnten sich doch die kleinen gegenseitigen Anziehungskräfte zwischen den umlaufenden Planeten dazu verschwören, genau die Voraussetzungen für eine von Poincarés exzentrischen Bahnen zu schaffen. War es etwa denkbar, daß eines Tages das ganze Sonnensystem ins Chaos abkippen würde?

Bis zu Poincaré hatte man das Chaos für eine »entropische Infektion« gehalten, die ein System von außen befällt, also für ein Ergebnis zufälliger äußerer Begegnungen und Schwankungen. Nun aber sah es so aus, als könnte auch ein System, das in einer Schachtel versiegelt und für Milliarden von Jahren unberührt gelassen wird, jederzeit seine eigenen Instabilitäten entwickeln und im Chaos versinken.

Poincaré enthüllte, daß das Chaos oder die Möglichkeit des Chaos zum Wesen nichtlinearer Systeme gehört und daß selbst ein vollständig bestimmtes System wie die umlaufenden Planeten ungewisse Ergebnisse hervorbringen kann. Er hatte erkannt, wie winzigste Effekte durch Rückkoppelung anwachsen können. Er hatte einen Blick darauf erhascht, wie ein simples System explosionsartig in schockierende Komplexität übergehen kann.

Die Wichtigkeit der Poincaréschen Entdeckung lag darin, daß sie das umfassende Newtonsche Paradigma in Frage stellte, das fast zwei Jahrhunderte lang der Wissenschaft als Grundlage gedient hatte. Sein Ergebnis hätte erwarten lassen, daß nun eine Welle der Betriebsamkeit die ganze Physik erfaßt hätte. Wie sich aber zeigte, geschah fast nichts: Die Geschichte lief in eine ganz andere Richtung.

Wenige Jahre nach Poincarés Arbeit entdeckte Max Planck, daß Energie keine kontinuierliche Substanz ist, sondern in kleinen Päckchen daherkommt, in Quanten. Und wieder fünf Jahre später veröffentlichte Albert Einstein seine erste Arbeit über Relativitätstheorie. Das Newtonsche Paradigma wurde auf mehreren Fronten angegriffen. Die nächsten Generationen von Physikern waren damit beschäftigt, die Unterschiede zwischen der klassischen Newtonschen Natursicht und der Sicht der Relativitäts- und Quantentheorie auszuloten.

Vor allem die Quantenmechanik stürmte durch die gesamte Physik. Als eine der erfolgreichsten Theorien der Wissenschaftsgeschichte hatte sie exakte Vorhersagen über eine Unmenge atomarer, molekularer, optischer und Festkörper-Phänomene gemacht. Wissenschaftler rekrutierten sie zur Entwicklung von Atomwaffen, Computerchips und Lasern, die unsere Welt verwandelt haben. Sie brachte aber auch beunruhigende Paradoxa mit sich – z. B. mußten die Physiker lernen, daß eine elementare Lichteinheit sich schizophrenerweise wie eine Welle oder wie ein Teilchen bewegen kann, je nachdem, was der Experimentator zu messen beschließt. Die Theorie sagt auch aus, daß zwei Quanten-»Teilchen«, die ohne jeden Kommunikationsmechanismus zwischen ihnen durch mehrere Meter Abstand getrennt sind, nichtsdestoweniger auf geheimnisvolle Weise miteinander verbunden bleiben müssen. Wie jüngste Experimente zeigen, ist eine Messung, die an einem dieser Teilchen ausgeführt wird, momentan mit dem Ergebnis einer Messung an seinem fernen Partner korreliert.

Wie wir in dem Buch *Looking Glass Universe* beschrieben, trieben diese und andere Paradoxa schließlich eine Anzahl von Physikern wie David Bohm dazu, nach Theorien für ein prinzipiell unteilbares Universum zu suchen, eine »fließende Ganzheit«, wie Bohm es nennt, wo sich der Beobachter grundsätzlich nicht vom Beobachteten trennen läßt. In den letzten Jahren haben Bohm und immer mehr andere Wissenschaftler die »Koans« der Quantenmechanik benutzt, um die so lange vorherrschende Sichtweise des Reduktionismus herauszufordern. Bohm theoretisiert z. B., daß »Teile« wie »Teilchen« oder »Wellen« Formen der Abstraktion von der fließenden Ganzheit sind. Soweit die Teile autonom erscheinen, sind sie doch nur »relativ autonom«. Es ist wie mit der Lieblingsstelle eines Musikers in einer Beethovensymphonie: Greift man die Stelle aus dem Stück heraus, so lassen sich ihre Noten analysieren. Letzten Endes jedoch ist die Stelle ohne die ganze Symphonie ziemlich bedeutungslos. Bohms Ideen geben einem alten Glauben wissenschaftliche Gestalt: »Das Universum ist Eins«.

Niemand hätte vermuten können, daß Poincarés Ergebnisse in die gleiche Richtung führen würden. Der von Quantentheorie und Relativitätstheorie erzeugte Tumult hatte seine Entdeckung in den Hintergrund treten lassen. Kaum verwunderlich, da ja sogar Poincaré die eigenen Ideen im Stich gelassen hatte und sagte: »Diese Dinge sind so bizarr, daß ich's nicht ertrage, weiter darüber nachzudenken.«

Erst in den sechziger Jahren wurden seine Untersuchungen aus alten Büchern ausgegraben und gingen in die neue Forschungsarbeit ein, die sich dem Nichtlinearen, der Rückkoppelung, der Entropie und dem inhärenten Ungleichgewicht geordneter Systeme zuwandte. Sie wurden zu den launischsten Elementen der neuen Wissenschaft von Chaos und Unbeständigkeit – und sie haben phantastische neue Einblicke in die Spiegelwelt der Ganzheit der Natur eröffnet.

Am Anfang war Apsu, der Ursprung, und Tiamat, die das Chaos ist.

MYTHEN DER WELT

Kapitel 1

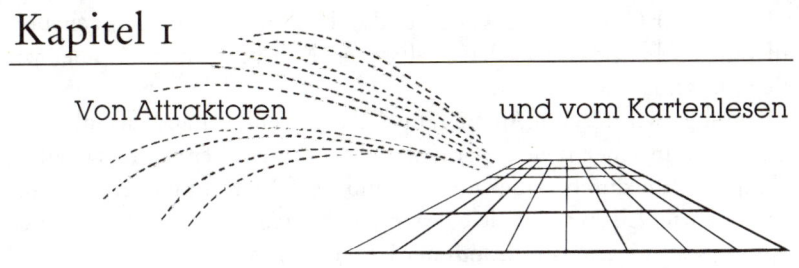

Von Attraktoren   und vom Kartenlesen

Dann seufzte der Gelbe Kaiser und sagte: »Tief ist mein Irrtum.«
LIEH-TZU

Landkarten des Wandels

Unsere Reise durch die Spiegelwelt von Ordnung und Chaos beginnt auf der einen Seite des Spiegels: Wir wollen unter verschiedenen Gesichtspunkten betrachten, was die Wissenschaftler in jüngster Zeit darüber gelernt haben, wie Chaos in geordneten Systemen entsteht. Die Reise dieser ersten vier Kapitel wird uns also zu der tiefen Frage zurückführen, die Henri Poincaré gestellt hatte. Die Perspektive aber wird neu sein. Wir werden dabei Figuren wie dem Jabberwocky und Ideen wie aus *Alice im Wunderland* begegnen.

Die erste dieser seltsamen Gestalten ist der Attraktor.

Attraktoren sind Geschöpfe, die in einer merkwürdig abstrakten Welt leben, die man Phasenraum nennt. Es ist nicht schwierig, einen solchen Raum zu besuchen, aber für diesen Ausflug braucht man eine Karte. Indem wir Landkarten von »Phasenräumen« lesen und es lernen, die dort lauernden Attraktoren zu identifizieren, werden wir in der Tat die uns vertraute Welt der Ordnung verlassen und an den Rand eben jenes Chaos geraten, auf das Poincaré einen Blick erhascht hatte. Dort, am Rande jenes turbulenten Abgrunds, werden wir Nichtlinearität und Rückkoppelung in der Gestalt eines wilden und unheimlich schönen Ungeheuers aufwallen sehen, das man den »Seltsamen Attraktor« nennt – aber wir eilen uns selbst voraus.

Beginnen wir unseren Ausflug mit Gedanken über Landkarten.

Um uns in einer neuen Stadt zurechtzufinden, benützen wir einen Stadtplan; um durch unbekanntes Land zu fahren, brauchen wir eine Straßenkarte. Aber es gibt viele Arten von Karten: die äußerst stilisierten topologischen Karten der Londoner Untergrundbahn; Wetterkarten, auf denen man Windrichtungen, Temperatur und Luftdruck ablesen kann; Karten, die die Tiefe von Flüssen und die Höhen von Gebirgen zeigen; Karten, in denen die Fläche eines Landes seiner Bevölkerungszahl oder dem Bruttosozialprodukt proportional ist; Karten der Elektronendichte in einem Molekül oder der Verbreitung einer neuartigen Krankheit in Afrika. Karten sind anschauliche Bilder, die es dem Denken erlauben, sich auf Aspekte der Realität zu konzentrieren, die sonst allzuleicht in den Details verlorengehen. Mit einer guten Karte lernen wir Züge der Wirklichkeit zu schätzen, die uns sonst vielleicht entgangen wären, und wir können in dieser Wirklichkeit Forschungen anstellen, die uns ohne diese Karte sicher nicht gelängen.

Wenn beispielsweise Wanderer oder Kletterer ihre Art von Realität erforschen wollen, so benützen sie eine Karte, die Länge, Breite und Höhe erkennen läßt. Ganz ähnlich bei Wissenschaftlern, die die Wirklichkeit eines veränderlichen physikalischen Systems – eines »dynamischen Systems« – erforschen wollen: sie benutzen eine »Karte«, die die Dynamik anschaulich macht, d. h. die Art, in der sich das System bewegt und verändert.

Nehmen wir an, ein Forscher interessiert sich für die Bewegungsänderungen eines von New York nach Washington fahrenden Autos, d. h. für das Anhalten, Bremsen und Beschleunigen. Man könnte natürlich einfach für jeden Zeitpunkt den Ort des Autos angeben. Wissenschaftler ziehen aber oft eine andere Darstellung vor, in der zu jedem Ort die Geschwindigkeit gezeigt wird. Den durch diese »Karte« dargestellten Phantasieraum, in dem die Bewegung des Autos stattfindet, nennt man den Phasenraum des Systems.

Der Phasenraum hat so viele Dimensionen (oder Variablen), wie sie der Wissenschaftler braucht, um die Bewegungen des Systems zu beschreiben. Bei einem mechanischen System benutzt man gewöhnlich Ort und

Geschwindigkeit. Für ein ökologisches System könnte der Phasenraum etwa durch eine Karte dargestellt werden, in der die Populationsgrößen verschiedener Arten erscheinen. Schaubilder der Bewegung von Systemvariablen im Phasenraum lassen die merkwürdigsten Seitenwege einer andernfalls verborgenen Wirklichkeit sichtbar werden.

Lassen wir eine Rakete starten und ihre Bewegung auf einer »Landkarte« im Phasenraum verfolgen (Abb. 1.1). Jeder Punkt auf der »Karte« ist ein Schnappschuß der Höhe und Geschwindigkeit (genauer gesagt des Impulses, d. h. des Produkts von Masse und Geschwindigkeit) in einem Zeitpunkt.

Zwischen A und B erhebt sich die Rakete von ihrer Startrampe und erhöht schnell ihre Geschwindigkeit (im wirklichen Leben verläuft die Beschleunigung vielleicht nicht so gleichmäßig, wie sie auf der »Karte« eingezeichnet ist). In B ist die erste Stufe ausgebrannt, und die Rakete verliert durch die Wirkung der Schwerkraft etwas an Geschwindigkeit. In Punkt C aber schaltet sich die zweite Antriebsstufe ein und feuert, bis in Punkt D auch ohne weiteren Antrieb die Geschwindigkeit praktisch konstant bleibt, weil die Rakete in dieser großen Entfernung von der Erde nur noch sehr schwach angezogen wird.

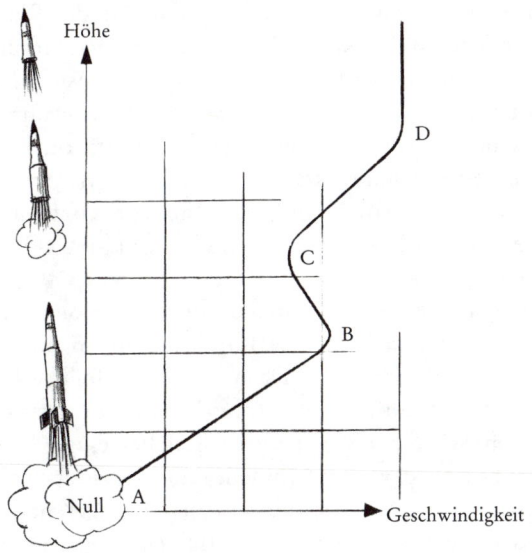

Abb. 1.1

Wie das Bild zeigt, sieht eine Reise durch den Phasenraum ganz anders aus als die Reise im wirklichen Raum, wie ja auch die Karte der Londoner Untergrundbahn ganz anders ausschaut als die tatsächliche Bewegung der U-Bahn-Züge durch ihre Röhren. Karten vereinfachen die Wirklichkeit, um gewisse Punkte zu betonen. Die »Karte« für die Rakete ist sehr vereinfacht.

Wie stark wir vereinfacht haben, sehen wir schon, wenn wir bedenken, daß unsere Rakete sich ja im dreidimensionalen Raum bewegt. Um eine treuere Darstellung zu erreichen, könnte ein Wissenschaftler diesen Aspekt der Raketenbewegung in einem verfeinerten Phasenraumdiagramm erfassen. Da eine Rakete sich ja in jeder der drei Raumdimensionen bewegen kann und dort – vor allem, wenn sie im Weltraum manövriert – in jeder dieser drei Dimensionen eine verschiedene Geschwindigkeit haben kann, könnte man für die Rakete ein Phasenraumbild mit drei räumlichen Dimensionen und drei weiteren Dimensionen entwerfen, die den Geschwindigkeiten in den drei verschiedenen Richtungen entsprächen. Es ergäbe sich also ein (3 + 3 =) sechsdimensionaler Phasenraum.

Der Zustand der Rakete (die jeweiligen Werte von Ort und Geschwindigkeit) in jedem Augenblick erscheint dann als ein Punkt in diesem sechsdimensionalen Phasenraum. Die Geschichte der Rakete (also wie sie sich bewegt hat) ist dann durch eine Linie im Phasenraum dargestellt, die man auch eine »Bahn« nennt. Solche mehrdimensionalen Räume lassen sich natürlich nicht in unserem gewöhnlichen Raum einzeichnen, aber Wissenschaftler können zwei- oder dreidimensionale Querschnitte eines höherdimensionalen Raumes zeichnen, und Mathematikern macht es gar nichts aus, über solche höheren Räume nachzudenken und ihre Eigenschaften mit höchst abstrakten und raffinierten Rechenmethoden zu bestimmen.

Oft untersuchen Physiker Systeme, die verschiedene Komponenten enthalten, deren jede sich in drei Raumrichtungen mit verschiedener Geschwindigkeit bewegen kann. Da ein einzelnes Teilchen einen sechsdimensionalen Phasenraum braucht (drei Raum- und drei Geschwindigkeitsrichtungen), wird ein System von n Teilchen einen 6-n-dimensionalen Phasenraum erfordern. Im Moment müssen wir aber nicht über den exotischen Begriff eines 6-n-dimensionalen Raumes nachdenken. Das liegt daran, daß die Rakete zwar theoretisch einen sehr hochdimensionalen Phasenraum zu ihrer Beschreibung bräuchte, daß aber in der Praxis alle ihre Bestandteile und sämtliche Apparate, die sie an Bord hat, sich mit der gleichen Geschwindigkeit bewegen und die gleichen Entfernungen untereinander beibehalten. Um also die Bewegung der Rakete zu beschreiben, müssen wir nur die drei gewöhnlichen Raumrichtungen und die drei zugehörigen Impulsrichtungen berücksichtigen.

Dies gilt normalerweise für alle stabilen, fest angeordneten Systeme. Selbst wenn sie im Prinzip für ihre Bewegung einen Phasenraum mit einer ungeheuren Anzahl von Dimensionen brauchen mögen, etablieren sie sich doch nur in einem winzigen Unterraum dieses sehr viel größeren Raumes. Um den Übergang eines Systems von der Ordnung zum Chaos zu untersuchen, muß man gewissermaßen studieren, wie diese sehr einfache und begrenzte Bewegung im Phasenraum sich aufsplittert und wie die Natur dabei zu erforschen beginnt, welche Möglichkeiten ihr in diesem viel größeren Phasenraum zur Verfügung stehen. Die Systeme der Natur sind wie Tiere, die ihr Leben lang eingesperrt waren. Befreit man sie aus ihrem Käfig, so neigen sie zunächst dazu, sich sehr begrenzt zu bewegen, wagen sich nicht weit, lungern herum und wiederholen immer wieder einige wenige typische Bewegungen. Nur wenn ein etwas abenteuerlustigeres Tier aus diesem Muster ausbricht, kann es geschehen, daß es aus der Sichtweite des heimatlichen Käfigs entweicht, ein ganz neues Universum entdecken und erforschen will und in völlig unvorhersagbarer Weise davonläuft. Wie wir bald sehen werden, führen natürliche Systeme oft starr wiederkehrende Bewegungen aus, um dann an einem kritischen Punkt plötzlich ein radikal neues Verhalten zu entwickeln. Gerade diese Veränderungen des Benehmens sind es, die man mit Hilfe der Phasenraumdarstellungen besser erkennt.

Systeme, die in ihre Käfige zurückkehren

Zu den einfachsten und regelmäßigsten Systemen gehören jene, die periodisches Verhalten zeigen, die also wieder und wieder in ihre Anfangsbedingungen zurückkehren. Eine Feder, eine Violinsaite, ein Pendel, die Unruhe einer Uhr, die schwingende Luftsäule in einer Oboe, das Ausgangssignal eines elektrischen Klaviers, Tag und Nacht, die Kolben in einem Automotor oder die Spannung in einem Haushaltsgerät mit Wech-

Abb. 1.2

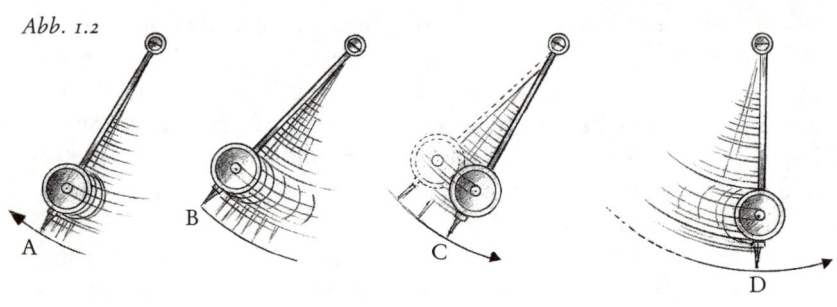

A	B	C	D

Verlangsamung   Impuls Null beim   kehrt um und   höchste Geschwindigkeit
                 größten Ausschlag   wird schneller

selstromversorgung – bei allen diesen Erscheinungen sind periodische Schwingungen beteiligt.

Solche Systeme bewegen sich vorwärts und rückwärts, auf und nieder, hin und her, so daß sie nach jeder vollständigen Schwingung in ihre Ausgangsstellung zurückkehren. Daraus folgt logischerweise, daß auch die Bahn eines periodischen Systems im Phasenraum immer wieder zum gleichen Punkt zurückkehren muß, gleichgültig wie kompliziert diese Bahn auch sein mag. Solche Systeme sind also tatsächlich wie in einem Käfig eingesperrt.

Ein vertrautes Beispiel soll solche periodischen Systeme illustrieren: ein Sekundenpendel (Abb. 1.2). Das Pendel schwingt zur linken Seite, wird dabei langsamer, kommt im höchsten Punkt der Schwingung für einen infinitesimalen Augenblick zur Ruhe – und dann kehrt es zurück, wobei es schneller und schneller wird. Im tiefsten Punkt der Schwingung erreicht es die höchste Geschwindigkeit und wird im Aufsteigen nach rechts langsamer. Das Pendel ist eines der einfachsten Systeme, die solches periodisches, immer wiederkehrendes Verhalten zeigen. Wenn keine Reibung und kein Luftwiderstand vorhanden sind, müßte das Pendel auf ewig weiter schwingen.

Da dem Pendel nichts anderes übrigbleibt, als in der einen Richtung hin- und zurückzuschwingen, sagen die Wissenschaftler etwas philosophisch, es habe »einen Freiheitsgrad«. Die Rakete, die sich in alle Richtungen des Raumes bewegen kann, hat drei Freiheitsgrade.

Zeichnen wir also die der Pendelbewegung entsprechende Bahn in die

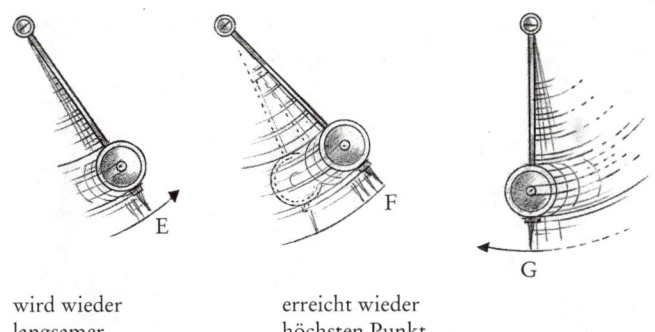

E

F

G

wird wieder   erreicht wieder
langsamer   höchsten Punkt

Karte des Phasenraumes ein. Zunächst kennzeichnen wir den Punkt B, wo das Pendel seinen größten Ausschlag auf der linken Seite besitzt. Hier ist der Impuls (das Produkt von Masse und Geschwindigkeit) Null. Es gibt noch einen weiteren Punkt, F, auf der rechten Seite, wo das Pendel ebenfalls den Impuls Null hat.

Nun wollen wir die zwei Stellen einzeichnen, wo das Pendel seine tiefste Lage einnimmt. Hier ist die Auslenkung Null, aber der Impuls (Geschwindigkeit) hat sein Maximum. Diese Punkte im Phasenraum sind D und G. In D bewegt sich das Pendel mit höchster Geschwindigkeit nach rechts, im Punkt G mit höchster Geschwindigkeit nach links.

Zeichnen wir nun schließlich die Bahn im Phasenraum ein, die die gesamte Bewegung des Pendels während einer Schwingung darstellt.

Abb. 1.3   Ort   *Abb. 1.4*   Ort

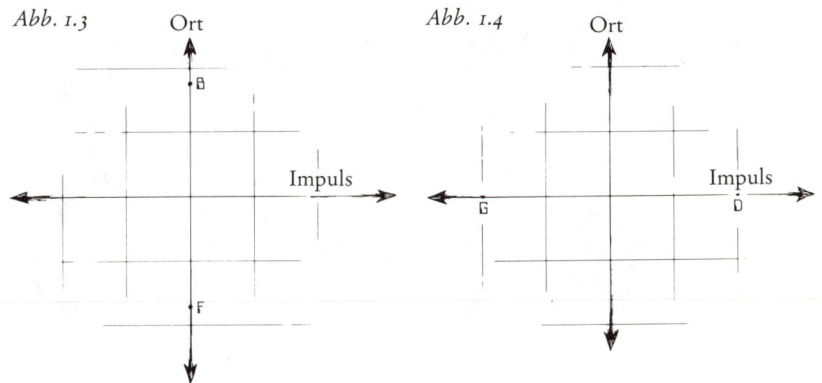

Abb. 1.5   *Abb. 1.6*

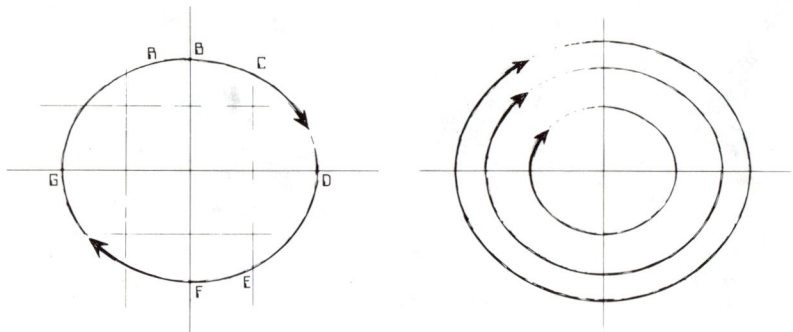

Da diese Bahn mit jeder Schwingung wieder und wieder durchlaufen wird, ist die Phasenraumbahn eines Pendels geschlossen.

Wenn wir dem Pendel anfangs einen stärkeren Stoß erteilen, so wird seine maximale Auslenkung größer. Wir können also die zu verschiedenen Anstößen gehörenden Bahnen in ein und dieselbe Phasenraumkarte einzeichnen.

Jeder dieser Kreise stellt ein Pendel im Vakuum dar. Normalerweise unterliegen freilich Pendel der Reibung durch den Luftwiderstand; sie werden langsamer und bleiben schließlich stehen, falls nicht ein Motor sie ständig antreibt. Dieser Zerfallsprozeß einer periodischen Bahn läßt sich ebenfalls in unserem Phasenraumbild darstellen. Der Mittelpunkt entspricht einem Pendel mit dem Impuls und der Auslenkung Null – also einem Pendel in Ruhe.

Abb. 1.7   *Abb. 1.8*

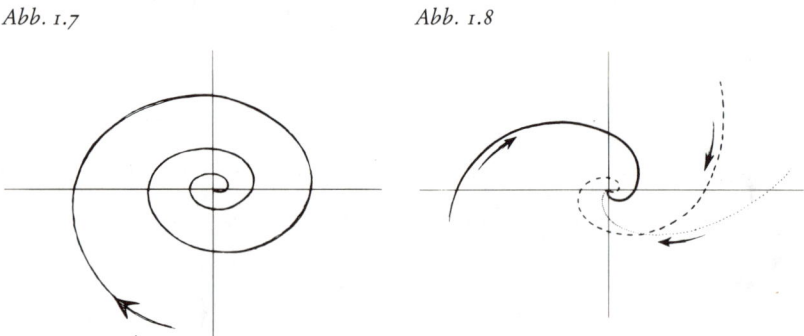

Tatsächlich wird jedes irdische Pendel, gleichgültig wie groß seine Anfangsauslenkung war, schließlich in diesem Endpunkt zur Ruhe kommen.

Weil dieser Punkt die Bahnen anzuziehen scheint, nennen die Mathematiker ihn einen »Anziehungspunkt« oder »Attraktor«.

Der Attraktor ist ein weittragender Begriff, der die Spiegelwelt von Ordnung und Chaos miteinander verbindet. Ein Attraktor ist ein Gebiet im Phasenraum, das eine »magnetische« Anziehungskraft auf ein System ausübt und dieses anscheinend ganz in sich hineinziehen will.

Wir können die Sache auch anders anschauen und uns etwa eine hügelige Landschaft in der Umgebung eines Tales vorstellen. Genügend glatte und runde Felsbrocken werden von den Bergen auf den Grund des Tales hinunterrollen. Dabei kommt es kaum darauf an, wo die Brocken starten oder wie schnell sie rollen; schließlich landen doch alle im tiefsten Punkt. Ersetzen wir nun die Berge und Täler einer wirklichen Landschaft durch die Berge und Täler der Energie. Natürliche Systeme werden von Energietälern angezogen und von Energiebergen abgestoßen.

Eine Landschaft kann auch zwei Attraktoren besitzen – und einen Sattel zwischen ihnen. Auch eine hohe Bergspitze kann es geben, die als eine Art Abstoßungspunkt wirkt. In einer solchen Landschaft werden die Phasenraumbahnen die abstoßenden Punkte meiden und in die Anziehungspunkte hineinlaufen. In späteren Kapiteln werden wir sehen, daß Chaosforscher sich wilde Attraktorlandschaften vorstellen, die mit ihren Falten und Schluchten komplexer sind als unsere Gehirnwindungen. Aber im Augenblick interessieren wir uns für zahmere Attraktoren, die die Entwicklung von Systemen in der klassischen Welt beschreiben – Systeme, wo alles ordentlich zugeht. Nur Schritt für Schritt werden wir diese Welt hinter uns lassen.

Abb. 1.9

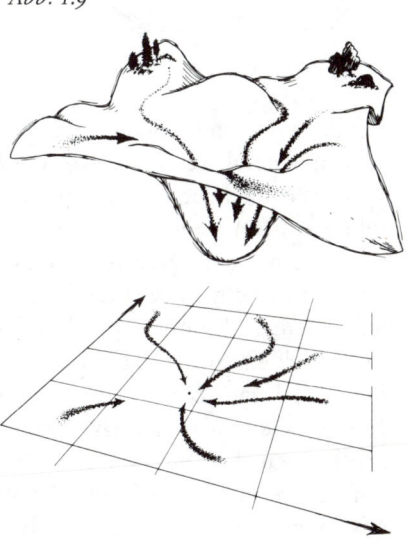

Kehren wir zum Beispiel des Pendels zurück. In manchen modernen Uhren erfüllt das Pendel nur noch einen ästhetischen Zweck, und die Uhr wird in Wirklichkeit durch einen viel genaueren Quarzkristall angetrieben. Die elektrischen Komponenten im Innern der Uhr stoßen das Pendel periodisch an. Obwohl also die Kräfte der Reibung und des Luftwiderstandes das Pendel verlangsamen, bringen die periodischen Anstöße es immer wieder auf Trab. Deshalb schwingt das Pendel trotz Reibung und Luftwiderstand gleichmäßig. Es ist sogar so, daß auch nach einem zusätzlichen Anstoß oder nach einer kurzzeitigen Dämpfung das Pendel schließlich in seinen ursprünglichen Rhythmus zurückkehrt. Damit haben wir offenbar eine neue Art von Attraktor vor uns. Hier wird das Pendel nicht in einen festen Punkt hineingezogen, sondern in eine zyklische Bahn im Phasenraum. Diese Bahn nennt man einen Grenzzykel oder einen Grenzzykelattraktor.

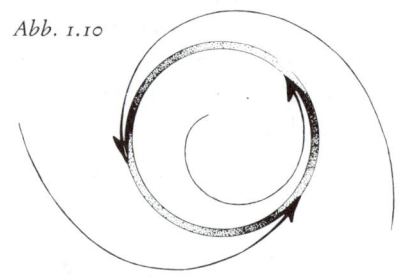

Abb. 1.10

Dabei sollten wir folgendes beachten: Ein Pendel im Vakuum schwingt zwar unverändert, aber diese Bewegung entspricht nicht einem Grenzzyklus, denn hier verursacht ja die kleinste Änderung eine bleibende Bahnänderung: Das Pendel schwingt nun ständig etwas weiter oder weniger weit aus. Ein mechanisch angetriebenes Pendel dagegen widersteht kleinen Störungen und versucht, in seinem Grenzzyklus zu bleiben. Versuchen wir das System aus seinem Käfig zu befreien, so sehnt es sich nach Hause und läuft zurück. Die Fähigkeit von Grenzzyklen, mit Hilfe von Rückkoppelung einer Veränderung zu widerstehen, ist eines der Paradoxa, die die Wissenschaft vom Wandel entdeckt hat. Mehr und mehr wissen die Forscher zu würdigen, wie es der Natur gelingt, lauter ständig wandelbare Dinge zusammenzukoppeln, um dabei schließlich ein System zu erhalten, das effektiv dem Wandel widersteht.

Ein wichtiges Beispiel für einen Grenzzyklus ist das Raubtier-Beute-System, wie es in den alten Aufzeichnungen der Hudson Bay Company sichtbar wurde. Dies war eine Pelzhandelsgesellschaft in Nordkanada. Auf den vergilbenden Seiten der Bücher dieser Gesellschaft bemerkten Wissenschaftler, daß über Jahrzehnte hinweg gute und schlechte Jahre für die Pelze von Luchsen und Schneehasen einem Schwingungsmuster gefolgt waren. Es sah aus, als hätte die Population dieser Tiere in einem wohldefinierten Zyklus oszilliert. Wie wäre das vorstellbar?

Um es zu verstehen, wollen wir das Raubtier-Beute-System in einem See verfolgen, der mit Forellen besetzt wird und in dem einige Hechte leben.

Während des ersten Jahres lernen die hochbeglückten Hechte, daß ihnen ein praktisch unbegrenzter Vorrat an nachwachsenden Forellen zur Verfügung steht. Die gierigen Raubfische gedeihen und vermehren sich, so daß die Anzahl der Hechte nach einigen Jahren zu explodieren scheint – natürlich auf Kosten der Forellen.

Da sich hierdurch die Hauptnahrungsquelle der Hechte erschöpft, beginnen diese an der eigenen »Überbevölkerung« einzugehen.

Einige Jahre später vermehren sich die Forellen von neuem und beginnen, den ganzen See zu füllen, weil die Population der Hechte stark abgenommen hat. Dadurch haben nun aber die wenigen verbliebenen Hechte reichlich Futter, und ihre Anzahl kann wiederum zu wachsen beginnen. So entsteht eine Schwingung zwischen der Zahl der Hechte und der Zahl der Forellen, also zwischen Raubtier und Beute. In diesem Zyklus erreichen die Zahl der Hechte und die Zahl der Forellen alle paar Jahre abwechselnd ihre höchsten und tiefsten Werte.

Abb. 1.11

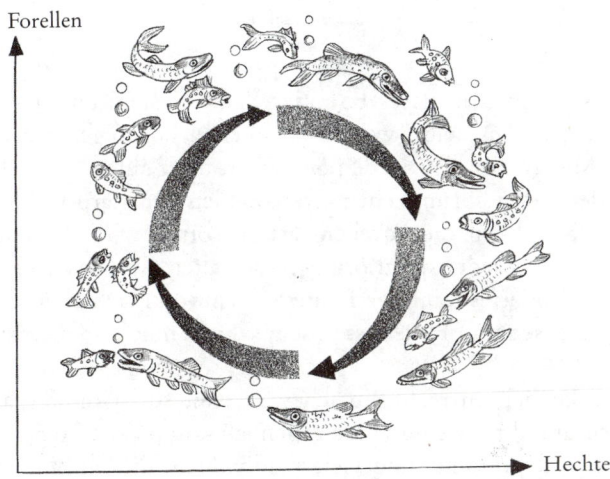

Forellen

Hechte

Abb. 1.12

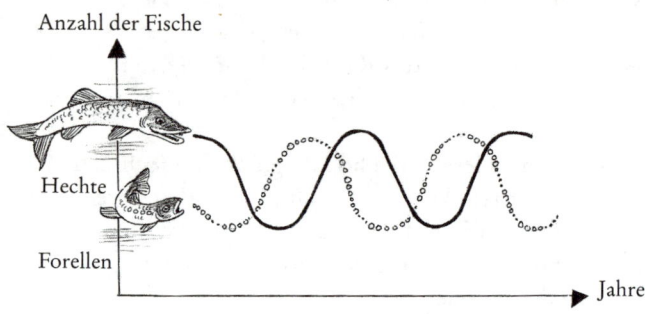

Anzahl der Fische

Hechte

Forellen

Jahre

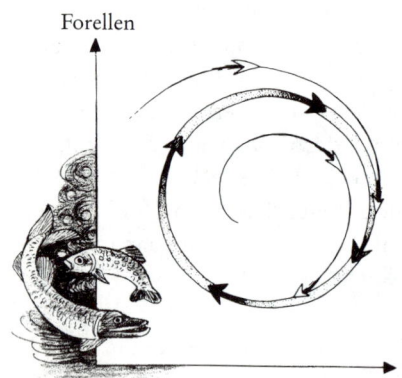

Forellen

Abb. 1.13 Die Spiralen innerhalb und außerhalb des Grenzzykels deuten an, was geschieht, wenn man zusätzliche Forellen im See aussetzt oder wenn eine Krankheit ihre Anzahl stark reduziert hat: Nach einiger Zeit wird das System wieder in seinen ursprünglichen Schwingungszyklus zurückkehren.

Hechte

Die Forscher haben dieses Raubtier-Beute-System gut studiert und konnten zeigen, daß, selbst wenn man an einer beliebigen Stelle des Zyklus eine Menge Forellen in den See wirft, die Zahlen sich schließlich doch wieder den ursprünglichen Grenzzyklen annähern werden. Auch wenn eine Krankheit die Forellen fast ausrottet, wird die Population schließlich doch wieder spiralförmig in den alten Grenzzykel hineinlaufen. Ein kombiniertes Raubtier-Beute-System von Hechten und Forellen oder von Luchsen und Hasen ist in seiner Dynamik bemerkenswert stabil.

War das Pendel ein recht einfaches System, so ist die Situation bei Raubtieren und ihrer Beute schon erheblich komplexer. Hier handelt es sich ja um eine Ansammlung vieler Individuen, die sich im einzelnen

Abb. 1.14

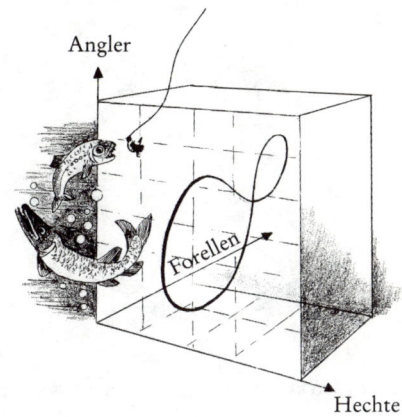

Angler

Forellen

Hechte

Abb. 1.15 Für *drei* Phasenraumvariable (Forellen, Hechte und Angler) wird der Grenzzykel komplexer: Die Anzahl der Forellen hängt nicht nur von jener der Hechte ab, sondern auch von der Zahl der Angler, die etwas erbeuten. Diese beiden Einflüsse bewirken, daß der Grenzzykel der Forellenpopulation zwei verschiedene Schwingungsfrequenzen enthält, wie die Abbildung zeigt.

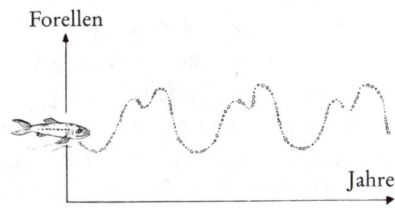

Forellen

Jahre

recht zufällig benehmen und dennoch alle gemeinsam einen höchst stabilen und wohlorganisierten Systemzustand hervorbringen.*

Grenzzyklen müssen nicht auf eine einzige Periodizität beschränkt sein. Stellen wir uns ein System mit drei Variablen vor, also etwa das System Forelle, Hecht und Angler (Abb. 1.14). Hier muß man den Grenzzyklus in einem höherdimensionalen Phasenraum darstellen.

Man kann auch zwei getrennte Grenzzyklen haben, die miteinander in Wechselwirkung stehen. Das kommt oft bei elektrischen Schaltungen oder bei konkurrierenden Raubtier-Beute-Populationen vor. Um diese

---

* In der Tat ist eine derartige Grenzzykelstabilität mehr als ein bißchen geheimnisvoll. Wie kann denn zufälliges, individuelles Verhalten derart vorhersagbare Strukturen schaffen? Auf diese Frage werden wir eine befriedigende Antwort erst erhalten, wenn wir den Spiegel durchdringen und auf dessen anderer Seite sehen, wie aus Chaos Ordnung entstehen kann.

53

Abb. 1.16   *Abb. 1.17*

 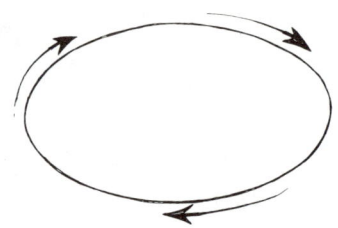

Art gekoppelter Grenzzyklussysteme anschaulich zu machen, stelle man sich vor, was herauskommt, wenn zwei verschiedene Pendel A und B, die jeweils durch einen Motor angetrieben seien, aneinander gekoppelt werden. Ignorieren wir Pendel A, so wird die Bewegung von B einem einfachen Grenzzykel-Attraktor folgen.

Ebenso wird die Bewegung des Pendels A, wenn wir B ignorieren können, einem einfachen Grenzzykel-Attraktor folgen.

Wenn aber die beiden Pendel gekoppelt sind und miteinander wechselwirken, so vergrößert sich der Phasenraum, und die beiden vorher unabhängigen Grenzzyklen werden miteinander verknüpft. Es ist, als würde der Zyklus A vom Zyklus B mit im Kreise herumgeschleppt. Wird ein Kreis entlang einem anderen herumgeführt, so entsteht ein ringförmiges Gebilde, das die Mathematiker einen Torus nennen. Wir könnten uns hier statt zweier gekoppelter Pendel auch zwei miteinander verknüpfte Raubtier-Beute-Systeme vorstellen, z.B. könnte der Forellen-Hecht-Zyklus mit einem Insekten-Frosch-Zyklus im gleichen See verkoppelt sein. Wenn wir die Dynamik dieses größeren Zwei-Zyklen-Systems aufzeichnen, so entsteht ein torusförmiger Attraktor.

Der Torus-Attraktor ist ein höherentwickeltes und komplexeres Wesen als die Verwandten aus der Attraktorenfamilie, auf die wir vorher stießen, nämlich Grenzzykel und Anziehungspunkt. Der Zustand eines einfachen Pendels wird durch einen eindimensionalen Punkt beschrieben, der einen Attraktor erzeugt, indem er in der zweidimensionalen Phasenebene umläuft. Der kombinierte Zustand zweier Pendel wird durch einen sich bewegenden Punkt beschrieben, der die zweidimensionale Oberfläche des Torus-Attraktors bildet. Der Phasenraum, in dem das verwickelte zweidimensionale Toruswesen lebt, hat drei Dimensionen. Mathematiker können aber mit Tori beliebig hoher Dimension umgehen, d. h. es ist ohne weiteres möglich, einen ganzen Spielzeugladen voller Schaukeln oder ein ganzes Ökosystem von Raubtier-Beute-Beziehungen zusammenzukoppeln und ihre gemeinsame Bewegung auf der Oberfläche eines vieldimensionalen Torus darzustellen.

Das Bild des Torus ist auch gut geeignet, wenn man sich ein System mit vielen Freiheitsgraden vorstellen will. Das soll heißen: Ein einfaches Uhrpendel oder ein ähnlich einfaches schwingungsfähiges Gebilde kann sich nur in einer Dimension vorwärts und rückwärts bewegen. Lockert man aber das Aufhängungssystem, so kann es auch seitlich hin- und herschwingen, so daß die volle Bewegung nun in zwei Richtungen stattfindet. Für Physiker ist ein solches schwingendes System mit zwei Freiheitsgraden nah verwandt dem System zweier eindimensionaler Schwingungen. Die Schwingung eines solchen Systems mit zwei Freiheitsgraden läßt sich ebenfalls durch die Bewegung eines Punktes auf der Oberfläche eines Torus beschreiben. Tori in mehrdimensionalen Phasenräumen sind aber genau das richtige für die Beschreibung der ordentlichen, scheinbar uhrwerkartigen Veränderungen, die z. B. in Planetensystemen vor sich gehen.

Die gekoppelten Bewegungen eines Paars von Oszillatoren – seien es nun Planeten oder Pendel oder Raubtier-Beute-Zyklen – lassen sich als eine Linie betrachten, die sich um einen Torus schlingt, was zeigt, daß die Oberfläche des Torus selbst der Attraktor ist. Sehen wir uns nun also den Torus unter der Lupe an, um diese Details deutlicher zu erkennen.

Wenn die Perioden oder Frequenzen der beiden gekoppelten Systeme in einem einfachen Verhältnis zueinander stehen – wenn z. B. die eine

Abb. 1.18

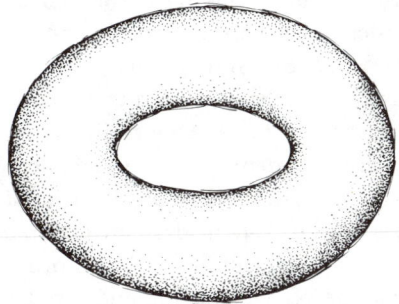

Abb. 1.19   *Abb. 1.20*

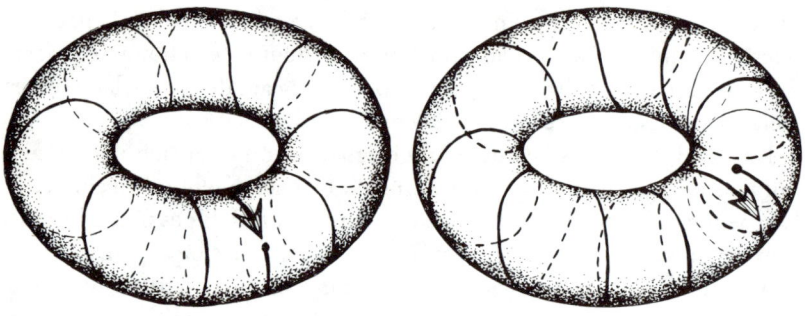

doppelt so groß wie die andere ist – , so passen die beiden Windungen um den Torus genau zusammen, was zeigt, daß das kombinierte System streng periodisch ist.

Das Verhalten gekoppelter Schwingungen kann aber auch anders aussehen. Das Verhältnis der beiden Einzelfrequenzen kann »irrational« sein, wie es die Mathematiker nennen, und das ist hier, wie im Fall der positiven und negativen Rückkoppelung, kein Werturteil, sondern einfach ein Name. Rationale Zahlen wie $1/2$, $1/4$, $3/4$ usw. lassen sich als Dezimalbruch immer mit einer endlichen Anzahl von Ziffern darstellen, 0,5, 0,25, 0,75, oder als ein einfacher periodischer Dezimalbruch, $1/3 = 0,33333\dots$ Im Gegensatz dazu läßt sich eine irrationale Zahl nicht als ein Bruch schreiben, und ihre Darstellung als Dezimalzahl enthält eine unendliche Zahl von Ziffern ohne sich wiederholendes Muster. Die Ziffern in einer irrationalen Zahl sind wie zufällig angeordnet. Wenn also das Verhältnis der Frequenzen der beiden gekoppelten Schwingungen eine irrationale Zahl ergibt, so wird der Punkt, der das kombinierte System im Phasenraum darstellt, um den Torus herumwandern und sich dabei nie wieder selbst treffen (Abb. 1.20). Ein System, das beinahe periodisch aussieht und sich doch nie exakt wiederholt, nennt man logischerweise »quasiperiodisch«. Die Mathematiker haben bewiesen, daß es unendlich viele rationale Zahlen gibt, daß aber dennoch die Anzahl der irrationalen Zahlen noch unendlich viel größer ist, so daß man allem Anschein nach erwarten sollte, daß quasiperiodische Systeme das Universum beherrschen.

Wissenschaftler des 19. Jahrhunderts, wie Lord Raleigh, und Ingenieure des 20. Jahrhunderts, wie Duffing und van der Pol, untersuchten eine große Vielfalt quasiperiodischer Systeme, die Grenzzyklverhalten auf verschiedenen torusartigen Formen zeigten. Solche Zyklen fand man bei der Aneinanderkoppelung von Federn und Pendeln, beim Studium von Musikinstrumenten und bei der Aufzeichnung der Schwingungen elektrischer Schaltungen.

Hier wird uns auffallen, daß die bisher durch Attraktoren beschriebene Natur recht regelmäßig ist. Die betrachteten Systeme werden allmählich auf Anziehungspunkte hin gedämpft oder schwingen in recht braven Grenzzykel-Attraktoren um torusartige Formen herum. Das ist die klassische Welt, in der Wissenschaftler das Verhalten sogar recht komplizierter Systeme auf lange Sicht vorhersagen können. Die Wissenschaftler haben auch den Begriff der »asymptotischen Vorhersagbarkeit« entwickelt – und sie meinen damit, daß, selbst wenn sie die augenblickliche Position eines Systems nicht genau kennen, sie doch für alle Zukunft zuversichtlich darauf vertrauen können, daß es sich irgendwo auf der Oberfläche eines Torus befinden wird und nicht willkürlich irgendwo anders im Phasenraum herumwandern kann.

Poincarés Pointe

Wir sahen schon, wie Poincaré seine Zeitbombe legte und damit alle Vorhersagen bedrohte, weil er sozusagen in der Newtonschen Mechanik ein schwarzes Loch entdeckte. Newton hatte gezeigt, daß die Bewegung eines Planeten um die Sonne oder die des Mondes um die Erde ein exakt lösbares Zwei-Körper-Problem darstellt, sozusagen ein torusförmiges Problem. Was aber geschieht, so fragte Poincaré, wenn man dieser Beschreibung den Einfluß eines zusätzlichen Planeten hinzufügt? Als er aber Newtons Mechanik auf drei und mehr Körper ausdehnte, stieß Poincaré auf die Möglichkeit und die Macht der Nichtlinearität, der Instabilität – des Umschlags ins Chaos.

Poincarés Entdeckung wurde erst 1954 völlig verstanden, und zwar aufgrund der Arbeiten von A. N. Kolmogoroff, eines Mitglieds der Sowjetischen Akademie der Wissenschaften, und der späteren Ergänzungen durch zwei andere Mathematiker, Wladimir Arnold und Jürgen Moser (gemeinsam bezeichnet man diese drei als KAM).

Bevor wir uns näher ansehen, was KAM entdeckte, sollten wir betonen, daß die von Poincaré in Frage gestellte Art der Physik noch immer gelehrt wird. Physiker finden es noch immer hilfreich, ein kompliziertes System in abstrakter mathematischer Art in seine Teile zu zerlegen. So setzen sie mathematisch die Bahnen mehrerer Planeten oder das Verhalten einer Brücke im Sturm oder den Lauf einer Maschine aus einer Menge einfacher Schwingungen zusammen, die wie eine Reihe von Pendeln aneinander gekoppelt sind und sich im Phasenraum auf einem Torus bestimmter Dimension abbilden lassen.

Ursprünglich glaubten die Wissenschaftler, daß sie diese Art von reduktionistischer Analyse im Prinzip für alle komplexen Systeme durchführen könnten. Sie waren überzeugt, daß die Korrekturen aufgrund zusätzlich angekoppelter Schwingungen klein sein würden und dieses Torusbild nicht signifikant beeinflussen konnten. Poincarés »bizarre« Effekte waren Ausnahmen, in denen selbst der kleinste Zusatzterm, die winzigste Schwerewirkung eines dritten Körpers, etwas ganz Unvorstellbares hervorzaubern konnten: den gewaltigen Unterschied zwischen einem System, das geordnete Bewegung zeigt – nämlich auf seinen Torus beschränkt bleibt –, und einem System, das in wildes Chaos übergeht.

Aus ihren Rechnungen schlossen sie, daß das Sonnensystem sich nicht aufgrund seiner eigenen Bewegungen auflösen wird, wenn die zwei folgenden Bedingungen erfüllt sind:

Erstens wird alles gutgehen, wenn der störende Einfluß des dritten Planeten nicht größer ist, als es der Schwerkraft entspricht, die eine Fliege im Abstand Australiens auf uns ausübt. Die Physiker hoffen allerdings, daß sich das KAM-Theorem noch verfeinern läßt und daß sie beweisen können, daß auch mehr als fliegengroße Störungen die Bahnen nicht zerstören (aber sie arbeiten noch daran).

Die zweite Voraussetzung dafür, daß sich das Sonnensystem nicht auflöst, ist die Forderung, daß die »Jahre« der fraglichen Planeten nicht in einem einfachen Verhältnis zueinander stehen, wie etwa 1:2, 1:3, 2:3 usw. Mit anderen Worten, um stabil zu bleiben, müssen die Planeten sich quasiperiodisch verhalten, so daß sich die zugehörigen Bahnen im Phasenraum immer wieder ein bißchen anders um den Torus winden, ohne sich je zu schließen. In diesen Fällen werden die Bahnen sogar stabil bleiben, wenn die Störung durch einen dritten Planeten etwas größer ist als die durch eine Fliege.

Was aber geschieht, wenn die Planetenjahre zufällig in einem einfachen Verhältnis zueinander stehen? In diesem Falle läuft die Bahn des Systems um den Torus in sich selbst zurück, und das bedeutet, daß mit jedem Umlauf die Wirkung der Störung verstärkt wird. Das Ergebnis ist eine Resonanz – analog der positiven Rückkoppelung in einem Verstärker, in dem sich kleine Ursachen aufsummieren und schließlich ein gewaltiges Ergebnis zeigen, wie jenes Kreischen des Chaos. Mathematisch sorgt diese Verstärkung dafür, daß die Oberfläche des Torus im Phasenraum sich aufbläht und platzt. Der Planet wird nach wie vor von dieser Oberfläche angezogen und versucht, sie zu erreichen. Und in diesem Bemühen beginnt er, chaotisch herumzuzappeln, bis schließlich seine Bahn aufreißt und der Planet in den Raum hinausgeschleudert wird.

All dies folgt aus der mathematischen Theorie von Poincaré und KAM. Gibt es irgendwelche Anzeichen, daß ein solcher Einbruch des Chaos aus der Spiegelwelt in der stetigen Himmelsmechanik unseres Sonnensystems tatsächlich vorkommt?

Unheimlich genug: Als die Forscher danach suchten, fanden sie Lücken im Asteroidengürtel genau an jenen Stellen, wo die »Jahre« von Jupiter und einem Asteroiden ein einfaches Verhältnis bilden würden. Die Lücke weist darauf hin, daß ein Planet, der zufällig diese Bahn besetzen wollte, rasch in den Weltraum entweichen würde.

Jack Wisdom vom Massachusetts Institute of Technology hat die jüngsten Ergebnisse der ins All geschickten Voyager-Sonde gründlich ausgewertet und dabei gelernt, daß viele der Monde in unserem Sonnensystem irgendwann einmal eine Phase chaotischer Bewegung durchgemacht haben müssen, sich dann aber wieder stabilisierten, indem sie eine quasiperiodische Umlaufbahn aufsuchten. Hyperion, ein nicht ganz kugelförmiger, herumtaumelnder Mond des Saturn, scheint sich zur Zeit in einer solchen chaotischen Phase zu befinden.

Wisdom konnte mit Hilfe der KAM-Theorie auch zeigen, warum Meteoriten unsere Erde treffen. Die Wissenschaftler sind sich darüber einig, daß diese Materieklumpen aus dem Asteroidengürtel stammen müssen. Wie aber schaffen sie es, die Erde zu erreichen? Indem er die kombinierte Anziehung von Jupiter und Saturn berücksichtigte, konnte Wisdom zeigen, daß Asteroide, die sich in jene Resonanzbedingung verirren, in exzentrisches Verhalten verfallen und schließlich in Richtung unserer Erde katapultiert werden.

Abb. 1.21 Beachten Sie die Lücken, durch die das Chaos aus der Ordnung der Ringe hervorlugt!

Auch in den Saturnringen fand man Bahnlücken. Hier ist die nichtlineare Wechselwirkung (eine positive Rückkoppelung) durch die inneren Satelliten des Saturn verursacht. Die Lücken im Ringsystem entsprechen einfachen Verhältnissen zwischen den Rotationsperioden der Ringe und der Monde, die die Störungen verursachen. Dies spricht sowohl für die relative Langzeitstabilität der Ringe als auch für die Instabilität einiger dieser Bahnen*.

Aber auch im Bereich der Instabilitäten gibt es weitere Überraschungen. Untersucht man die Lücken in planetaren Umlaufbahnen (wie den Asteroidengürtel) oder die Saturnringe im Detail, so findet man mit den mathematischen Hilfsmitteln eine Merkwürdigkeit der Spiegelwelt.

---

* All dies paßt verführerisch gut mit der KAM-Theorie zusammen, aber hier ist darauf hinzuweisen, daß das Problem der Saturnringe höchst komplex ist, und daß zur Zeit eine ganze Menge Theorien durch Computermodelle untersucht werden.

Innerhalb der Lücken gibt es wiederum Lücken – wie die Kaskade von Spiegelungen eines Gegenstandes, der zwischen zwei Spiegeln steht.

In den Saturnringen z. B. finden sich die großräumigen Lücken zwischen Monden und Ringen auf kleinerer Skala wieder als Lücken zwischen Abschnitten des Ringmaterials.

Mathematisch bedeutet dies, daß der Torus sich in immer kleinere Tori aufspaltet. Einige dieser Tori werden stabil, andere dagegen nicht. Zwischen stabilen Bereichen liegen stets auch instabile. Wo also einfache Frequenzverhältnisse auftreten, offenbart das System eine barocke Komplexität.

Das eben beschriebene Verhalten von Umlaufbahnen hat uns also einen ersten Einblick in die neue Vorstellung gewährt, die sich nun über die ganze Wissenschaft ausbreitet – die Einsicht, daß Zufälligkeit und Ordnung miteinander verwoben sind, daß das Einfache Komplexes einschließt, die Komplexität wiederum das Einfache umfaßt und daß Gesetzmäßigkeiten und Chaos sich auf immer kleineren Skalen abwechseln können – ein Phänomen, das die Chaosforscher »fraktal« getauft haben.

So ist also, wie die Physiker allmählich begreifen, das Sonnensystem nicht jene relativ einfache mechanische Uhr, wie man sie sich zur Zeit Newtons vorstellte, sondern ein sich ständig wandelndes, unendlich komplexes System, das zu ganz unerwartetem Verhalten fähig ist. Wir sind also noch immer bei Poincarés Problem. Bedeutet all dies, daß sogar das Sonnensystem in einen Todeskampf eintreten und sterben kann?

Wie sich herausstellt, könnte schon ein bißchen Reibung genügen, um es dazu kommen zu lassen.

Es hört sich seltsam an, wenn man im Zusammenhang mit den Planeten von Reibung spricht, aber z. B. zehren ja die Gezeiten auf der Erde die Energie des Erde-Mond-Systems auf, und eine ähnliche Wirkung geht von der Reibung zwischen der dichten Gasatmosphäre Jupiters und dessen Monden aus. Die Reibungskräfte auf die Planeten ändern daher langsam die Umlaufbahnen der Planeten und Monde, so daß diese über Millionen von Jahren ganz allmählich abweichen. Vielleicht bringt eine solche Drift sie näher an Bereiche des potentiellen Chaos. Ist das Sonnensystem stabil? So hatte Poincaré gefragt. Es ist beunruhigend, was die modernen Chaostheoretiker herausgefunden haben: Seine Frage muß offen bleiben.

Wenn aber das Sonnensystem jemals in die Brüche gehen und ins Chaos stürzen sollte und wenn es dann noch Mathematiker geben sollte, die das zur Kenntnis nehmen, so werden sie wenigstens die Ursache kennen. Jene Gestalt aus dem Alptraum des Gelben Kaisers wird der Schuldige sein – ein monströses Ungeheuer aus der Spiegelwelt, ohne jede Ähnlichkeit mit den Attraktoren, die wir kennengelernt haben, mit dem Anziehungspunkt, dem Grenzzykel oder dem Torus. Die Wissenschaftler mußten einsehen, daß dieser Attraktor aus der Spiegelwelt in sich widersprüchlich ist; die Systeme, die ihn hervorbringen, hüpfen herum, zeigen kein vorhersagbares Verhaltensmuster mehr. Sie sind chaotisch. Und doch gibt es, wie wir schließlich sehen werden, in ihrer Unordnung noch eine gewisse Gestalt. Der Attraktor, dem sich diese Systeme anschmiegen, ist eine Art desorganisierte Organisation des Phasenraums – und deshalb nennen ihn die Forscher »seltsam«.

Kapitel 2

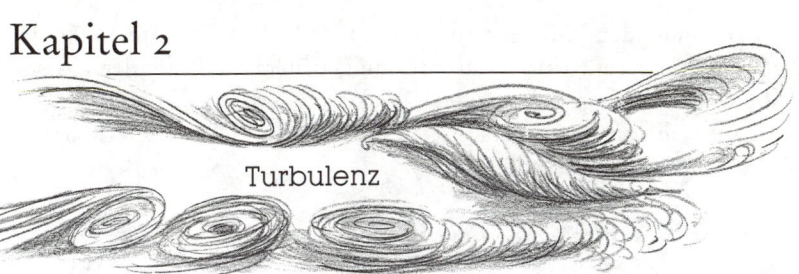

Turbulenz

Jener seltsame Attraktor

Der Gelbe Kaiser vergaß seine Weisheit – alle waren es zufrieden, wieder eingeschmolzen und neu geformt zu werden.
CHUANG-TZU

Leonardos Sintflut

Das 19. Jahrhundert glaubte, Chaos und Ordnung hätten wenig miteinander zu schaffen; der Spiegel des Gelben Kaisers trennte sie. Seit aber Poincarés Einsicht durch KAM und andere erweitert wurde, erkennen die Wissenschaftler, daß es sich beim Chaos nicht nur um blindes Herumzappeln handelt, sondern daß es eine subtile Form von Ordnung darstellt. Unser erstes Beispiel für diese merkwürdige Ordnung war der chaotische Asteroid, der auf der Suche nach seinem Zuhause auf ewig in der Struktur eines Attraktors herumirrt, der sich über einen ganzen Bereich des Phasenraums zersplittert hat. Solche in Stücke gegangenen Attraktoren hat man auf englisch »strange attractors« genannt. Der bizarre »seltsame Attraktor« wurde sogleich zu einem faszinierenden neuen Gegenstand mathematischer Analyse (Abb. 2.1).

Nun zeigt sich freilich, daß der seltsame Attraktor keine Neuigkeit darstellt. Er hatte sich lediglich unter einem anderen Namen versteckt: Turbulenz.

Man könnte den Mut verlieren, wenn man bedenkt, wo überall in der Natur Turbulenz auftritt: in Luftströmungen, in rasch fließenden Flüssen beim Umspülen von Felsen oder Brückenpfeilern, in der glutflüssigen Lava, die sich von einem Vulkan herabwälzt, oder in Wetterkatastrophen wie Taifunen und Flutwellen.

Abb. 2.1 Ein Ring- oder Torus-Attraktor zersplittert im Phasenraum und bildet einen seltsamen Attraktor. Unter dessen Einfluß macht das System chaotische Sprünge und bleibt dennoch auf einen (jetzt unscharfen) ringförmigen Bereich beschränkt.

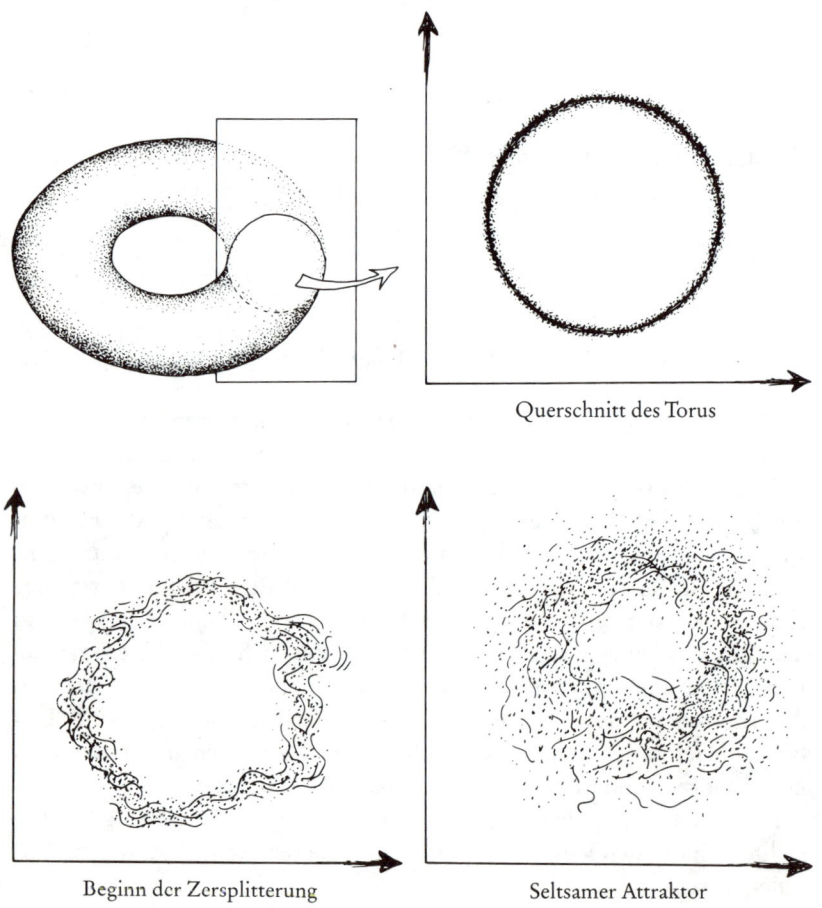

Querschnitt des Torus

Beginn der Zersplitterung

Seltsamer Attraktor

Turbulenz stellt die Menschen oft vor Probleme. Überall mischt sie sich in unsere Techniken ein und belästigt uns. Öl will nicht rasch genug durch die Pipeline fließen; Pumpen und Turbinen oder auch Lastwagen auf der Autobahn beginnen zu rütteln; Schiffsrümpfe erbeben im Wasser, und die Kaffeetassen im Flugzeug schwappen über. Turbulenz im Blut kann Adern beschädigen, indem sie zur Ablagerung von Fettsäuren auf den Gefäßwänden führt; in den neuen künstlichen Herzen scheint Turbulenz daran schuld gewesen zu sein, daß die ersten Patienten, denen man sie einpflanzte, von Blutgerinseln heimgesucht wurden.

Die Turbulenz, an der geordnete, gesetzmäßige Systeme zugrunde gehen, und die Gesetzlosigkeit, mit der sie Lava, Sturm oder Wasserfluten über unsere Landschaften hereinbrechen läßt, hat schon früh die großen Denker fasziniert. Einer der frühesten und größten war Leonardo da Vinci, der viele sorgfältige Studien über turbulente Bewegungen anstellte und geradezu von der Idee besessen war, daß eines Tages eine große Sintflut die Erde verschlingen müßte.

Leidenschaftlich erforschte Leonardo das Fließen von Wasser in Röhren und die Erosionskräfte in schnellen Strömungen. Im 19. Jahrhundert erregte die Turbulenz die Aufmerksamkeit von Physikern wie von Helmholtz, Lord Kelvin, Lord Raleigh und einer ganzen Schar weniger bekannter Wissenschaftler, die wesentliche experimentelle Beiträge lieferten. Aber trotz solcher Anstrengungen blieb die Turbulenz im wesentlichen doch ein vernachlässigtes Forschungsgebiet. Sensationelle Ergebnisse waren kaum zu erwarten, und das ganze Gebiet blieb für die Wissenschaft ziemlich undurchsichtig, bis erst vor kurzem seine Fruchtbarkeit für die Forschung erkannt wurde. Als Teilbereich des wachsenden Forschungsgebiets der Chaostheorie konzentriert sich die Turbulenzforschung auf die Gesetze, denen das Chaos in Flüssigkeiten und Gasen folgt. Manche Wissenschaftler glauben, daß Turbulenz (und Chaos) sich bald als ebenso wichtig erweisen werden wie die Quantenmechanik und die Relativitätstheorie.

Der Grund für das jüngste Interesse an Systemen mit so vielen Freiheitsgraden und so unermeßlich komplexer Dynamik liegt teilweise in der Fülle neuer raffinierter Untersuchungsmethoden, die es ermöglichen, mitten in turbulente Ereignisse hineinzugehen und dort Daten über die Vorgänge zu gewinnen. Die Entwicklung der superschnellen Computer erlaubt es den Forschern, die überquellende Vielfalt der Ergebnisse jener

Abb. 2.2 Eine von Leonardos Studien turbulenter Bewegung. Die Skizze zeigt Wirbel in Wirbeln in Wirbeln. Die größeren Wirbel teilen sich in kleinere und diese wiederum in noch kleinere. Einen solchen fortschreitenden Verzweigungsprozeß bezeichnen die Wissenschaftler als »Bifurkation«.

nichtlinearen Gleichungen graphisch darzustellen, die man benützt, um Turbulenz mathematisch zu verfolgen. Auf ihren Bildschirmen können sich die Forscher den Wirrwarr der Abläufe in turbulenter Bewegung immer wieder in Zeitlupe vorspielen.

Trotz all dieser Anstrengungen erschließen sich die Gesetze der Turbulenz nur ganz allmählich. Die meisten bisher erzielten Fortschritte betreffen noch immer nur die ersten Schritte auf dem Weg zur Turbulenz.

Wer sich auf eine Meditation über den Ursprung von Turbulenz einlassen will, der mag einen träge in der Sommerhitze dahinfließenden Bach betrachten.

Ein großer Stein legt sich dem Bach in den Weg, aber dieser teilt sich einfach und umfließt das Hindernis glatt und geschmeidig. Fügt man dem Wasser Farbteilchen hinzu, so lassen sie Strömungslinien sichtbar werden, die sich um den Stein herumlegen und sich nicht weit voneinander entfernen oder in irgendeiner Weise durcheinander geraten (Abb. 2.3).

Wenn der Herbst kommt und mit ihm der Regen, so strömt der Fluß ein wenig schneller dahin. Nun bilden sich hinter dem Stein Wirbel (Grenzzyklen). Diese sind recht stabil und neigen dazu, sich lange Zeit hindurch an der gleichen Stelle zu halten (Abb. 2.4).

Mit wachsender Strömungsgeschwindigkeit lösen sich Wirbel ab und treiben den Bach hinunter, wobei sie den störenden Einfluß des Steins weit die Strömung hinab tragen. Im Sommer hätte eine bachabwärts vorgenommene Messung der Fließgeschwindigkeit ein recht gleichmäßiges, fast konstantes Ergebnis erbracht. Nun aber schwankt die Fließge-

Abb. 2.3

Abb. 2.4

Abb. 2.5

Abb. 2.6

67

schwindigkeit periodisch aufgrund der mittransportierten Wirbel (Abb. 2.5).

Nimmt die Strömungsgeschwindigkeit noch weiter zu, so kann man beobachten, wie die Wirbel ausfransen und scheinbar zusammenhanglose Bereiche wallenden, strudelnden Wassers erzeugen. Zusätzlich zu den periodischen Schwankungen des Flusses kommen nun viel schnellere, unregelmäßige Änderungen: die ersten Vorstufen der Turbulenz (Abb. 2.6).

Wenn schließlich das Wasser mit höchster Geschwindigkeit fließt, so scheint das Gebiet hinter dem Stein alle Ordnung aufzugeben und Messungen der Strömungsgeschwindigkeit liefern dort chaotische Ergebnisse. Echte Turbulenz hat eingesetzt, und die Bewegung jedes winzigen Wasserteilchens scheint völlig zufällig geworden zu sein. Das Gebiet hat nun so viele Freiheitsgrade, daß alles Vermögen der heutigen Wisssenschaft nicht ausreicht, um es zu beschreiben.

In seinen Beobachtungen und Zeichnungen schnellfließenden Wassers bemerkte Leonardo, daß Wirbel dazu neigen, in immer kleinere Wirbel zu zerfallen, die dann wiederum fragmentieren. Im Verlauf der Entstehung von Turbulenz kommt es anscheinend zu unendlich vielen Teilungen und immer weiteren Unterteilungen oder Verzweigungen auf immer kleinerer Skala. Wo werden diese Verzweigungen enden? Gibt es für ihre Anzahl eine Grenze? Eine Flüssigkeit besteht ja schließlich aus Molekülen; ist es denkbar, daß wahre Turbulenz bis ganz hinunter auf das molekulare Niveau anhält – oder gar darüber hinaus?

Die Idee des Wirbels im Wirbel im Wirbel – und so fort bis ins unendlich Kleine – legt es nahe, sich vorzustellen, daß Systeme am Rande der Turbulenz sich auf immer kleineren Skalen selbst ähnlich bleiben. Sieht es nicht so aus, als ob es sich beim seltsamen Attraktor der Turbulenz wieder um eine Spiegelwelt handelt?

Ein schimmerndes Stückchen dieses Spiegels hatte im 19. Jahrhundert der britische Physiker Osborn Reynolds gefunden. Als er mit verschieden großen Rohren experimentierte, entdeckte er die Bedeutung einer Zahl – die man heute die Reynoldszahl nennt –, die den Ingenieuren sagt, wann genau ein System in Turbulenz übergeht.

Die Reynoldszahl berechnet man, indem man mehrere Kenngrößen miteinander multipliziert, darunter den Rohrdurchmesser, die Zähigkeit der Flüssigkeit und die Fließgeschwindigkeit. Reynolds zeigte, daß Turbulenz einsetzt, sobald diese magische Zahl erreicht wird. Die kritische Zahl bildet das eine Ende eines Spektrums, das vom sanftesten Fließen über die Wirbelbildung und periodische Schwankungen bis zum Chaos reicht. Ein bemerkenswerter Zug dieses Spektrums ist, daß es auf ganz verschiedenen Größenskalen gilt. Indem sie die Reynoldszahl benutzen, können Wissenschaftler die komplexen Bewegungen des Wassers im Mississippi auf einer Tischplatte simulieren. Die Luftströmung um ein Automodell, das einem relativ langsamen Luftstrom in einem Windkanal ausgesetzt wird, kann die Wirkungen eines wirklichen Autos, das mit hoher Geschwindigkeit auf einer Autobahn fährt, exakt wiedergeben. Erstaunlicherweise verläuft die Annäherung an die Turbulenz im kleinen Maßstab genauso wie im großen. Reynolds war, ganz ohne es zu bemerken, der merkwürdigen Selbstähnlichkeit des seltsamen Attraktors begegnet.

Turbulente Dimensionen

Ein russischer Physiker war unter den ersten modernen Forschern, die versuchten, die Schritte auf dem Weg zur Turbulenz genauer zu bestimmen.

Lew Landau, der 1962 für seine Theorie des superflüssigen Heliums den Nobelpreis erhielt, bemerkte, daß die Turbulenz schrittweise einsetzt und daß mit jedem Schritt die Bewegungen der Flüssigkeit komplexer werden. Ganz ähnlich wie Leonardo stellte er sich vor, daß vollständige Turbulenz erst einsetzt, nachdem eine riesige Anzahl von Verzweigungen durchlaufen wurde.

Landaus Theorie erhielt Auftrieb, als 1948 der deutsche Wissenschaftler Eberhard Hopf ein mathematisches Modell entwickelte, das diese »Bifurkationen« (Verzweigungen) auf dem Weg zur Turbulenz beschreibt.

In einem glatt dahinfließenden Bach sind die verschiedenen Parameter, die die Strömung beschreiben, örtlich und zeitlich unveränderlich. Selbst wenn der Bach durch einen hineingeworfenen Stein gestört wird, kehrt er bald zu dieser »laminaren« Strömung zurück. Da die Variablen, die die Bachströmung beschreiben, sich nicht ändern, läßt sich das gleichmäßig dahinfließende Wasser durch einen einzigen Punkt im Phasenraum dar-

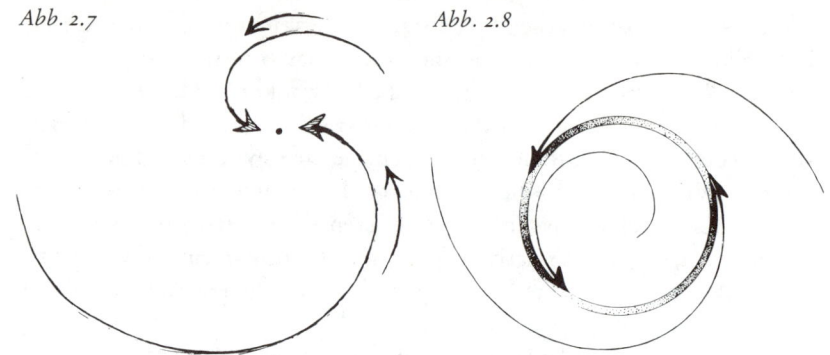

Abb. 2.7   Abb. 2.8

stellen, einen punktförmigen Attraktor oder Anziehungspunkt. In diesem Falle stellt der Punkt die konstante Wassergeschwindigkeit dar.

In einem rascher fließenden Bach wird die glatte Strömung durch Schwingungen verzerrt, in denen sich stabile Wirbel bilden. Nichtsdestoweniger ist diese Strömung noch höchst regelmäßig und läßt sich durch einen einzigen Grenzzykel charakterisieren. Nach einer Störung wird dieser Bach immer wieder zum grundsätzlich gleichen Schwingungsmuster zurückkehren, in die gleiche Art von Wirbel, selbst wenn man einen Stein hineinwirft, um alles durcheinanderzubringen.

Erscheint nicht diese Beschreibung nahezu paradox? Bei kleiner Geschwindigkeit soll die Bewegung durch einen Punktattraktor richtig beschrieben sein, aber wenn die Geschwindigkeit größer wird, soll es sich auf einmal um einen Grenzzykelattraktor handeln. Dann muß doch irgendwo ein kritischer Punkt existieren, an dem die Beschreibung des Strömungsverhaltens schlagartig von der einen Sorte von Attraktor zur anderen umspringt. Diesen kritischen Instabilitätspunkt nennt man heute die Hopf-Instabilität.

Hopf ging aber weiter und schlug eine ganze Serie weiterer Instabilitäten vor. Die erste Instabilität besteht im Sprung vom punktförmigen Attraktor zum Grenzzykel. Darauf folgt ein plötzlicher Übergang zu einem torusförmigen Attraktor (einem ringförmigen Gebilde in drei Dimensionen), dann zu einem Torus in vier, fünf, sechs und immer mehr und mehr Dimensionen.

Das Bild von Hopf und Landau ist intuitiv einleuchtend: Man erinnert sich an Leonardos Zeichnungen der Wirbel innerhalb anderer Wirbel. Bei

Experimenten konnte man jedoch die höherdimensionalen Toren, die dieses Modell vorhersagt, nicht bestätigen. Die Beobachtungen an verschiedenen Systemen deuten vielmehr darauf hin, daß zwar anfangs der Übergang von der geordneten zur ungeordneten Strömung so abläuft, wie Landau und Hopf es beschrieben haben, daß jedoch das System alsbald einen noch erstaunlicheren Weg zum Chaos wählt.

Im Jahre 1982 wurde ein sorgfältiges Experiment zur Instabilität in Konvektionsströmen ausgeführt, die entstehen, wenn warme Luft in der Wüste aufsteigt oder wenn heißes Wasser vom Boden eines Topfes in Strudeln nach oben wallt. Bei der Untersuchung dieser besonderen Instabilität, die man die Bénard-Instabilität nennt, fanden die Forscher, daß die Turbulenz viel rascher einsetzte, als Hopfs Hypothese nahegelegt hätte.

Der Physiker David Ruelle vom Institut des Hautes Études Scientifiques in Frankreich schuf unter Mitarbeit von Floris Takens eine neue Theorie für diesen schnelleren Übergang ins Chaos.

Ruelle, der als erster dem Attraktor der Turbulenz und des Chaos den Beinamen »seltsam« verlieh, stimmt mit Landau und Hopf darin überein, daß bei der Konvektion die glatte Strömung zunächst einer ersten Schwingung Platz macht, wobei also der Punktattraktor in einen Grenzzykel umspringt. Anschließend geht dieser Grenzzykel in die Oberfläche eines Torus über. Ruelle erklärt aber, daß schon bei der dritten Bifurkation etwas geradezu Science-fiction-Artiges geschieht. Statt daß das System nun von der zweidimensionalen Oberfläche des Torus auf die dreidimensionale Oberfläche eines im vierdimensionalen Raum eingebetteten Torus überspringt, ist es nun der Torus selbst, der in Stücke zu gehen beginnt! Seine Oberfläche tritt in einen Raum von gebrochener, also nicht ganzzahliger Dimension ein. Anders ausgedrückt, die Oberfläche des Torusattraktors gerät zwischen die Dimensionen einer Ebene (zweidimensional) und eines festen Körpers (dreidimensional).

Um eine Vorstellung davon zu erhalten, was dies bedeutet, betrachte man ein Stück Papier, ein zweidimensionales Objekt.* Zerknittern wir nun das Papier. Je dichter es dabei zusammengedrückt wird, um so chaotischer werden die Knicke und Falten sein, und die zweidimensionale

* Natürlich ist das Stück Papier in Wirklichkeit dreidimensional, wobei es in der einen Dimension sehr dünn ist. Dennoch vermittelt es näherungsweise recht gut die Vorstellung einer mathematischen Ebene.

Oberfläche gerät dabei immer näher daran, zu einem dreidimensionalen Festkörper zu werden. Die Bénard-Konvektion verhält sich wie das zerknitterte Papier oder wie eine Phantasiegestalt aus der Science-fiction, der es nicht gelingt, sich für eine von verschiedenen Welten zu entscheiden. In einem verzweifelten Versuch, durch angestrengtes Zappeln in eine höhere Dimension zu entwischen oder in eine niedrigere zurückzukehren, gerät die Strömung in ihrer Unentschiedenheit zwischen den beiden Dimensionen auf unendliche Seitenwege. Und dabei wird sie »zerknittert«. Die Dimension, in der diese »Unschlüssigkeit« wohnt, ist deshalb keine ganzzahlige Dimension (also nicht zwei- oder dreidimensional), sondern eine gebrochene Dimension. Und die von solcher Unschlüssigkeit zurückgelassene Spur ist ein seltsamer Attraktor.

Ruelles Theorie wird gestützt durch ein verblüffendes Experiment, das sich Harry Swinney vom Haverford College und Jerry Gollub von der University of Texas in Austin ausdachten (Abb. 2.9). Sie untersuchten die Bewegung einer Flüssigkeit zwischen zwei Zylindern. Der äußere Zylinder wird stillgehalten, während der innere rotiert. Dies setzt eine Strömung in Gang, in der die verschiedenen Teile der Flüssigkeit sich mit verschiedenen Geschwindigkeiten bewegen. Bei sehr niedriger Rotationsgeschwindigkeit strömt die Flüssigkeit gleichförmig. Wird die Drehung aber schneller, so tritt die erste Hopf-Instabilität auf. Nun strömt die Flüssigkeit nach einem Muster innerer Drehungen, die an die verdrillten Fäden eines Seils erinnern.

Abb. 2.9

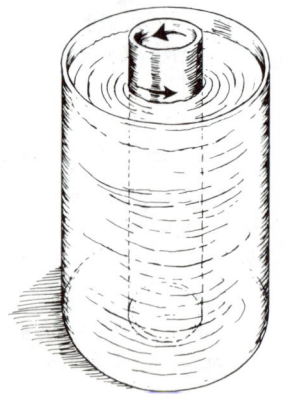 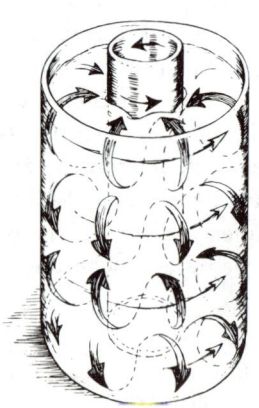

Mit der zweiten Hopf-Bifurkation tritt ein neues Muster innerer Drehungen in Erscheinung, und die Flüssigkeit verdrillt sich mit weiter zunehmender Komplexität, wobei zwei verschiedene Schwingungsfrequenzen auftreten. Läßt man die Drehgeschwindigkeit des Zylinders weiter ansteigen, so zerfällt die regelmäßige Bewegung in zufällige Schwankungen, die sich, wenn man sie aufzeichnet, zur Form eines seltsamen Attraktors mit gebrochener Dimension zusammenklumpen.

Wissenschaftler, die die Bedeutung solcher Experimente untersuchen, begegnen dabei immer wieder der Ironie der Turbulenz. Sie entsteht, weil alle Teile einer Bewegung miteinander zusammenhängen, weil jedes Stückchen der Handlung von allen anderen Stückchen abhängt und weil die Rückkoppelung zwischen den Stücken immer mehr neue Stücke hervorbringt.

Ist der Zerfall der Ordnung in Turbulenz – in jenen seltsamen Attraktor – ein Zeichen für den unendlich tiefen inneren Zusammenhang des Systems? Genaugenommen ein Zeichen seiner Ganzheit? So merkwürdig dies erscheinen mag, viele Indizien weisen in diese Richtung.

Kapitel 3

*Der Gelbe Kaiser sagte: »Wenn wir wieder zur Wurzel zurückkehren
wollen, so fürchte ich, wird uns das schwer zu schaffen machen!«*
CHUANG-TZU

Wie die Würmer umdrehen

Die Indizien für den Zusammenhang zwischen Ganzheit und Chaos und
dem seltsamen Attraktor ergeben sich teilweise aus einer Beschäftigung,
die einer der Figuren in Alices Wunderland würdig wären. Als Wissenschaftler untersuchten, was geschieht, wenn eine einfache mathematische
Gleichung mit sich selbst rückgekoppelt wird, drangen sie tief in den turbulenten Spiegel ein. Die Untersuchung solcher iterierten Gleichungen
enthüllte ein Prachtgemälde der erstaunlichsten mathematischen Eigenschaften, und es stellte sich heraus, daß hier – wie durch Alices Spiegel –
einige der scheinbar verrückten und verdrehten Vorgänge wiedergegeben
werden, die sich in unserer wirklichen Welt ereignen.

Das Wachstum von Populationen weckte stets das Interesse von Biologen, Ökologen, Epidemiologen – und auch von Mathematikern. Hinter
den täuschend einfachen Formeln des Populationswachstums lauert nämlich ein vielfältiges und abwechslungsreiches Verhalten, das von der einfachsten Ordnung bis zum Chaos reicht.

Die Geschichte bietet eine Fülle von Beispielen für Populationen, die außer Kontrolle gerieten: die Freisetzung einer kleinen Kaninchenschar in Australien, deren Nachkommen dann explosionsartig den ganzen Kontinent erfüllten; die Eroberung der nordöstlichen Vereinigten Staaten durch die Raupe des Großen Schwammspinners, die aus einem Bostoner Laboratorium entwichen war; die fortschreitende Flut der Killerbienen; die Grippewellen, die jahrelang zu schlafen scheinen und dann plötzlich seuchenartig die ganze Erde umwandern, um schließlich wieder bis zum Beginn des nächsten Zyklus abzusterben.

Einige Populationen vervielfachen sich schnell, andere sterben rasch aus; einige wachsen und fallen mit periodischer Regelmäßigkeit; andere benehmen sich – wie wir gleich sehen werden – nach den Regeln seltsamer Attraktoren, also chaotisch.

Das Wachstum von Kaninchenpopulationen wäre ein zu komplexer Ausgangspunkt, um den Ausbruch des Chaos zu verstehen. Das liegt daran, daß einige Kaninchen schon Junge kriegen, während andere noch heranreifen oder gerade schwanger sind. Eine Gleichung, die die Kaninchenpopulation beschreiben soll, müßte all diese Faktoren berücksichtigen.

Ein viel einfacheres System, aus dessen Untersuchung man jedoch ebensoviel lernen kann, ist die Population eines Parasiten, der im Sommer lebt und nach der Ablage seiner Eier stirbt, wenn es kühl wird. Der Große Schwammspinner ist ein gutes Beispiel. Fangen wir mit einer kleinen Kolonie an.

Nehmen wir an, daß jedes Jahr etwa der gleiche Prozentsatz von Eiern schlüpft und überlebt. Dann hängt dieses Jahr die Größe der Larvenkolonie davon ab, wieviele Larven sich im letzten Jahr verpuppten, in Falter verwandelten und dann Eier legten. Nehmen wir an, die Größe unserer Kolonie beträgt 100 Falter und die Kolonie verdoppelt sich jedes Jahr. Wenn im zweiten Jahr die Größe 200 beträgt, so wird sie im folgenden Jahr 400 sein.

Im dritten Jahr verdoppelt sich die Größe der Kolonie wiederum.

Es ist also ganz einfach, eine allgemeine Formel anzugeben, die es erlaubt, die Population eines Jahres aus der des vergangenen Jahres auszurechnen.

Natürlich verdoppeln sich nicht alle Populationen. Manche mögen schneller oder langsamer anwachsen. Wenn wir die Geburtenrate B nen-

Abb. 3.1

Abb. 3.2

$$X_{n+1} = 2X_n$$
(dieses Jahr)(letztes Jahr)

Abb. 3.3

Abb. 3.4

nen, dann ist jede Kolonie in diesem Jahr Bmal größer als im vorigen Jahr. In unserem Beispiel des Großen Schwammspinners nahmen wir $B = 2$ an, also die jährliche Verdoppelung der Population. Lassen wir nun aber auch andere Werte von B zu, so ergeben sich verschiedene Möglichkeiten von Wachstum.

Diese Gleichung des exponentiellen Wachstums gibt recht gut das Verhalten kleiner oder verdünnter Populationen wieder, wenn es genügend Nahrung gibt und wenn sie genügend freien Raum vorfinden, in dem sie expandieren können. Aber die Formel hat offensichtlich ihre Grenzen. Wenden wir sie beispielsweise auf die Kaninchen an, die sich in jeder Generation verdoppeln, dann sagt die Gleichung voraus, daß jenes ursprüngliche australische Pärchen sich nach nur 120 Generationen auf das ganze Universum ausgebreitet hätte! In der wirklichen Welt kann exponentielles Wachstum nicht ungebremst fortschreiten, weil jedes Populationssystem von anderen Systemen in der Nahrungskette abhängig ist. Alle diese Systeme sind miteinander verknüpft, so daß schließlich die Populationsgröße von der gesamten Umwelt abhängt.

Im Jahre 1845 führte P. F. Verhulst, ein Wissenschaftler, der sich für die Mathematik des Populationswachstums interessierte, ein neues Glied in die Gleichung ein, um zu beschreiben, wie sich eine Population in einem abgeschlossenen Gebiet entwickelt. Die Einführung dieses Gliedes, das die Gleichung nichtlinear macht, war ein einfacher, aber raffinierter Trick, um den Einfluß aller anderen Umweltfaktoren auf das Populationswachstum zu berechnen.

Bevor wir aber diesen genialen Term in die Gleichung einführen, müssen wir uns von der Mathematik helfen lassen, etwas haushälterischer mit den Zahlen umzugehen. Bis jetzt haben wir für die Größe von X_n (die Population des letzten Jahres) keine obere Grenze angenommen. Um aber verschiedene Populationen miteinander zu vergleichen und um ein einheitliches Rechenverfahren zu erhalten, wenden Mathematiker einen Trick an, den sie Normierung nennen. Das ist eine sehr nützliche Art, um Populationen verschiedener Größe miteinander zu vergleichen. Im wesentlichen wird die Populationsgröße durch eine Zahl dargestellt, die zwischen 0 und 1 variieren kann. $X_n = 1$ stellt die größtmögliche Population dar, also 100 %. $X_n = 0,5$ bedeutet den halben Wert, 50 %. Es kommt nicht darauf an, ob wir über eine Population von einigen hundert Faltern sprechen oder über Zehntausende von Bakterien. Wir sind nur daran interessiert, die Population des letzten Jahres mit der dieses Jahres zu vergleichen; d. h. wir betrachten nur die relativen Zahlen, also die Verhältnisse von Populationen.

Dieser Normierungstrick, der X_n, X_{n+1}, X_{n-1} usw. nur zwischen 0 und 1 variieren läßt, führt dazu, daß die Mathematik sich wesentlich vereinfacht.

Und nun zurück zu Verhulsts Gleichung. In der einfachen Wachstumsgleichung

$$X_{n+1} = B \cdot X_n$$

fügte er auf der rechten Seite ein zusätzliches Glied hinzu, nämlich den Faktor $(1 - X_n)$.

Nun stehen auf der rechten Seite der Gleichung zwei miteinander konkurrierende Glieder, X_n und $(1 - X_n)$. Wenn X_n größer wird, so wird $(1 - X_n)$ kleiner. Für einen sehr kleinen Wert X_n liegt $(1 - X_n)$ ganz nahe bei 1, so daß die Verhulst-Gleichung genauso aussieht wie die ursprüngliche Wachstumsgleichung. Was aber geschieht, wenn X_n groß wird, wenn es nahe an 1 kommt? Nun geht das Glied $(1 - X_n)$ gegen 0 und sorgt dafür, daß die rechte Seite der Gleichung verschwindet – die Geburtenrate fällt (Abb. 3.5). Mit anderen Worten, die zwei Glieder arbeiten hier gegeneinander; das eine versucht, die Population zu erweitern, das andere, sie zu unterdrücken.

Schauen wir das noch ein bißchen anders an. Ohne das von Verhulst eingeführte neue Glied würde die Gleichung einen Vorgang beschreiben, in dem die Population jedes Jahres der des vorhergehenden Jahres proportional ist: die Beziehung ist streng linear. Wenn man X_n mit dem neuen Glied $(1 - X_n)$ multipliziert, so kann man dies auch schreiben: $X_n - X_n \cdot X_n$.

Mit anderen Worten, X_n wird mit sich selbst multipliziert. Wenn man ein Glied mit sich selbst multipliziert, so erzeugt das Rückkoppelung oder »Iteration« und Nichtlinearität. Das Wachstum von Jahr zu Jahr hängt nun nichtlinear davon ab, was vorher war.

Die modifizierte Gleichung von Verhulst findet eine Unmenge von Anwendungen. Insektenforscher bedienen sich ihrer, um die Auswirkungen von Schädlingen in Obstgärten zu berechnen, und Genetiker beschreiben damit die Häufigkeitsschwankungen bestimmter Gene in einer Population. Man hat die Gleichung auch angewandt, um zu beschreiben, wie sich ein Gerücht ausbreitet: Anfangs wird die Verbreitung des Gerüchts exponentiell zunehmen, bis fast jeder es gehört hat. Dann wird die Anwachsrate geringer werden, weil mehr und mehr Leute sagen: »Das habe ich schon gehört.« Verhulstens Gleichung läßt sich auch auf die Lerntheorie anwenden. Wieviel heute gelernt wird, hängt ja mit der früher gelernten Informationsmenge zusammen. Zunächst wächst das Wissen an, aber nach einiger Zeit wird der Lernende gesättigt, und größere Anstrengungen bringen jetzt nur noch minimale Ergebnisse.

Abb. 3.5

Die breite Anwendbarkeit der nichtlinearen Version der Populations-
gleichung wird überraschende Weiterungen nach sich ziehen: Wo immer
diese Gleichung anwendbar ist, da lauert die Möglichkeit des Chaos.

Nichtlineare Metamorphose

Machen wir nun das vielfältige chaotische Verhalten der iterierten Wachstumsgleichung anschaulich und beginnen wir dabei mit einer Population
von Larven des Großen Schwammspinners, die irgendeiner Form der
Geburtenkontrolle unterworfen waren, z. B. indem sie mit einem Insekti-
zid besprüht wurden. Wenn wir annehmen, daß die Biester nicht mutieren, so wird die Population jedes Jahr ein bißchen niedriger ausfallen als
im Jahr zuvor. Wenn die Geburtenrate B = 0,99 beträgt, so wird schließlich auch eine große Population auf 0 hin abfallen. Die Kolonie wird
erlöschen.

Was aber geschieht, wenn die Geburtenrate größer als 1 ist, sagen wir
1,5? Wegen des nichtlinearen Verhulst-Faktors wird dann eine große
Population zunächst abnehmen, sich aber schließlich auf einen konstanten Wert von ²/₃ oder 66 % der ursprünglichen Größe einspielen. Genauso
wird eine sehr kleine Anfangspopulation anwachsen und sich dieser
Grenze vor ²/₃ annähern.

Wählen wir die Geburtenrate B = 2,5, so liefert die Gleichung ein
gewisses Schwingungsverhalten, weil die beiden konkurrierenden Wachs-
tumsglieder einander widerstreben, aber anschließend wird doch die gleiche Populationszahl erreicht. Es sieht so aus, als wäre die Zahl von 66 %
ein Attraktor geworden.

Schieben wir nun den Wert von B bis auf 2,98. Was geschieht dann? Die
Schwingung hält länger an, aber auch hier läßt sich schließlich die Population bei 66 % ihrer ursprünglichen Größe nieder – wir sind wieder auf
dem Attraktor.

Gehen wir nun mit der Geburtenrate B noch ein wenig höher, so halten
diese Schwingungen immer länger an, aber die Population erreicht
schließlich immer die konstanten 66 %. Wenn jedoch die Geburtenrate
den kritischen Wert von 3,0 erreicht, so geschieht etwas Neues. Der
Attraktor bei 0,66 wird instabil und spaltet sich in zwei. Nun nähert sich

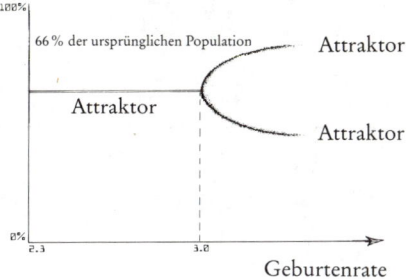

Abb. 3.6

100%

66% der ursprünglichen Population — Attraktor

Attraktor

Attraktor

0%

2.3   3.8

Geburtenrate

die Population nicht mehr dem einen Wert, sondern sie schwankt zwischen zwei stabilen Werten hin und her (Abb. 3.6).

In die Wirklichkeit übersetzt bedeutet dies, daß die kleine Falterpopulation sich wie wild vermehren will und eine große Menge Eier für die nächste Saison zurückläßt. In der nächsten Saison ist dann aber das ganze Gebiet überbevölkert, und dies führt zum Absterben, so daß die wenigen überlebenden Insekten nur eine kleine Anzahl von Eiern für das folgende Jahr zurücklassen. Die Population schwankt also zwischen hohen und niedrigen Anzahlen auf und nieder. Das Verhalten des Systems ist komplexer geworden (Abb. 3.7).

Kurbeln wir die Geburtenrate auf einen Wert über 3,4495 an, so werden die beiden festen Zahlen wiederum instabil, spalten sich auf und erzeugen eine Population, die zwischen vier verschiedenen Werten schwankt. Jetzt ist in jeweils vier aufeinanderfolgenden Jahren die Raupenpopulation radikal verschieden.

Erreicht die Geburtenrate den Wert 3,56, so werden auch diese Schwankungen instabil, und es tritt Bifurkation in acht Fixpunkte ein. Bei 3,569 verzweigen sie sich weiter in nun 16 Attraktoren. Die Sache wird rasch sehr verworren. An dieser Stelle ist es schon fast unmöglich, daß Sie im Steigen und Fallen der Raupenpopulation in Ihrem Garten noch irgendeine Ordnung erkennen. Von Jahr zu Jahr springt die Anzahl so gut wie zufällig hin und her, und wir können darin überhaupt kein Muster erkennen. Schließlich, wenn die Geburtenrate den Wert 3,56999 erreicht, ist die Anzahl verschiedener Attraktoren unendlich groß geworden!

Robert May, ein Physiker aus Princeton, der zum Biologen wurde, ist eine der Schlüsselfiguren in der Geschichte, in deren Verlauf die Forscher entdeckten, was man heute den »Periodenverdoppelungsweg zum

3.0   3.5699

Abb. 3.7 Karte der ersten sich verzweigenden Attraktoren für die nichtlineare
Wachstumsgleichung.

Chaos« nennt. (Periode nennt man die Zeit, die ein schwingendes System braucht, um in seinen ursprünglichen Zustand zurückzukehren.) Anfang 1970 benützte May ein Modell, das sich auf die Verhulst-Formel stützte, das ihm erlaubte, die Geburtenrate ansteigen oder abschwellen zu lassen, indem er das Nahrungsangebot änderte. May fand heraus, daß die Zeit, die das System brauchte, um an seinen Ausgangspunkt zurückzukehren, sich bei gewissen kritischen Werten der Gleichung verdoppelte. Dann aber, nach mehreren solchen Zyklen der Periodenverdoppelung, begann die Insektenpopulation in seinem Modell zufällig zu variieren, genau wie wirkliche Insektenpopulationen, bei denen keine vorhersagbare Periode für die Rückkehr in den Ausgangszustand zu beobachten ist (Abb. 3.8).

Dies ist aber, wenigstens mathematisch gesehen, nicht das Ende der Geschichte. Die Wissenschaftler haben erkannt, daß der Periodenverdoppelungsweg zum Chaos einen ganzen Zirkus von früher unvorstellbaren

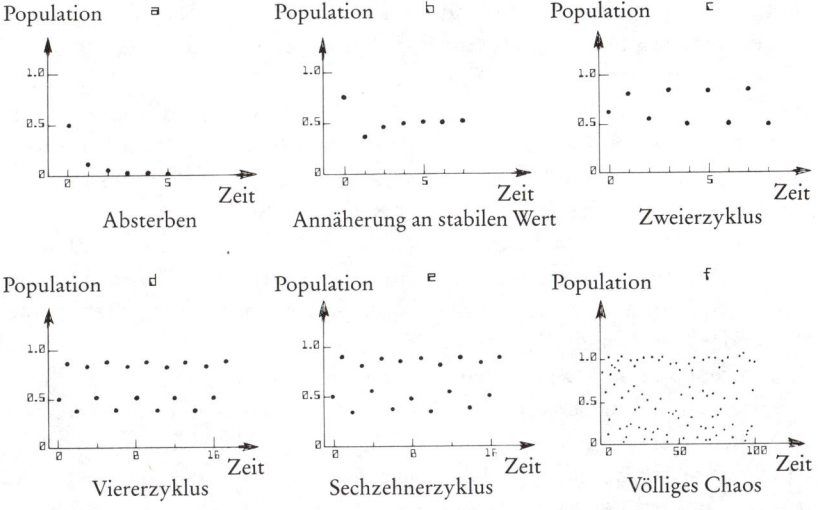

Viererzyklus   Sechzehnerzyklus   Völliges Chaos

Abb. 3.8 Entwicklung einer Population von Jahr zu Jahr für verschiedene (aber jeweils gleichbleibende) Nahrungsangebote oder Geburtenraten. Die Population kann rasch absterben (a), einem Gleichgewichtswert zustreben (b) oder nach Überschreitung gewisser kritischer Geburtenraten in gleichmäßige Sprünge (zwischen 2, 4, 8, 16... verschiedenen festen Werten) übergehen (c, d, e). Oberhalb eines weiteren kritischen Wertes der Wachstumsrate steigt und fällt die Population von Jahr zu Jahr völlig chaotisch (f).

Ordnungen enthält. Einige werden im Abb. 3.9 sichtbar. Hier hat ein Computer die Populationen für verschiedene Geburtenraten nach Verhulstens nichtlinearer Gleichung berechnet und aufgezeichnet.

Diese Zeichnung veranschaulicht, wieviel Struktur im Chaos verborgen liegt, und bietet so ein weiteres Abbild des seltsamen Attraktors.

Zunächst fallen die dunklen Flächen ins Auge, das sind all die Punkte, die die praktisch unendlich vielen Stellen bezeichnen, an denen das System sich aufhalten kann. Im Geburtenratenbereich von 3,56999 bis 3,7 (zwischen a und b am oberen Rand des Bildes) schwankt das System (die jährliche Anzahl der Larven) unvorhersagbar zwischen zunächst vier und dann zwei breiten anziehenden Bereichen hin und her. Diese dunklen Bereiche nähern sich einander an, bis sie schließlich an der durch den Pfeil bei b bezeichneten Stelle miteinander verschmelzen. Hier, ungefähr bei 3,7, könnte die Population (die Anzahl der Larven in Ihrem Garten) fast jeden beliebigen Wert annehmen, von nahe bei 0 bis zu einem sehr hohen Wert (der im Diagramm durch die Zahl 1 in der oberen linken Ecke bezeichnet ist). Dabei springt die Population von Jahr zu Jahr in einer verrückten, unvorhersagbaren Weise hin und her. Erst wenn die Geburtenrate 4,0 erreicht, ist jedoch der ganze Phasenraum ausgefüllt. Die Art, in der sich in diesem Rahmen die Punkte von links nach rechts immer weiter auffächern, deutet darauf hin, daß das chaotische Anfüllen des Phasenraumes ein zugleich seltsam geordneter Prozeß ist.

Zweitens fällt uns nun auf, daß sich in diesem sich ins Chaos entfaltenden Fächer dunkle parabelförmige Linien abzeichnen. Längs diesen Linien ist das System mit höherer Wahrscheinlichkeit anzutreffen. Wieder eine Form der Ordnung im Chaos.

Drittens nehmen wir in dem sich ausbreitenden Schatten des Chaos weiße, senkrechte Bänder wahr. Dies sind Bereiche – »Fenster« nennen dies die Physiker gern –, in denen das System stabil wird. Sehen wir beispielsweise den Bereich oberhalb von b = 3,8 an, im Bild durch die Klammer c-d bezeichnet. Hier, mitten in all diesem sich ausbreitenden Chaos, wird die Population plötzlich wieder vorhersagbar und wächst in zwei aufeinanderfolgenden Jahren an, um im dritten wieder abzunehmen. Wenn aber die Geburtenrate (das Nahrungsangebot) noch ein wenig höher gestupst wird, so reißt es das Fenster auf und das Chaos flutet wieder herein. Solche Bereiche von Stabilität und Vorhersagbarkeit mitten in den zufälligen Schwankungen nennt man »Intermittenz«.

Abb. 3.9

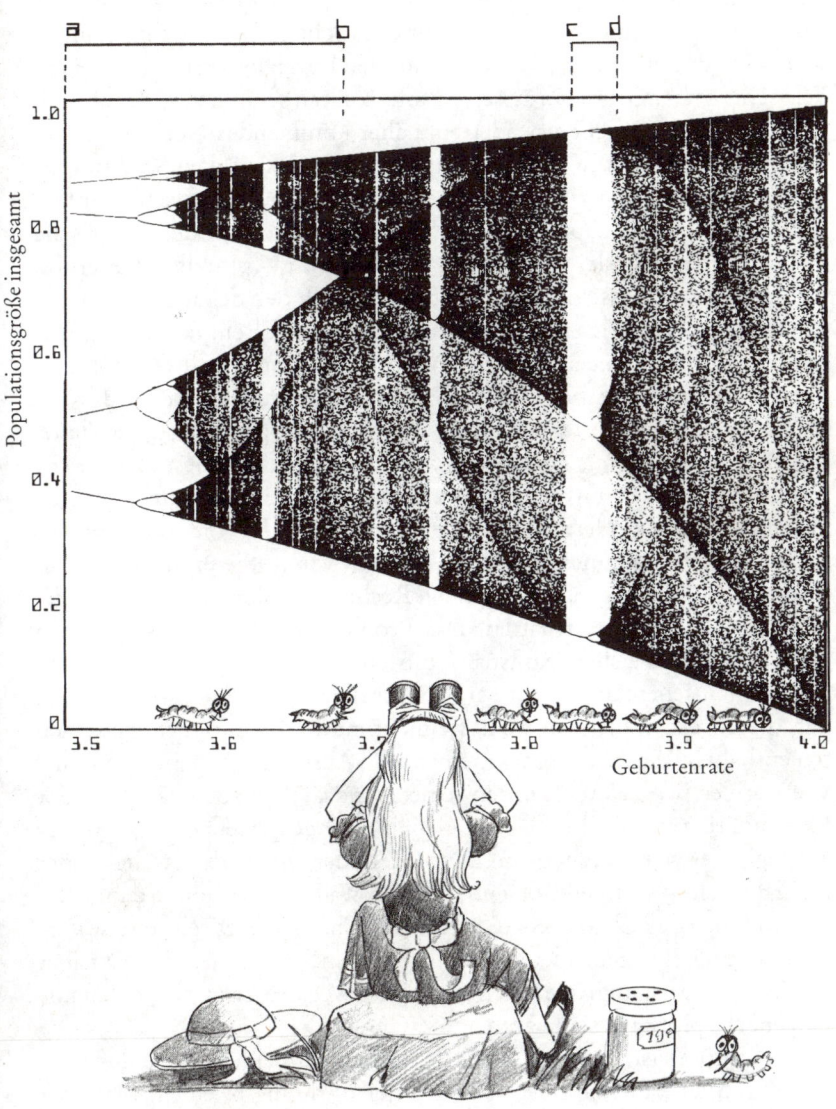

85

Intermittenz: das Sandwich des Chaos

Sie hören gerade gemütlich Ihr Radio, da wird die Musik plötzlich von einer Salve prasselnden Rauschens unterbrochen. Es ist nicht so ungewöhnlich, daß ein kurzer Rauschimpuls den Empfang am Radio oder am Fernseher stört. Oft ist ein äußerer Einfluß daran schuld, z. B. der elektrische Bohrer des Nachbarn oder ein näher kommendes Gewitter. Intermittierendes Rauschen kann aber auch in den elektrischen Schaltungen des Verstärkers selbst zustande kommen. Japanische Wissenschaftler fanden heraus, daß in supraleitenden Schaltern – in denen der elektrische Strom durch keinerlei Widerstand behindert ist – plötzlich Unterbrechungen hereinprasseln. Steigt der Strom durch den Schalter an, so verkürzt sich die Periode zwischen diesen Rauschimpulsen. Folgerung: Der Schalter ist ganz ohne äußere Einmischung auf dem Weg ins Chaos. Die gleiche Erscheinung betraf offenbar ein Computernetzwerk, das ein Unternehmen der Militärindustrie, TRW, in Europa eingerichtet hatte. Ein Bericht in der *New York Times* wies darauf hin, daß dieses Netzwerk plötzlich seltsames, unvorhersagbares Verhalten gezeigt hatte. Das gleiche geschah einem Netz von Parallelprozessoren, die von Forschern der Firma Xerox zusammengeschaltet worden waren. Sie entdeckten, daß ihre Computer für genau die gleiche Rechnung völlig zufällig verschiedene Resultate geliefert hatten. Das Problem mit diesen Systemen lag nicht in irgendwelchen Konstruktionsfehlern. Die Ingenieure mußten vielmehr einsehen, daß es mit der Komplexität solcher Netzwerke zu tun hat, die unvermeidlich ist, wenn sie nichtlineare Rückkoppelungsschleifen enthalten. Einige Forscher meinen, daß Ausbrüche von Intermittenz, wie sie hier beobachtet wurden, eine grundsätzliche Schwäche großer Computernetzwerke bloßlegen. Große Rechnersysteme, wie das der Strategischen Verteidigungsinitiative (SDI oder »Krieg der Sterne«) oder im high-tech-gestützten Börsenhandel der Wall Street könnten dann stets von Anfällen des Chaos bedroht sein. Das Chaos, dieses seltsame Wesen, liegt in dem völlig geordneten System in tiefem Schlummer. Erreicht aber eine gewisse Systemgröße einen kritischen Wert, so zeigt das schlafende Ungeheuer plötzlich seine gezackte Zunge.

Intermittenz ist zweischneidig; sie kommt auf beiden Seiten des Spiegels vor. Man kann sie sich als Inseln der Ordnung in einem Meer der

Zufälligkeit vorstellen oder als den zischenden Zufall, der in die gepflegte Ordnung einer Radiosendung hereinbricht. Fast möchte man Intermittenz als eine Art Erinnerungsvermögen in nichtlinearen Systemen ansehen – die Erinnerung des Systems an seine ursprünglichen Grenzzyklen oder periodischen Attraktoren. Eine Iterationsschleife nach der anderen wird durchlaufen, während sich das System chaotisch (oder ordentlich) durch seinen Phasenraum bewegt. In den Intermittenzbereichen aber wird die alte Ordnung (oder das Chaos) für einen Augenblick wiederentdeckt, und die gleichen Iterationsschleifen, die eben das Chaos (die Ordnung) erzeugten, führen nun momentane Regelmäßigkeit (oder Chaos) herbei.

Am Phänomen der Intermittenz kann man sehen, wie der ganze Bereich der Ordnung von einfachsten Schwingungen bis zur Komplexität des vollentwickelten Chaos in ein und demselben System gegenwärtig sein kann, wobei die beiden Extreme abwechselnd in Erscheinung treten. Dieses Phänomen wirft tiefe Fragen auf: In welchem Maße sind verschiedene Formen der Ordnung in wirklichen Systemen miteinander verwoben? Sind die einfachsten Ordnungen und das Chaos eines Systems beides Züge ein und desselben unteilbaren Prozesses? Die Erscheinung der Intermittenz legt es sehr nahe, daß dies der Fall ist.

Eine wichtige Form der Intermittenz ist das Niederfrequenzrauschen. Dies ist nicht nur ein höchst unliebsamer Fehler in elektronischen Verstärkern, sondern man findet Intermittenz dieser Art auch im elektrischen Strom durch Metalle und Kohleschichten, in Halbleitern, Vakuumröhren, Dioden und gewissen Transistoren. Auch die elektrische Spannung von Batteriezellen oder die Konvektionsströme in Flüssigkeiten sind solchen kurzen Ausbrüchen niederfrequenten Rauschens unterworfen, und man glaubt auch, daß niederfrequente Intermittenz am Ausfall von Nervenmembranen schuld ist. Die Länge des Erdentages ist ebenfalls intermittent. Unser Tag ist das Ergebnis der Rotation unseres Planeten um seine eigene Achse, die dafür sorgen sollte, daß die Sonne alle 24 Stunden genau senkrecht über uns steht. In dieser Regelmäßigkeit gibt es jedoch eine geringfügige Schwankung, die sich über einen fünftägigen Zyklus erstreckt. Ist dies ein weiteres Beispiel für den Einbruch chaotischen Rauschens in die regelmäßigen Schwingungen nichtlinearer Systeme im Universum, ein Schatten der eng verwobenen Komplexität, die hinter scheinbar simplen Systemen verborgen liegt?

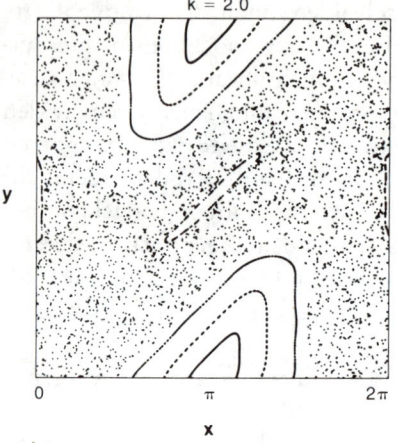

k = 2.0

y

0   π   2π

x

Abb. 3.10 Ein weiteres vom Computer erzeugtes Bild eines Systems mit Periodenverdoppelung. Inmitten eines Meeres von Chaos finden sich Inseln der Ordnung – eine weitere Facette des seltsamen Attraktors.

Sehen wir es einmal andersherum an. Könnte nicht Intermittenz ein auf den Kopf gestelltes Bild unseres eigenen Ortes im Universum darstellen? Wir sind gewohnt, den Kosmos vom Standpunkt der Ordnung aus anzusehen (d. h. mit Bildern relativ einfacher Ordnung). Wenn unsere Tageslänge schwankt oder das Radio ein Prasseln ausspuckt, so stellen wir uns diese Erscheinungen als störende Unterbrechungen der Struktur vor, die das von uns bewohnte Universum beherrscht. Die Chaostheorie legt aber nahe, daß auch der spiegelbildliche Gesichtspunkt möglich ist. Wir könnten uns die vertraute Ordnung als eine Insel von Intermittenz inmitten eines seltsamen oder chaotischen Attraktors von der Größe des ganzen Universums vorstellen.

Universalität

Im Sommer 1975 machte der Physiker Mitchell Feigenbaum vom Los Alamos National Laboratory, als er verschiedene Gleichungen mit Periodenverdoppelungsverhalten untersuchte, eine für die Chaostheorie höchst bedeutende Entdeckung. Als er mit seinem Taschenrechner eine ganze Klasse von Gleichungen durchprobierte, entdeckte er eine universelle Zahlenfolge für deren Verhalten bei der Periodenverdoppelung. Die Gleichungen, die er untersuchte, sind auf so unterschiedliche Erscheinungen anwendbar wie elektrische Schaltungen, Linsensysteme, Festkörperstrukturen, Aktienkursschwankungen, Populationen oder Lernverhalten.

Feigenbaum zeigte, daß es auf die feineren Details dieser verschiedenen Systeme nicht ankommt und daß die Periodenverdoppelung beim Zusammenbruch der Ordnung und beim Übergang ins Chaos ein gemeinsamer Zug ist. Er konnte einige universelle Zahlen ausrechnen, die Verhältnisse auf der Skala der Übergangspunkte im Verdoppelungsprozeß darstellen. Er entdeckte, daß ein System, das wieder und wieder auf sich selbst zurückwirkt, an genau diesen universellen Stellen der Skala Veränderungen erleiden wird.

Wie Forschungsreisende dadurch unsterblich wurden, daß nun ihre Namen den einst von ihnen besuchten Bergen und Tälern anhaften, so lassen auch Wissenschaftler in der abstrakten Landschaft der Naturgesetze ihre Markierungen zurück. Die von Mitchell Feigenbaum entdeckten Verhältnisse sind als die Feigenbaum-Zahlen bekannt geworden.

Mit diesen Zahlenwerten und den Erkenntnissen über die Periodenverdoppelung ausgerüstet, begannen die Forscher in aller Welt bald überall das Chaos zu entdecken.

Im Massachusetts Institute of Technology machten sich der Medizinphysiker Richard J. Cohen und seine Kollegen an die Computersimulation von Herzrhythmen und entdeckten dabei, daß Periodenverdoppelung ein Schlüssel zum Verständnis von Herzanfällen ist. In einem normalen Herzen breiten sich die elektrischen Impulse gleichmäßig durch die Muskelfasern aus, durch die die Herzkammern sich zusammenziehen und das Blut pumpen. Im zusammengezogenen Zustand sind die Muskelfasern für elektrische Signale undurchlässig. Ärzte nennen diese Periode die refraktäre Phase. Nach der Theorie sind Unterschiede in der Dauer der refraktären Phase in verschiedenen Herzbereichen die Ursache für das »Flimmern, die schnellen krampfhaften Zuckungen bei einem Herzanfall«.

Um diese Theorie zu testen, variierten Cohen und sein Team die refraktären Phasen in ihrem Herzmodell und fanden dabei, daß Probleme auftraten, sobald ein Teil der Herzmuskelfasern refraktäre Phasen hatte, die länger waren als das Herzschlagintervall. Eben deshalb gerieten diese Herzfasern außer Takt und konnten nur bei jedem zweiten Herzschlag angeregt werden. Das hatte zur Folge, daß die elektrischen Impulse des sich zusammenziehenden Herzens sich an diesen zurückgebliebenen Fasern wie Wasser verhielten, das über einen Felsen schäumt und Turbulenz verursacht. Wenn man die refraktären Phasen einiger Fasern verlängert, so läßt sich das ganze Herz in ein Verhalten der Periodenverdoppelung versetzen, bis schließlich nach Erreichen eines kritischen Wertes der refraktären Phase vollständiges Herzmuskelchaos einsetzt.

An der McGill-Universität in Montreal benutzte der Physiologe Leon Glass eine Kultur von spontan schlagenden Kükenherzzellen und stimulierte sie periodisch. Das Ergebnis war, daß die Zeit zwischen regulären Schlägen sich verdoppelte, dann wieder verdoppelte usw. bis zum Erreichen des Chaos.

Alvin Saperstein, ein Physiker im Forschungszentrum für Friedens- und Konfliktstudien an der Wayne State University in Detroit hat eine Untersuchung des Rüstungswettlaufs begonnen, der zum Zweiten Weltkrieg führte. Er glaubt, die Zahlen legen nahe, daß das Verhältnis der Rüstung zwischen Nazideutschland und der Sowjetunion eine Periodenverdoppelung durchlief und bei Kriegsausbruch gerade in den chaotischen Bereich gekommen war. Er betont aber, daß dieses Modell noch sehr grob ist.

Periodenverdoppelung wurde auch in manchen chemischen Reaktionen gefunden, wie z.B. in der Belusow-Zhabotinsky-Reaktion. Hier führt eine Mischung gewisser Chemikalien zum Wachstum von Gestalten, die an zellartige Lebensformen erinnern. Die Belusow-Zhabotinsky-Reaktion läßt vermuten (und wir werden dies in Kapitel 3 auf der anderen Seite des Spiegels besser verstehen), daß der Weg zum Chaos zugleich auch ein Weg zur Ordnung sein kann.

Man hat jetzt bewiesen, daß das Anwachsen der Turbulenz, wie es sich Leonardo vorstellte, auch über den Weg der Periodenverdoppelung geschehen kann. Tatsächlich hat der italienische Wissenschaftler Valter Franceschini die Feigenbaum-Zahlen wiedergefunden, als er mit Hilfe eines Computers fünf Gleichungen untersuchte, die die Turbulenz von Flüssigkeiten modellieren. Feigenbaum hatte nach seiner Entdeckung der Periodenverdoppelung im Jahre 1976 seine Arbeiten über diese Erscheinung nicht veröffentlichen können, weil die Redakteure von Wissenschaftszeitschriften seine Idee für allzu bizarr hielten. Schließlich empfahl 1979 einer von Franceschinis Kollegen, der über Feigenbaums Theorie Bescheid wußte, dem italienischen Forscher, in den Gleichungen, die er studierte, nach den Feigenbaum-Zahlen Ausschau zu halten. Als Franceschini die Rechnungen wiederholte, sprangen ihm die universellen Feigenbaum-Zahlen entgegen.

Kurz darauf bestätigten zwei französische Forscher, Albert Libchaber und Jean Maurer, Feigenbaums Einsicht experimentell, obwohl sie zu dieser Zeit seine Arbeiten noch nicht kannten. In ihrem Laboratorium entdeckten sie eine Symmetrie im Chaos der Bénard-Instabilität. Sie stießen darauf, als sie in einem kastenförmigen Edelstahlgefäß sehr vorsichtig flüssiges Helium erwärmten. Als sie ganz allmählich stärker heizten, fanden die zwei Forscher beim Ausmessen der Konvektionsströme ein sich verzweigendes Muster von Schwingungen, das genau dem Periodenverdoppelungsweg entsprach.*

Der Periodenverdoppelungsweg führt uns tief ins Innere des turbulenten Spiegels; wir erhaschen einen neuen Blick auf den seltsamen Attraktor und geraten in ein Dickicht von Fragen. Wie funktioniert diese Periodenverdoppelung eigentlich? Wie bewirkt (oder reflektiert) sie das Aufwallen des Chaos und das Offenbarwerden jener zwischen Chaos und Ordnung existierenden Ganzheit? Was ist der seltsame Attraktor?

Teilweise liegt die Antwort auf solche Fragen im Phänomen der sogenannten Iteration.

---

* Diese Experimente wurden mit flüssigem Helium in rechteckigen Behältern ausgeführt. Als die Untersuchung von zwei deutschen Forschern mit anders geformten Behältern wiederholt wurde, tauchten auf dem Weg zum Chaos keine Periodenverdoppelungen auf. Anscheinend ist die Lehre daraus, daß es noch viele bisher unentdeckte Wege zum Chaos gibt.

Kapitel 4

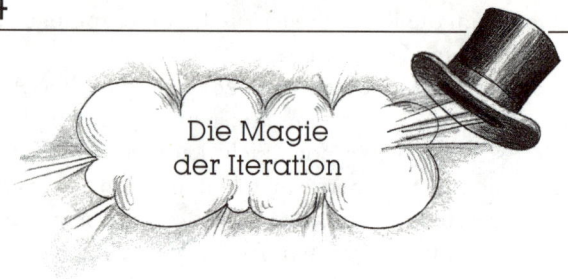

Die Magie
der Iteration

*Onkel Einarm und Onkel Einbein betrachteten die Aussicht vom Berg
des Dunklen Herren auf die Ödnis von K'unlun, wo der Gelbe Kaiser
ruhte. Plötzlich sproß eine Weide aus Onkel Einbeins linkem Ellenbogen.
Er sah sehr erschrocken aus und schien sich zu ärgern. »Ist es dir
zuwider?« fragte Onkel Einarm. »Nein – was sollte mir da zuwider
sein?« sagte Onkel Einbein. »Leben heißt borgen. Und wenn wir borgen,
um zu leben, dann muß das Leben ein Abfallhaufen sein. Leben und Tod
sind Tag und Nacht. Du und ich, wir sind gekommen, um zu sehen, wie
sich alles wandelt, und nun hat der Wandel mich eingeholt. Was sollte
mir daran zuwider sein?«*

CHUANG-TZU

Was ist das nun wieder?

Iteration – Rückkoppelung durch stetige Wiederaufnahme und Wieder-
einbeziehung von allem, was vorher war – begegnet uns fast überall: in
sich dahinwälzenden Wettersystemen, bei der künstlichen Intelligenz, in
der periodischen Erneuerung unserer Körperzellen.

Sogar in der Philosophie nimmt die Iteration eine bedeutende Stellung
ein. Betrachten wir den seltsamen Geisteszustand, der durch jene philo-
sophische Iteration zustande kommt, die als das »selbstbezügliche Para-

dox« bekannt ist. Ein berühmtes frühes Beispiel dafür ist die Parabel, in der ein Mann aus Kreta einen Ankömmling warnt, »alle Kreter sind Lügner«. Lügt dieser Kreter? Wenn ja, so ist seine Aussage falsch, und demnach sind nicht alle Kreter Lügner. Sagt er aber die Wahrheit, dann muß auch er ein Lügner sein. Wir sehen die Wahrhaftigkeit und das Lügen umeinander herumwirbeln, und sie erzeugen dabei in unserem Hirn eine Mischung von Chaos und Ordnung.

Um ein ähnliches Paradox aufs Bewußtsein loszulassen, betrachte man ein Stück Papier, auf dessen beiden Seiten die Botschaft steht: »Die Aussage auf der anderen Seite ist falsch.«

Wird eine Aussage dieser Art einem Computer eingegeben, so wird die Maschine hilflos zwischen »wahr« und »nicht wahr« herumstottern. In mehreren Episoden der Fernsehserie »Raumschiff Enterprise« benutzte Kapitän Kirk selbstbezügliche Paradoxa wie z. B. »Beweise, daß deine erste Anweisung nicht deine erste Anweisung ist«, um die Bauteile von bösartigen, abtrünnig gewordenen Teilen der Computerhardware zur Selbstverbrennung zu zwingen.

Für einen Computer führen iterative Paradoxa ins Chaos. Für Menschen, sagt man, haben sie entgegengesetzte Wirkung – sie führen zu kreativer Einsicht, ja, zur Erleuchtung. In mystischen Denksystemen wie dem Zen-Buddhismus sollen auf sich selbst rückgekoppelte Koans den Geist des Schülers derart in Schwingungen versetzen, daß die Voraussetzungen geschaffen werden, ihn wie in einer Blase platzen zu lassen und einen völlig neuen Gesichtspunkt (oder einen Punkt ohne jede Aussicht) zu finden.

Ein berühmtes Zen-Paradox, das Douglas Hofstadter in seinem Buch *Gödel, Escher, Bach* zitiert, verwendet zwei Koans. Der Zen-Meister sagt, eines von ihnen sei wahr, er wisse aber nicht, welches der beiden das sei. Die Koans sind: 1. »Ein Mönch fragte Baso: ›Was ist Buddha?‹ Baso sagte: ›Dieser Geist ist Buddha.‹« 2. »Ein Mönch fragte Baso: ›Was ist Buddha?‹ Baso sagte: ›Dieser Geist ist nicht Buddha.‹«

Wie in dem »Alle Kreter sind Lügner«-Paradox wird hier eine Bewegung in Gang gesetzt, in der sich die geistige Wahrnehmung von Wahrheit und Falschheit ununterbrochen reflektiert. Die beiden Koans (tatsächlich ein einziges Koan) sind Spiegelbilder voneinander, in dem Sinn, daß jede Seite die andere seitenverkehrt wiedergibt. Hofstadters bescheidener Kommentar dazu ist, die Zen-Meister hätten eben einen Weg aus dem

Die Aussage auf
der Kehrseite
ist falsch...
Vorderseite

Die Aussage auf
der Kehrseite
ist falsch →
Vorderseite

Abb. 4.1

Spiegel gefunden. Wer hier den Ausgang finden will, muß die verzwickte Aufgabe lösen, die beiden Koans so zu übersetzen, daß zwei Stückchen gestärkter Schnur entstehen, die dann nach bestimmten Regeln mit sich selbst verflochten werden (– ein passendes Bild für den Rückfaltungsprozeß bei der Iteration). Einige dieser Übersetzungsregeln erhöhen die Komplexität dieser Schnur, andere vereinfachen sie. Hat der Zen-Student all diese Faltungen geschafft, so sieht er, welcher Koan wahr ist. Allerdings kompliziert Hofstadter in klassischer Zen-Manier die Dinge sogleich weiter, indem er zeigt, daß es zugleich unmöglich ist, den wahren Koan mit Hilfe dieser Faltungsmethode zu finden.

Der Logiker G. Spenser-Brown meinte, bei einem Paradox, das in dieser Weise ständig in sich selbst zurückläuft, sei jede Iteration wie das Tikken einer Uhr. Hierdurch, so glaubt er, führten solche Paradoxa die Zeit in die Logik ein, wozu auch die Logik der Mathematik und der meisten wichtigen gedanklichen Prozesse gehört. Unter diesen ist auch die Sprache, die selbst einen höchst zirkelartigen und selbstbezüglichen Apparat darstellt. Jeder, der einmal versucht hat, schwierige Wörter in einem Lexikon nachzuschlagen, hat dafür ein Gefühl bekommen. So wird beispielsweise das Wort *Zeit* durch Wörter wie *Dauer* und *Augenblick* definiert. Was aber bedeuten diese Wörter? Wenn wir sie nachschlagen, so landen wir schließlich wieder beim Wort *Zeit*.

Rückbezüglichkeit auf sich selbst tritt auch in biologischen Systemen auf, und das Ergebnis kann an Zen erinnern. Wenigstens glaubt dies der theoretische Biologe Howard Pattee. Während ein Computer in selbstmörderische Schwingungen verfällt, wenn er einem selbstbezüglichen Paradox in die Falle geht, glaubt Pattee, biologische Systeme benützten die Selbstbezüglichkeit zur Erhaltung ihrer Stabilität, ja sogar, um sich selbst in Richtung höherer Gestalten zu katapultieren.

Nehmen wir z. B. Bakterien. Diese ersten Lebensformen auf der Erde haben keinen Zellkern. Sie vermehren sich einfach, indem sie sich teilen, also Kopien von sich selbst herstellen. Bakterien haben auch die Fähigkeit, untereinander – durch einen Prozeß, der nicht Fortpflanzung ist – Stücke genetischen Materials auszutauschen. Das bedeutet, daß alle Bakterien der Welt gegenseitig Zugang zu ihren jeweiligen genetischen Vorräten haben. Durch ständige Iteration von Material im genetischen Pool können sich daher Bakterien sehr rasch an wechselnde Bedingungen anpassen. Die Schattenseite dieser biologischen Form der Selbstbezüglichkeit ist jedoch, daß es unter Bakterien keine wirklichen Individuen gibt. Wegen der Selbstrückkoppelung bei der Herstellung der Kopien gibt es nur die verschiedenen Abstammungslinien von Klonen.

Vor Millionen von Jahren mag die Natur diese Art von selbstbezüglichem Paradox mit großem Vorteil benutzt haben, weil dadurch der Planet sehr wirkungsvoll mit Leben überzogen werden konnte. Ein Nachteil ist jedoch die begrenzte Komplexität der Lebensformen, die sich durch diese Methode entwickeln lassen. Nach einer Theorie (der wir in Kapitel 3 nachgehen werden) überzog diese erfolgreiche Iteration die ganze Erde mit Bakterien. Dies brachte chaotische Bedingungen hervor, denen dann eine neue selbstbezügliche Schleife entsprang: Die sexuelle Fortpflanzung. Damit wurde ein neuer, unglaublich kraftvoller Entwicklungsschub ausgelöst.

In ihrem Buch *Mikrokosmos*, das sich mit der Evolution der Mikroben befaßt, sagen Lynn Margulis und Dorian Sagan, daß nun eine dritte Schleife im Entstehen begriffen ist. »In einer der riesigen selbstbezüglichen Schleifen des Lebens hat die Verwandlung der DNS (die eintrat, als die sexuelle Fortpflanzung entstand) zum Bewußtsein geführt, das es uns nun ermöglicht, die DNS (durch genetische Manipulation) noch weiter zu ändern.«

In manchen physikalischen Theorien stellt man sich vor, daß auf dem tiefsten Niveau, an der Grundlage der Materie, ebenfalls selbstbezügliche Iterationen eine Rolle spielen. Elementarteilchen erzeugen sich selbst durch einen ständigen Erzeugungs- und Vernichtungsprozeß durch Iteration aus dem Vakuumzustand. Das würde bedeuten, daß die letzte reduktionistische Wesenheit, die sozusagen als Grundbaustein der Natur anzusehen wäre, ihre Stabilität nicht einer felsenhaften Haltbarkeit oder sonstigen statischen Größe verdankte, sondern einer dynamisch schwingenden Qualität oder einem Prozeß, in dem das Teilchen sich in seinem Quantenfeld unablässig entfaltet und wieder verbirgt.

Das Phänomen der Iteration läßt vermuten, daß Stabilität und Wandel nicht Gegensätze, sondern Spiegelbilder voneinander sind. Betrachten wir die Zellen in unserem Körper. Etwa alle sieben Jahre werden sie vollständig ersetzt, sozusagen iteriert. Die Bauchspeicheldrüse erneuert die meisten ihrer Zellen alle 24 Stunden, die Magenschleimhaut die ihren alle drei Tage. Sogar im Gehirn werden 98 % des Eiweißes monatlich recycliert. Und doch, obwohl wir uns unablässig ändern, bleiben wir im wesentlichen dieselben.

Wie der Zauberer Merlin, der in allerlei Verkleidungen erscheinen konnte – als Kind, als Vogel, als alter Mann –, übt die Iteration ihren Zauber wieder und wieder in der Wissenschaft vom Wandel. Alles wird durch sie erschaffen – das Dauerhafte, das Zufällige und die Zeit selbst.

Wie der Unterschied wächst

Der Ruhm, als erster erkannt zu haben, wie Iteration Chaos erzeugt, gebührt Edward Lorenz, einem Meteorologen am Massachusetts Institute of Technology.

1960 benutzte dieser seinen Computer, um einige nichtlineare Gleichungen zu lösen, die die Erdatmosphäre modellieren sollten. Als er die Details einer Wettervorhersage nachprüfen wollte, gab er noch einmal die gleichen Daten für Temperatur, Luftdruck und Windrichtung ein wie zuvor, rundete dabei aber die Ziffern auf drei Dezimalstellen ab, anstatt wie zuvor auf sechs. Nun ließ er den Computer an der Gleichung kauen und ging inzwischen auf eine Tasse Kaffee hinaus. Als er zurückkehrte, traf ihn ein Schock. Das neue Ergebnis, das er auf seinem Bildschirm sah, lag nicht etwa nahe bei seiner früheren Vorhersage. Es war völlig davon verschieden. Der zum Lösungsverfahren der Gleichungen gehörige Iterationsprozeß hatte die kleine Diskrepanz in der vierten Stelle hinter dem Komma ungeheuerlich vergrößert. Er stand vor den Bildern zweier ganz verschiedener Wettersysteme.

Später erzählte Lorenz der Zeitschrift *Discover*: »In diesem Augenblick wußte ich: Wenn eine wirkliche Atmosphäre sich so benimmt (wie dieses mathematische Modell), so muß jede langfristige Wettervorhersage unmöglich sein.«

Lorenz war sofort klargeworden, daß es die Kombination aus Nichtlinearität und Iteration gewesen war, die den winzigen Unterschied zwischen den beiden Computerläufen so sehr verstärkt hatte. Daß die Ergebnisse derart weit auseinander lagen, bedeutet, daß komplexe nichtlineare dynamische Systeme wie das Wetter so unglaublich empfindlich sind, daß schon winzigste Details sie beeinflussen. Eine neue Redensart sagt, schon das Flattern eines Schmetterlings in Hong Kong könne in New York ein Gewitter auslösen. Plötzlich wurde es Lorenz und anderen Forschern bewußt, daß in deterministischen (kausalen) dynamischen Systemen in jeder Kleinigkeit die Möglichkeit zur Erzeugung von Chaos (Unvorhersagbarkeit) verborgen liegt.

Es mag zunächst unfair oder wenigstens übertrieben erscheinen, daß wir ein Wettersystem nur deshalb chaotisch nennen, weil wir sein Verhalten nicht vorhersagen können. Wenn unsere Fähigkeiten zur Vorhersage nicht ausreichen, möchte man doch annehmen, es läge daran, daß nicht alle nötigen Details bekannt sind oder daß wir nicht die richtigen Gleichungen benützen. Das ist aber ganz und gar nicht so. Wie Lorenz gesehen hatte, lag es an der iterativen Natur seiner nichtlinearen Gleichungen (in der sich die enge Verknüpftheit dynamischer Systeme ausdrückt): Auch noch so viele zusätzliche Details würden keine perfekte Vorhersage ermöglichen.

Um zu verstehen, warum dies so ist, wollen wir uns vorführen lassen, was Iterationen bewirken können. Dabei werden einige Zahlenfolgen auftreten, aber seien Sie unbesorgt: Es handelt sich nicht um höhere Mathematik. Wir interessieren uns dabei nur für die Verfolgung von Mustern, die schnell erkennbar werden.

Eine Zahl zu verdoppeln ist sehr einfach. Erinnern wir uns noch einmal an die erste Gleichung (für exponentielles Wachstum), die Alice an ihrer Tafel fand.

Die Gleichung besagt, daß die diesjährige Ernte doppelt so groß ist wie die des letzten Jahres. Wenn X_1, die Ernte des ersten Jahres, gleich 1 ist, dann wird die Ernte des nächsten Jahres, X_{n+1}, gleich 2 sein. Die Gleichung erzeugt also die folgende Zahlenreihe für die späteren Jahre: 2, 4, 8, 16, 32, 64... (die drei Punkte sollen bedeuten, daß die Reihe für immer weitergeht).

Beginnen wir statt dessen mit $X_1 = 1,5$, so erhalten wir für die folgenden Jahre die Reihe: 3, 6, 12, 24, 48...

Bis hierher ist alles unmittelbar einsichtig. Jetzt aber wollen wir wieder

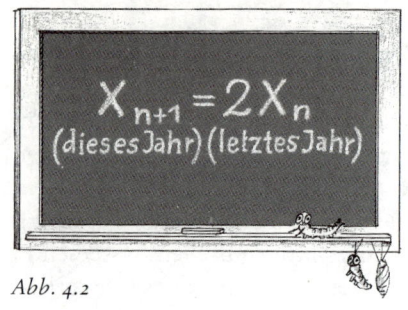

Abb. 4.2

einen jener Mathematikertricks anwenden, die es uns ermöglichen, lange Zahlenfolgen zu erzeugen und ganz nach Wunsch zu vergleichen. Der Trick ist folgender: Wir verdoppeln auch weiterhin die Zahlen, lassen aber jedesmal den ganzzahligen Anteil weg und behalten nur die Dezimalstellen bei. Wenn beispielsweise X_1 (die Zahl des ersten Jahres) gleich 0,9567 ist, dann ist $2X_n$ (das ist X_2, die Zahl des nächsten Jahres) gleich 1,9134. Wenden wir nun die Vorschrift des Mathematikers an, so lassen wir den ganzzahligen Anteil weg, und es wird X_2 gleich 0,9134.

Sehen wir uns an, welche Art von Zahlenreihe wir erhalten, wenn wir mit X_1 gleich 0,5986 beginnen. Die Reihe wird nun: 0,1972…, 0,3944…, 0,7888…, 0,5776…, 0,1552…, 0,3104…, 0,6208…, 0,2416…, 0,4832…, 0,9664…, 0,9328…, 0,8656…, 0,7312…, 0,4624…, 0,9248…, 0,8496…

Das sieht nach einer zufälligen Zahlenfolge aus, als hätte uns die Iteration ins Chaos geführt. Aber schauen wir uns dieses Phänomen etwas genauer an.

Besitzt X_1 eine einfache Ordnung derart, daß sich seine Dezimalstellen wiederholen, dann wird ein entsprechend einfaches Muster auch nach allen weiteren Iterationsschritten auftauchen. Ist z. B. X_1 gleich 0,707070, so erzeugt die Iteration das Muster 0,414141, 0,828282, 0,656565, 0,313131, 0,626262, 0,252525, 0,505050, 0,010101, 0,020202, 0,040404, 0,080808, 0,161616, 0,323232, 0,646464, 0,292929, 0,585858, 0,707070…

Nach 17 Iterationen sind wir wieder bei der Ausgangszahl gelandet; also wird sich nun dieser Zyklus dauernd wiederholen.

Wählen wir eine Zahl mit einem komplizierteren Muster, so wird ein noch längerer Zyklus entstehen, bevor die Zahlenfolge sich zu wiederholen beginnt. Doch immer wenn die anfänglichen Zahlen rational sind, wird das Muster schließlich in sich selbst zurücklaufen. Erinnern wir uns, daß rationale Zahlen jene sind, die sich als Verhältnisse ganzer Zahlen ausdrücken lassen, also ½, ⅔, ¾ usw., und die deshalb immer entweder eine endliche Dezimalbruchdarstellung haben (½ = 0,5, ¼ = 0,25) oder eine unendliche, aber periodische (z. B. $1/99$ = 0,01010101…). Wenn das einfache Zahlenverdoppelungsverfahren unserer Iteration mit einer rationalen Zahl beginnt, so entsteht immer ein geordnetes Muster.

Wie aber steht es mit den irrationalen Zahlen, die sich niemals als Verhältnis ganzer Zahlen schreiben lassen? Ihre Dezimaldarstellung enthält keinerlei Ordnung, jede Ziffer scheint völlig zufällig zu kommen. Mathematiker haben sich klargemacht, daß eine irrationale Zahl wie z. B. π auf viele Millionen Dezimalstellen berechnet werden könnte, ohne daß irgendwann Wiederholung einträte. Es erscheint ironisch, daß π, die Zahl, die man braucht, um den Umfang jenes vollkommensten und ordentlichsten Gegenstandes unserer Vorstellungskraft – nämlich des Kreises – zu berechnen, selbst niemals exakt berechenbar sein wird. Selbst in der euklidischen Welt gehen Ordnung und Chaos Hand in Hand.

Was geschieht nun, wenn eine irrationale Zahl als Ausgangspunkt unserer Zahlenverdoppelungsfolge gewählt wird? Das Ergebnis ist eine unendliche Zahlenreihe, die keinerlei Ordnung erkennen läßt. Jede neue Zahl kommt völlig zufällig. Aus dem Keim der Irrationalität jener Ursprungszahl scheint Chaos zu erblühen. Tatsächlich stellt die einfache Gleichung des exponentiellen Wachstums oder der Zahlenverdoppelung einen Weg dar, auf dem man mittels des Computers eine Reihe von Zufallszahlen erzeugen kann. Man darf sich vorstellen, daß das Chaos und der Zufall sich hier wirklich aus der unendlichen Komplexität der ursprünglichen irrationalen Zahl *entfalten*.

Eine überraschende Eigenschaft iterativer Gleichungen ist ihre extreme Empfindlichkeit gegenüber den Anfangsbedingungen. Wenn in der Zahlenverdoppelungsgleichung die Zahl X_1 nur ganz wenig verändert wird, so wird die Zahlenfolge doch rasch von der ursprünglichen abweichen. Genau diese Eigenschaft war es ja, die Lorenz in seinen Wetterberechnungen entdeckte. Im 19. Jahrhundert hatten Wissenschaftler stets angenommen, daß ein kleiner Fehler in den Anfangsdaten entweder später ausgeglichen würde oder doch höchstens eine kleine Wirkung hervorrufen könnte. Wenn es aber um Iterationen geht, so können winzige Fehler rasch verstärkt werden.

Betrachten wir wieder die rationale Zahl 0,707070. Was geschieht, wenn wir in der vierten Dezimalstelle einen kleinen Fehler machen, einen Fehler von einem Zehntelprozent, wenn wir also schreiben 0,707170? Nach der ersten Iteration ist der Fehler unbedeutend. Statt der

0,414141, die wir in der ursprünglichen Reihe erhielten, haben wir nun in der neuen Reihe 0,414341. Die zweite Iteration bläht den Fehler schon deutlicher auf. Statt 0,828282 erhalten wir als neuen zweiten Term 0,828682. Für den Rest der Reihe erhalten wir statt der ursprünglichen 0,656565, 0,313131, 0,626262, 0,252525, 0,505050, 0,010101, 0,020202, 0,040404, 0,080808 nun 0,657365, 0,314731, 0,629462, 0,258924, 0,517849, 0,035698, 0,071396, 0,142792, 0,285584. Nach der elften Iteration hat sich der kleine Fehler so sehr aufgebläht, daß die neue Zahlenfolge sich vollständig von der urspünglichen entfernt hat. Die ursprüngliche Reihe wiederholte sich nach 17 Zahlen. Die neue Reihe zeigt keinerlei derartiges Muster.

Die Iteration enthüllt die extreme Empfindlichkeit der Gleichung gegenüber ihren Anfangsbedingungen, d.h. gegenüber der Wahl der ersten Zahl. Diese Empfindlichkeit ergibt sich gleichermaßen für rationale und irrationale Zahlen, wenn diese in nichtlinearen Gleichungen iteriert werden.

Es sind aber nicht nur Zahlen, die sich so verhalten. Forscher beobachten dieselbe Art von Dynamik in Flüssigkeiten. Was schließlich aus einem kleinen Wirbel im Blutstrom wird, hängt ungeheuer empfindlich von der Ausgangslage ab. Benachbarte Punkte im Blut können also weiter nebeneinander herfließen, umeinander herumschwingen oder in völlig verschiedenen Bereichen der Flüssigkeit landen. Selbst unser eigenes Altern läßt sich als ein Prozeß vorstellen, in dem die ständige Iteration unserer Zellen schließlich Knitterspuren und Abweichungen hervorbringt, die unsere Anfangsbedingungen verderben und uns allmählich zerfallen lassen – dem Tode entgegengezogen durch den wohl letzten seltsamen Attraktor.

In der physikalischen Welt zeigen verschiedene Systeme verschiedene Empfindlichkeitsgrade gegenüber den Iterationen, denen sie unterliegen. Eine Ausführung eines Flugzeugflügels mag eine rasche Verstärkung der Schwankungen bewirken, die sich um Eiskristalle auf der Flügeloberfläche bilden – eine Verstärkung, die so schnell einsetzt, daß daraus Turbulenz hervorgeht, die das Flugzeug abstürzen läßt. Eine andere Ausführung des Flügels jedoch mag gegenüber den gleichen Vereisungsbedingungen unempfindlich sein. Wie wir bei der Periodenverdoppelung sahen, kann Iteration bei einer bestimmten Rate zur Stabilität führen und dennoch, wenn bestimmte Ratenwerte überschritten werden, das System ins Chaos taumeln lassen. Obwohl, wie Feigenbaum entdeckte, die Skala der kritischen Werte für viele Systeme die gleiche ist, besitzt doch jedes System seine eigenen nichtlinearen Bedingungen, unter denen Iterationen es außer Kontrolle geraten lassen.

Bewegungen, wie sie in nichtlinearen Iterationen so vieler Systeme zu finden sind, lassen sich durch die Bewegungen eines Bäckers veranschaulichen, der Teig knetet. Der Bäcker breitet mit seinen Fäusten den Teig aus und faltet ihn wieder zusammen. Dieses Dehnen und Falten wiederholt sich ständig. Tatsächlich nennen denn auch die Mathematiker das, was in einer nichtlinearen Gleichung bei der Iteration geschieht, die »Bäcker-Transformation«. Diese Transformation bewirkt, daß benachbarte Punkte des Teiges auseinandergeraten. Enthielte der Teig elastische Fäden, so würden diese gedehnt und gefaltet, bis ein höchst kompliziertes, unvorhersagbares (und daher chaotisches) Muster entsteht. Mathematisch gesehen führt dieser Prozeß des Dehnens und Faltens zur Form eines seltsamen Attraktors.

Die Bäcker-Transformation beherrscht die Wachstumsgleichung. Die Verhulst-Formel unterliegt der Dynamik zweier entgegengesetzter Effekte, nämlich dem dehnenden Faktor (X_n) und dem zurückfaltenden Faktor ($1 - X_n$). Auf diese Weise wird das Ergebnis der vorigen Iteration Ausgangspunkt für die nächste.

Dehnen

Gleichungen wie die Wachstumsgleichung mit dem von Verhulst hinzugefügten nichtlinearen Glied garantieren die Erzeugung einer vollständig chaotischen Reihe, die aber vollständig determiniert ist. D. h. man kann alle Glieder, die in die Gleichung eingehen, exakt bestimmen. Trotzdem ist das, was bei der Iteration schließlich herauskommt, eigentlich ein Schwindel, denn man benützt einen Computer oder sogar nur einen Taschenrechner. Es zeigt sich, daß wir hieraus etwas wichtiges über das Chaos lernen können.

Computer führen ihre Berechnungen im allgemeinen mit 16 Dezimalstellen durch. So taucht also bei jeder einfachen Rechenoperation ein Rundungsfehler auf. Wenn z. B. in der 16. Dezimalstelle die Ziffer 5 erscheint, so mag das daran liegen, daß die 16. und 17. Stelle 49 oder 51 waren. Die Ungewißheit über den tatsächlichen Wert in der 16. Stelle ist

$N = o$

Abb. 4.3 Dieses Computer-Mosaik des Vaters der modernen Chaosforschung, Henri Poincaré, veranschaulicht die Wirkung eines iterativen Prozesses aus wiederholter Streckung und Faltung. Der Physiker James Crutchfield hat Poincarés Bild digitalisiert, so daß er es dem Computer eingeben und durch mathematische Umformungen verzerren konnte, als wäre es auf eine Gummiplane gemalt. Crutchfield will damit zeigen, wie positive Rückkoppelung oder Iteration die Dinge verwandeln kann. Die Computerformel dehnt das Bild diagonal und setzt die überstehenden Stücke jeweils auf der anderen Seite ein. Die Zahl unter jeder Abbildung gibt an, wie oft dieser Iterationsschnitt wiederholt wurde. Man sieht, daß Poincarés Gesicht nach wenigen Schritten wie zufällig zerstückelt und gleichmäßig verschmiert erscheint.

Bei Fortsetzung des Faltungsprozesses kann es jedoch geschehen, daß einige Punkte nahe genug an ihre Ausgangslage geraten, um das Bild wieder erscheinen zu lassen. Dann tritt eine kurze »Intermittenz von Ordnung« ein, die durch die nächsten Iterationsschritte wieder zerstört wird. Crutchfields Gleichung macht eine solche Rückkehr in die Nähe der Anfangsbedingungen (was Wissenschaftler eine »Poincaré-Wiederkehr« nennen) viel wahrscheinlicher, als sie bei typischen chaotischen Transformationen wäre. Dort wäre die Chance für ein Wiederauftauchen des Gesichts verschwindend klein, vor allem wenn irgendeine Wechselwirkung mit einem störenden Hintergrund besteht. Könnte etwa ein elektrisches Störsignal eine der Dezimalstellen im Computer ändern, so würde die winzige Störung durch den Iterationsprozeß aufgeschaukelt, bis alle Information über den Anfangszustand zerstört wäre.

N = 1

N = 10

N = 48

N = 241

im allgemeinen so gering, daß niemand sich darüber Sorgen macht. Ein Taschenrechner benützt nur acht Dezimalstellen, und wie oft interessiert uns diese letzte Stelle?

In iterativen Gleichungen aber, wo die Ergebnisse jedes Rechenschritts im nächsten Schritt als Eingabe erscheinen (wodurch die in wirklichen Systemen, wie etwa strömenden Flüssigkeiten, existierende Rückkoppelung dargestellt wird), beginnt die Unsicherheit in der 16. Dezimalstelle sich allmählich zu einem immer größeren Fehler aufzusummieren und die Ergebnisse der weiteren Iterationen zu verfälschen. So ist schließlich nach 50maligem Strecken und Stauchen auf dem Prokrustes-Bett der Iterationen die Ungewißheit so beherrschend geworden, daß die ganze Rechnung darin versinkt. Obwohl die Iterationen deterministisch sind, stößt der Rundungsfehler schnell an die Grenzen des Computers und macht jede Vorhersage sinnlos.

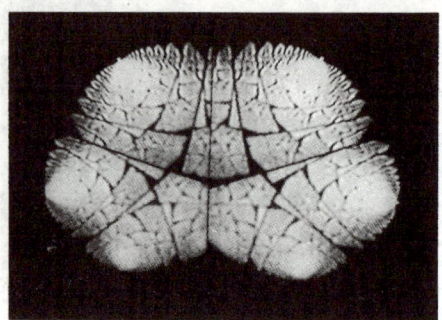

Abb. 4.4 Video-Chaos. Richtet man eine Video-Kamera auf ihren eigenen Monitor, so entsteht durch die unendliche Rückkoppelung ein Bild des Chaos!

Nehmen wir aber an, wir benutzten einen größeren Computer und berücksichtigten mehr Dezimalstellen. Stellen wir uns vor, wir bauten einen Computer so groß wie das Universum, der Rechnungen auf 31 Dezimalstellen ausführen könnte.

Selbst mit diesem winzigen Rundungsfehler, also von einem Teil aus 10^{31}, würden Determinismus und Vorhersagbarkeit schnell außer Atem geraten. Denn nach nur 100 Iterationen dieses die ganze Welt ausfüllenden Computers würde unser scheinbar infinitesimaler Fehler auch hier die ganze Rechnung überwältigt haben. In Anbetracht der Geschwindigkeit, mit der heutzutage normale Computer Iterationen ausführen, verschwindet die Vorhersagbarkeit im Bruchteil einer Sekunde, sobald hoch nichtlineare Gleichungen behandelt werden.

Der Chaosphysiker Crutchfield sagt: »Da wir nur mit endlicher Genauigkeit messen können, sind die Messungen einfach niemals gut genug. Das Chaos packt sie und wirft sie uns ins Gesicht.« Wieder der Schmetterlingseffekt. Wissenschaftler entdecken ihre poetische Ader, wenn sie mit dem Thema der Empfindlichkeit gegenüber Anfangsbedingungen konfrontiert werden.

Im wirklichen Universum spiegelt sich die Empfindlichkeit winziger Zahlen gegenüber Iterationen in der Tatsache, daß Korrelationen zwischen den herumsausenden Planeten oder kreisenden Elektronen ständig durch die Anhäufung mikroskopisch kleiner Änderungen unterdrückt werden.

In einem wissenschaftlichen Artikel erklären Crutchfield, J. Doyne Farmer, Norman H. Packard und Robert Shaw, vier der Chaospioniere, daß die Empfindlichkeit physikalischer dynamischer Systeme so gewaltig ist, daß es unmöglich ist, genau vorherzusagen, welche Wirkung eine

Billardkugel beim Aufprall auf die andere haben wird. »Wie weit könnte ein Spieler, der seinen Stoß absolut unter Kontrolle hat, die Bahn der Kugel vorhersagen? Vernachlässigte er auch nur einen so winzigen Effekt wie die Schwerkraft eines Elektrons am Rande des Milchstraßensystems, so würde die Vorhersage nach einer Minute falsch!«

Warum? Weil in den Gleichungen, die die harten Billardkugeln regieren, eine iterative Nichtlinearität enthalten ist. Deshalb sind die Bewegungen eines durch diese Gleichungen beschriebenen Systems unendlich empfindlich gegenüber den Bewegungen von irgend etwas anderem – etwa dem Luftdruck, der Temperatur, der Neigung des Tisches, dem Muskeltonus des Billardspielers, seiner Psychologie, dem Flug der Neutrinos von einer Millionen Lichtjahre entfernten Supernova oder eben der Schwerkraft eines Elektrons. Bei der Iteration der nichtlinearen Gleichung wird diese unglaubliche Empfindlichkeit für alle Zusammenhänge offenbar – und in den Computern der Forscher verkörpert sie sich als Unvorhersagbarkeit, als Chaos, als der seltsame Attraktor.

Diese unendliche Empfindlichkeit eröffnet uns einen anderen Blick auf die Ganzheit. Statt uns das Ganze als die Summe aller Teile vorzustellen, können wir es uns als jenes Wesen denken, das in der Gestalt des Chaos hereinbricht, wann immer Wissenschaftler versuchen, dynamische Systeme zu trennen und so zu behandeln, als bestünden sie aus Teilen. Der Rundungsfehler ist das, was der Physiker Joseph Ford die »Informationslücke« nennt, was in der 17. oder 31. oder 5 000 000. Iteration alles überschwemmt und die Vorhersage zunichte macht. In dynamischen Systemen ist diese Informationslücke (das Ganze!) in Form eines dünnen, unendlichen Fadens »impliziert« (d. h. »eingeflochten«). In den Gleichungen erscheint dieser Faden als eine Folge immer weiter entfernter Dezimalstellen, und doch pumpen durch ihn hindurch die Iterationen das Ganze auf, bis es die Gleichung explodieren läßt.

Der theoretische Physiker Frank Harlow aus Los Alamos meint, die Ungewißheiten oder Fehler, die Informationslücke in der Kenntnis der Anfangsbedingungen dynamischer Systeme, seien ähnlich den »Keimen«, aus denen Turbulenz und Chaos hervorgehen: die Schmetterlingsflügel, ein Stückchen rauher Eiskristalle auf der Oberfläche des Flugzeugflügels, ein Elektron am Rande der Galaxie. Alles könnte zu einem solchen Keim werden, wenn es in der richtigen Dynamik an der richtigen

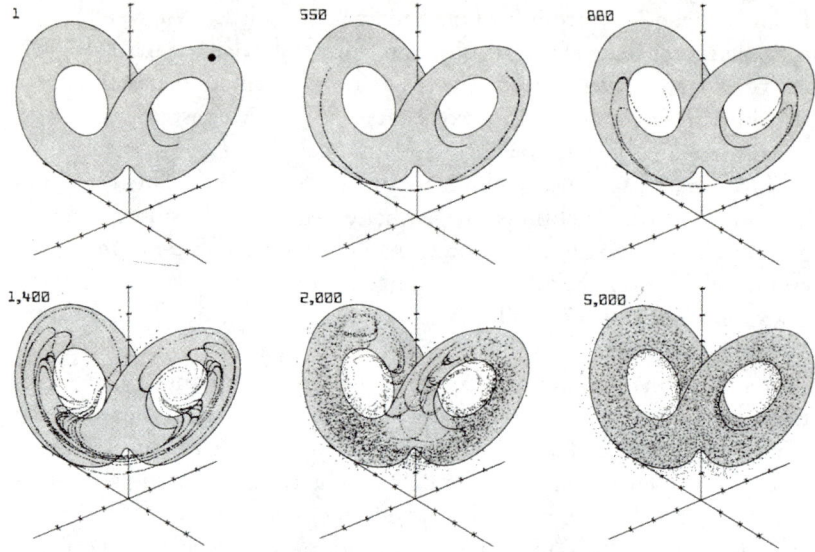

Abb. 4.5 Ein Beispiel für den Übergang von Ordnung ins Chaos. Wir beginnen mit einem Punkt im Phasenraum. Das betrachtete System ist das Wetter, wie es Lorenz untersuchte. Der Punkt stellt also bereits einen ungeheuer komplexen Zustand dar. Er liegt in dem von Lorenz entdeckten und nach ihm benannten Attraktor.

Der Anfangspunkt stellt einen durch Messungen bestimmten Zustand dar, aber da er durch Rückkoppelungen mit dem Gesamtsystem verknüpft ist, enthält er zugleich unermeßliche Unbestimmtheit. Im Iterationsprozeß (in dem nach und nach immer mehr von diesen Rückkoppelungen realisiert werden) beginnt sich die Komplexität und Unbestimmtheit zu offenbaren. Der zu den Anfangsmessungen gehörende Phasenraumpunkt streckt und faltet sich dabei, bis er zu einer »Wolke von Ungewißheit« geworden ist, die die Form des Lorenzschen seltsamen Attraktors annimmt. Sehr rasch machen so die Glei-

chungen klar, daß der wahre Systemzustand (das Wetter) in jedem beliebigen Punkt des Attraktors liegen könnte. Chaotische Systeme wie das Wetter nennt man »lokal unvorhersagbar, aber global stabil«. Die globale Stabilität bedeutet, daß das System mit Sicherheit auf seinem Attraktor zu finden ist – wenn auch unvorhersehbar ist, *wo* auf diesem.

Der seltsame Attraktor ist nicht nur die Verkörperung der Unvorhersagbarkeit, er verleiht auch den dynamischen Möglichkeiten des Wetters Gestalt und ist ein Abbild seiner Wechselwirkung mit dem Ganzen.

Stelle ist. Die Iteration bläht mikroskopische Schwankungen zur makroskopischen Skala auf.

Philosophisch gesehen mag die Chaostheorie all jene trösten, die ihre eigene Rolle in der Welt als unwichtig ansahen. Unwichtige Dinge können in einem nichtlinearen Universum gewaltige Wirkungen haben.

Tatsächlich spekulieren Kosmologen, ob nicht das Universum völlig anders aussehen könnte, wenn im Urknall auch nur ein einziges Energiequant anders gewesen wäre. (Ein solches Quant ist die kleinste meßbare Größe.) Die Gestalt des Ganzen hängt vom winzigsten Teil ab. So gesehen *ist* der Teil das Ganze, denn durch das Wirken jedes Teiles kann sich das Ganze in Gestalt des Chaos oder des Wandels manifestieren. Dieser den Wandel bewirkende »Teil«, der Anfang des Ganzen, ist die »Informationslücke«, die im Laufe der Iterationen die Unvorhersagbarkeit des Systems herausbildet. Die dabei hinterlassene Spur ist der seltsame Attraktor.

Manche Physiker glauben, es gebe einen Zusammenhang zwischen diesem Prinzip der »Informationslücke« in chaotischen Systemen und Gödels berühmtem Unvollständigkeitssatz. In den dreißiger Jahren schreckte Kurt Gödel die Gemeinde der Mathematiker auf, als er zeigte, daß wichtige logische Systeme wie die Arithmetik und die Algebra immer Aussagen enthalten müssen, die wahr sind, die aber nicht aus einem bestimmten Axiomensystem herleitbar sind. Auch hier, so fand Gödel, im Zentrum dieser logischen Strukturen, muß es immer eine Informationslücke geben, und wieder umfaßt diese Lücke gewissermaßen *das Ganze*.

Sein Beweis des Unvollständigkeitstheorems beruhte auf dem Lügnerparadox. Der Kreter hatte gesagt »Alle Kreter sind Lügner«; Gödel bewies eine mathematische Aussage, die besagte: »Diese Aussage ist unbeweisbar.«

Gregory Chaitin, ein Mathematiker im IBM-Forschungszentrum in Yorktown Heights, New York, zieht einen neuen informationstheoretischen Beweis von Gödels Theorem heran, um klarzumachen, daß Gödels Fund nicht nur eine mathematische Kuriosität darstellte. Das iterative Paradox, die allumfassende Lücke im Zentrum unserer Logik selbst, das potentielle Chaos aufgrund dieser fehlenden Information, betrifft natürlich, wie Chaitin meint, vieles, wenn nicht fast alles, worüber wir nachdenken.

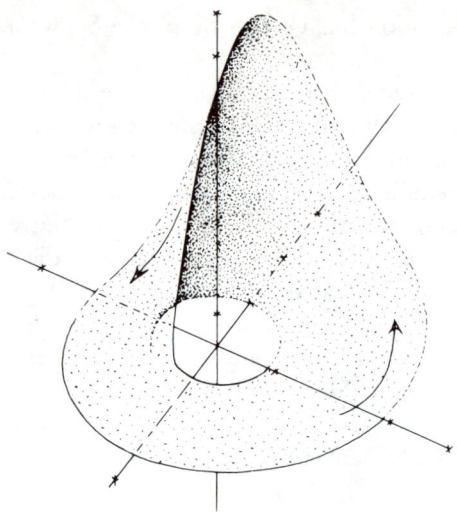

Abb. 4.6 Die Forscher entdecken viele verschiedene Arten seltsamer oder chaotischer Attraktoren. Der oben gezeigte heißt Rössler-Attraktor – nach dem theoretischen Chemiker Otto Rössler, dem die Idee hierzu in den Sinn kam, als er einer Knetmaschine zusah, die einen Teig immer wieder streckte und auf sich selbst zurückfaltete. Rössler stellte sich vor, was zwei benachbarte Rosinen dabei erleben würden und schrieb die Gleichung auf, nach der sie sich voneinander entfernen würden. Rösslers Attraktor findet man bei der Entstehung von Turbulenz in einer Flüssigkeitsströmung wieder oder auch in chemischen Reaktionen. Der Prozeß des ständigen Faltens, Streckens und neuen Faltens der Falten läßt benachbarte Punkte rasch auseinander geraten, so daß es unmöglich ist, ihre Lage auf dem Attraktor vorherzusagen.

Der Attraktor ist die Gestalt im Phasenraum, die aufgrund dieser »Informationslücke« zustande kommt – die Gestalt der Unbestimmtheit. Offenbart sich in solchen Gestalten die unendlich komplexe Ordnung des Ganzen?

Mit dem Unbestimmtheitsprinzip, der Komplementarität und dem Dualismus von Welle und Teilchen entdeckte die Quantenmechanik im ersten Viertel unseres Jahrhunderts, daß es für die Beobachtung mikroskopischer Phänomene unumstößliche Grenzen gibt. Bohr postulierte, daß auf dieser untersten Ebene ungebrochene Ganzheit vorliegt, die nicht in einzelne Teile oder Ereignisse aufspaltbar wäre. Es sieht also aus, als kehrten die Wissenschaftler des 20. Jahrhunderts, von Bohr über Gödel zu den Chaostheoretikern, zu einer uralten Einsicht zurück. Im 4. Jahrhundert v. Chr. hatte Aristoteles diese in seiner *Nikomachischen Ethik* formuliert: »Es zeichnet einen gebildeten Geist aus, sich mit jenem Grad an Genauigkeit zufriedenzugeben, den die Natur der Dinge zuläßt, und nicht dort Exaktheit zu suchen, wo nur Annäherung möglich ist.«

Die Quantenmechanik ist deshalb eine revolutionäre Theorie, weil sie die Welt des mikroskopisch Kleinen als grundsätzlich statistisch und unbestimmt beschreibt, also nicht als »exakt«. Die Chaostheorie entstammt der klassischen Physik, also dem Newtonschen Determinismus – Reduktionismus – von Ursache und Wirkung, der nach immer noch gängiger Meinung die Welt im Großen regiert. Die meisten Wissenschaftler hatten angenommen, daß wenigstens hier, in einer Welt aus Verkehrsbeziehungen und Regenwolken, Ursache und Wirkung herrschen müßten. Selbst wenn wir es nicht erlernen könnten, solche Dinge genau vorherzusagen und zu kontrollieren, so glaubte man doch, man könnte sich wenigstens dieser idealen Betrachtung mehr und mehr annähern. Und doch haben wir nun einen Blick darauf erhascht, wie durch den Spiegel des Determinismus das Nichtdeterminierte hereindringt. Die Chaoswissenschaftler haben entdeckt, daß deterministische Systeme, die ihre Struktur durch Schwingungen, Iterationen, Rückkoppelungen, Grenzzykeln usw. aufrechterhalten – und zu diesen Systemen gehören fast alle, die uns interessieren –, dem Chaos gegenüber sehr verwundbar sind und ein ungewisses (unvorhersehbares) Schicksal erleiden, wenn sie über gewisse kritische Grenzen hinaus geraten.

Zwei Suppentöpfe, die auf einem Ofen unter genau den gleichen Bedingungen erwärmt werden, werden sich verschieden verhalten. Die Bedingungen dynamischer Systeme sind niemals identisch, wenn wir auch im allgemeinen ungestraft die Unterschiede ignorieren dürfen, weil sie nicht verstärkt werden und dadurch das Vertraute ins Chaos stürzen. Wir haben gelernt, die simple Regelmäßigkeit der Ordnungen in unserer vertrauten Welt zu schätzen und die darin verwobene unendlich höhere Ordnung (das Chaos) zu vernachlässigen.

Phänomene aber wie ein Herzanfall erinnern uns daran, daß mitten in der räumlichen Ordnung, in den regelmäßigen Iterationen und schwingenden Systemen, seltsame Attraktoren lauern. Tatsächlich hat man kürzlich gefunden, daß der normale Herzschlag unregelmäßig ist und einem subtilen seltsamen Attraktor folgt.

Unser Leben selbst und unsere Gesundheit beruhen darauf, daß wir zwischen Schichten der Ordnung und der Unordnung leben. Der Arzt Paul Rapp wies darauf hin, daß die Chaostheorie die Möglichkeit bietet, »krampfartige Störungen« wie die Epilepsie zu behandeln, indem man »Parameter neu festsetzt«, so daß die Hirnaktivität in den normalen chaotischen Bereich zurückkehrt und die Krämpfe aufhören.

Richard Day, ein Professor der Wirtschaftswissenschaften an der University of Southern California, hat gezeigt, daß viele der in der Volkswirtschaft wichtigen Gleichungen jener Art von Iterationen unterliegen, die ins Chaos führen und die Vorhersagbarkeit unterminieren. Day bemerkt, daß Wirtschaftswissenschaftler normalerweise annehmen, Wirtschaftszyklen würden durch Anstöße von außen und durch unerwartete Ereignisse durcheinandergebracht. Er fand aber, daß diese Zyklen aus ihrer inneren Natur heraus chaotisch sind. »Perioden erratischer Schwankungen können sich mit Perioden mehr oder weniger stabilen Wachstums abwechseln. Offensichtlich läßt sich das ›zukünftige‹ Verhalten einer Modellösung nicht aus ihrem Verhalten in der ›Vergangenheit‹ ableiten.« Und was hier den Modellen zustößt, ist genau das, was in der Realität geschieht: Regelmäßige Ordnung wird durch Einsprengsel chaotischer Ordnung unterbrochen.

Die offensichtlich vertraute und die chaotische Ordnung liegen geschichtet wie jene Bänder von Intermittenz, die wir schon kennenlernten. Wenn ein System in gewisse Bänder hineinwandert, so wird es durch die weiteren Iterationen hinausgepreßt und auf sich selbst zurückgefaltet, in Richtung des Zerfalls, des Wandels, des Chaos gezogen. In anderen Bändern aber verharren die Systeme in Schwingungen und behalten ihre Gestalt für lange Zeit bei. Schließlich aber werden alle geordneten Systeme die wilde, verführerische Anziehungskraft des seltsamen chaotischen Attraktors verspüren.

Es war angemessen, daß Poincaré als erster die Empfindlichkeit iterativer Systeme gegenüber ihren Anfangsbedingungen bemerkte. Als leidenschaftlicher Spieler hatte der große französische Mathematiker beobachtet, daß die winzigen Unterschiede in dem Schwung, den ein Croupier der Kugel im Roulettrad verleiht, unermeßlichen Einfluß darauf haben, in welches Fach die Kugel schließlich fallen wird. Der Ruf des Croupiers wird uns nun verständlich als der Ruf des Chaos, der Ordnung, des Wandels – und als der hallende Ruf des Ganzen: »Immer rundherum im Kreis, wie lange noch – wer weiß?«

Der Spiegel

Von Ordnung zum Chaos und wieder zur Ordnung

A. Eine gewalttätige Ordnung ist Unordnung
B. Eine große Unordnung ist Ordnung
Die zwei Dinge sind eins
WALLACE STEVENS, »CONNOISSEUR OF CHAOS«

Ein Spiegel, in dessen Welt wir eintreten können und dessen Bewohner
in unsere Welt eintreten können, ist wie ein Portal mit zwei Seiten.
Wir haben eben die Landschaft auf der einen Seite
dieses Portals erforscht, eine Landschaft, zu der die Turbulenz gehört,
die iterative Periodenverdoppelung und seltsame Attraktoren.
Auf dieser Seite haben wir beobachtet, wie geordnete Systeme ins Chaos
geraten, und wir haben Anzeichen dafür gefunden, daß jener Zauber
des Gelben Kaisers dabei ist, sich zu lösen. Der sich auflösende Zauber
ist der wissenschaftliche Reduktionismus, der Glaube, daß das
Universum im Grunde aus Teilen besteht. Indem sie diesen Zauber
erschütterten, haben die Forscher entdeckt, daß rings um sie her
eine neue Form von Magie aufblüht. Wie wir bald sehen werden,
ist es eine Magie, die der anderen Seite des Spiegels entstammt, jenseits
des Portals, in der Landschaft, in der aus Chaos Ordnung geboren wird.
Bevor wir die Landschaft auf jener anderen Seite des Portals
betreten können, müssen wir durch den Spiegel hindurch.
Hier, für einen Augenblick auf seiner turbulenten Oberfläche
festgehalten, mitten im Rahmen des Spiegels,
befinden wir uns auf der fruchtbaren Grenzlinie zwischen
Ordnung und Chaos. Es ist ein Ort seltsamer Schönheit,
und so wollen wir hier ein Weilchen rasten, um uns schauen und den Reiz
der merkwürdigen Erfahrung genießen, uns gleichzeitig
auf beiden Seiten in der Spiegelwelt zu befinden.

Kapitel 0

Auf beiden
Seiten

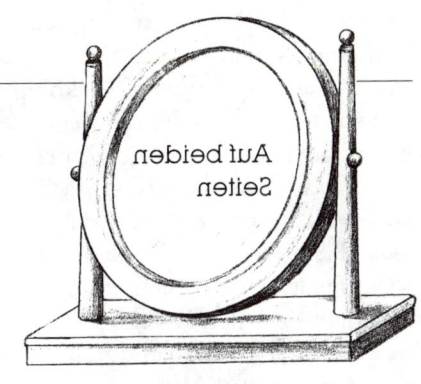

Auf beiden
Seiten

Das Buch des Gelben Kaisers sagt: »Das Ungeborene aber ist im Grunde nicht ungeboren, das Gestaltlose ist im Grunde nicht gestaltlos.«
LIEH-TZU

Maße des Wandels

Bilder von Periodenverdoppelungen, Windungen im Phasenraum, die seltsamen Attraktoren von Lorenz, Rössler und anderen – solche begrifflichen Hilfsmittel, denen wir auf dem Weg von der Ordnung zum Chaos auf jener einen Seite des Spiegels begegneten, sind wie Röntgenstrahlen, die es den Forschern ermöglichen, ein wenig Einblick in die Entwicklung des Skeletts des nichtlinearen Wandels zu erlangen. Die lebhaften Bilder, die dabei entstanden, erwiesen sich als machtvoll, als es darum ging, die reduktionistische Idee zu vertreiben – vor allem weil sie den Wissenschaftlern eine neue Art des Messens an die Hand gegeben haben. Sie sind Belege für eine Revolution des Messens in der Wissenschaft. Jahrhundertelang war der Reduktionismus – die Vorstellung, daß die Welt eine Ansammlung von Teilen ist – durch mächtige mathematische Techniken gestützt worden, die der Wirklichkeit Zahlen zuordneten. Bei dieser Quantifizierung der Wirklichkeit lassen sich Teile zusammenzählen und voneinander abziehen. Da die Wissenschaftler, die diese quantifizierende Mathematik anwandten, bei ihren Entdeckungen und Vorhersagen höchst erfolgreich waren, wuchs der Glaube der Wissenschaftler an den Reduktionismus.

Wenn aber Wissenschaftler komplexe Systeme studieren, so löst sich, wie wir gesehen haben, der Begriff des Teiles allmählich auf, so daß die quantitative Betrachtung solcher Systeme unmöglich wird. Deshalb haben sich Wissenschaftler, die solche dynamischen Systeme untersuchen wollen, anderen Meßverfahren zugewandt – nämlich einer *qualitativen* Mathematik. In der alten quantitativen Mathematik konzentrierte sich die messende Beschreibung eines Systems darauf darzustellen, wie die Maßzahl eines Systemteils die Maßzahlen der anderen Teile beeinflußt. Dagegen will man durch die qualitative Beschreibung die Gestalt der Systembewegung als Ganzes darstellen. In dieser qualitativen Betrachtungsweise fragen die Wissenschaftler nicht: »Wie stark beeinflußt dieser Teil jenen Teil?« Sie fragen vielmehr: »Wie erscheint das Ganze in seinen Bewegungen und seinem Wandel? Wie kann man ein ganzes System mit einem anderen vergleichen?«

In diesem Kapitel – also während unserer Rastpause in dem Portal in der Mitte des turbulenten Spiegels – wollen wir verschiedene Arten qualitativer Meßmethoden betrachten, über jene hinaus, die wir schon gesehen haben, und wir werden dabei erkennen, wie qualitative Sichtweisen den Wissenschaftlern schlagartig zu einer neuen Perspektive der Realität verholfen haben, aus der heraus sie überraschende Einsichten in die gegenseitige Verflechtung von Ordnung, Chaos, Wandel und Ganzheit gewonnen haben.

Gummimathematik

In den vergangenen drei Jahrzehnten mußte der nichtlineare Wandel viele seiner Geheimnisse der Topologie preisgeben, einem Zweig der Mathematik, der sich damit beschäftigt, wie man in einem gummiartigen Raum Formen herumziehen und verzerren kann. In der Topologie darf man gerade Linien in Kurven verbiegen, Kreise zu Dreiecken formen oder zu Quadraten. Jedoch ist nicht alles topologisch ineinander verwandelbar. Kreuzungen von Linien beispielsweise bleiben Kreuzungen. In der Sprache des Mathematikers ist also eine Kreuzung eine »Invariante«, sie läßt sich auch bei beliebiger Verzerrung der Linien nicht zerstören. Auch die Anzahl von Löchern durch einen Gegenstand ist in der Topologie eine

Invariante, d. h. eine Kugel ist zwar in eine Scheibe oder in einen Würfel verformbar, aber niemals in einen Ring.

In den sechziger Jahren, als die Chaostheorie ihre ersten Schritte tat, fiel dem Mathematiker Stephen Smale auf, daß man topologische Methoden benützen könnte, um dynamische Systeme zu veranschaulichen. Indem man eine topologische Gestalt biegt, verdreht und faltet, kann man darstellen, wie sich ein System bewegt. Indem man eine Form in die andere topologisch überführt, kann man sehr verschiedene dynamische Systeme miteinander vergleichen.

Smale entschloß sich, ein Periodenverdoppelungssystem topologisch zu untersuchen, das der dänische Ingenieur Balthasar van der Pol im Jahre 1927 entdeckt hatte. Dieser hatte eine elektrische Rückkoppelungsschleife benützt, um einen Wechselstrom in Töne der gleichen Frequenz in einem Telefon umzusetzen. Unerklärlicherweise fand van der Pol, daß, wenn er die Stromstärke in seinem Apparat erhöhte, der Ton sprunghaft seine Frequenz änderte, und zwar zu immer geringeren Vielfachen der Frequenz. Zwischen diesen Sprüngen lagen Ausbrüche von Rauschen, von Chaos. Van der Pol begegnete durch die Iteration seiner Rückkoppelung dem Phänomen der Intermittenz. Leider konnte er noch nicht verstehen, was das Gehörte bedeutete, und so schob er dieses »Rauschen« als eine »Randerscheinung« beiseite. (In Wirklichkeit war es dadurch zustande gekommen, daß das System sich zwischen zwei Attraktoren von höherer und niedrigerer Frequenz hin- und hergerissen fühlte.)

Smale machte sich daran, den Van-der-Pol-Oszillator mit einem topologischen Modell zu beschreiben. Statt der Phasenraumbahn dieses dynamischen Systems zu folgen, stellte sich Smale vor, daß der Phasenraum selbst sich streckte und faltete, während das System sich im Grenzbereich zwischen den Attraktoren höherer und niedrigerer Frequenz bewegte. Das Ergebnis nennt man Smales Hufeisen.

Stellen wir uns vor, ein Rechteck wird in der einen Richtung zusammengequetscht und in der anderen zu einer Art langer Stange ausgezogen. Biegen wir nun diese Stange zu einem Hufeisen und betten dies wieder in einem Rechteck ein. Mit diesem verfahren wir wie zuvor, also: Zusammenquetschen, Strecken und wieder zu einem Hufeisen zusammenfalten. Diese Prozedur wiederholen wir wieder und wieder. Genau dies ist es, so erkannte Smale, was einem System auf seinem Periodenverdoppelungsweg ins Chaos zustößt.

Der französische Mathematiker René Thom benutzte eine andere Art topologischer Faltung, um die nichtlinearen Änderungen zu beschreiben, bei denen Systeme abrupt und unstetig von einem Zustand in einen anderen übergehen.

Thom untersuchte Systeme, die nicht so sehr durch ihre eigenen inneren Schwingungen als vielmehr durch äußere Kräfte zu plötzlichen und radikalen Änderungen veranlaßt werden. Die plötzliche Umwandlung eines Maiskorns in Popcorn, der Kollaps eines Brückenpfeilers unter einem einzigen Pfund zusätzlicher Last, der dramatische Übergang von Wasser in Eis bei 0° Celsius oder in Dampf bei 100° Celsius, das plötzliche Einsetzen des elektrischen Stroms oder der Abschaltfunke beim Umlegen eines Lichtschalters – all dies sind Beispiele für das, was Thom »Katastrophen« nennt.

Thom erkannte, daß alle derartigen abrupten Änderungen sich topologisch als eine von sieben »Elementarkatastrophen« klassifizieren lassen. Zu jeder derartigen Katastrophe gehören Falten im Phasenraum, in dem sich das System bewegt. Die Falten entstehen durch die »Kontrollvariablen« des Systems, d. h. durch jene äußeren Einflüsse, die das Systemverhalten bestimmen.

Die erste Katastrophenart von Thom heißt einfach die »Falte«.

Betrachten wir nun einen Ballon, den jemand auf einer Party aufbläst (Abb. 0.1). Kontrollvariable für diesen Änderungsprozeß ist der Luftdruck, denn wenn man ihn erhöht oder erniedrigt, so ändert sich der Zustand des Ballons.

Bei wachsendem Luftdruck bläht sich der Ballon auf, das System nähert sich der Kante der Katastrophenfalte. Schiebt man das System noch weiter, so fällt es über den Rand der Falte – ins Nichts. Der Ballon, der diese »Faltenkatastrophe« durchschritten hat, ist geplatzt und das System existiert nicht mehr.

Zwar ist die Faltenkatastrophe die bei weitem einfachste in Thoms Katalog der sieben universellen Elementarkatastrophen, und doch ist sie schon geeignet, so komplizierte Phänomene wie einen Regenbogen, eine Stoßwelle oder das Durchbrechen der Schallmauer durch ein Flugzeug zu beschreiben. Wann immer ein System durch eine einzige Kontrollvariable beherrscht wird, läßt es sich auf dieser topologischen »Landkarte« abbilden.

Erhöht sich die Anzahl der Kontrollvariablen auf zwei, so kommt eine

Abb. 0.1

zweite Art von Katastrophen-»Landkarte« ins Spiel. Nun haben wir ein System vor uns, das sich in zwei verschiedene Richtungen anstoßen läßt. Folglich hat die topologische »Karte« für das Phänomen, das Thom die »Kuspen-Katastrophe« nennt, zwei Dimensionen. Man kann diesen Katastrophentyp darstellen, indem man in ein Blatt Papier von einem Punkt aus eine Falte legt. Die Kontrollvariablen oder wesentlichen Einflüsse auf das System lassen sich anschaulich machen, indem man das System auf dieser gefalteten Papierfläche herumschiebt.

Betrachten Sie z. B. das Verhalten Ihres Hundes. Der Biologe Konrad Lorenz meinte, die beherrschenden Faktoren im Benehmen eines Hundes, mit anderen Worten seine Kontrollvariablen, seien Wut und Angst. Benutzt man Thoms »Kuspen-Katastrophe«, so kann man sich anhand dieser Papierfalte vorstellen, wie Wut und Angst dazu führen können, daß das Verhalten eines Hundes plötzlich umkippt.

Nehmen wir an, es nähert sich ein anderer Hund. Zunächst gerät Ihr Liebling durch den Anblick dieses Eindringlings in Wut und beginnt zu kläffen, zu bellen und drohend zu knurren. In der Abb. 0.2 ist dieser Zustand rechts oben sichtbar. Was aber geschieht, wenn der herankommende Hund viel größer ist als Ihr Liebling? Diesen beschleicht nun allmählich die Angst, und der sein Verhalten kennzeichnende »Zustandspunkt« wandert nach links. Noch befindet er sich allerdings im oberen Teil der Katastrophenfalte, also in jenem Gebiet, das aggressives Verhalten bedeutet. Für einen Zuschauer hat sich also noch nichts geändert. Ihr Liebling ist immer noch am Bellen und Zähnefletschen.

Wenn dann aber seine Angst weiter steigt, so nähert sich der Punkt seines Verhaltens immer mehr der Katastrophenfalte, obwohl er noch immer bellt.

Abb. o.2 Eine Illustration von Thoms »Kuspen-Katastrophe«, die den inneren Zustand eines Hundes beim Übergang von Wut in Angst wiedergibt. Erreicht der Hund die Kante der Falte, so gerät er in eine Zwielichtzone, eine kritische Situation, in der ein winziger Anstoß darüber entscheidet, ob er in sein aggressives Verhalten zurückkehrt oder über die Falte in ein völlig neues Verhalten abstürzt und die Flucht ergreift.

Schließlich jedoch erreicht er die Kante der Falte selbst. Hier könnte ihn die kleinste Veränderung in einer der Kontrollvariablen (Wut und Angst) über die Kante hinaus tragen. Lassen wir den großen Eindringling nur einen weiteren Schritt tun, so taumelt unser Kleiner in einen mentalen »Zwielichtbereich«, wo er die obere Schicht des Verhaltensraumes verläßt und auf der unteren Schicht der Falte in einem völlig neuen Verhalten wieder erscheint – und das ist jetzt die Flucht.

Thoms topologische Untersuchungen machten dramatisch anschaulich, daß zwar eine kleine Änderung der Wut oder der Angst in der Hundeseele im allgemeinen nur eine kaum wahrnehmbare Verhaltensverschiebung bewirken wird, daß sie aber in einem kritischen Punkt eine abrupte Verhaltensänderung hervorrufen kann.

Anstelle des die Flucht ergreifenden Hundes könnten wir auch den Zusammenbruch des Aktienmarkts betrachten oder die Reaktion eines schwerbelasteten Brückenträgers. Thoms Katastrophentheorem beweist: Immer wenn sich ein System durch eine einzige Zustandsvariable beschreiben läßt, die von zwei Kontrollvariablen beeinflußt wird, so läßt es sich durch die »Kuspen-Katastrophe« aus Abb. o.2 darstellen. Diese

Katastrophenfalte dient auch zur Beschreibung manisch-depressiver Anfälle, des Brechens der Meereswellen oder eines Aufruhrs im Gefängnis, und ist auch anwendbar für Laser, das Fließen von Polymeren, Kristallsymmetrien oder für Entscheidungsprozesse. Die nichtlinearen Systeme, die von Thoms Katastrophentheorie beschrieben werden, sind für den größten Teil ihres Lebens stabil. Nur wenn sie sich an den Rand einer jener Katastrophenfalten vorwagen, erleiden sie sprunghafte Veränderung. Auch die Anziehungspunkte und Grenzzyklen, die wir früher betrachteten, lassen sich in Thoms Katastrophentheorie einordnen, doch sind sie nun auf einem topologisch deformierbaren Phasenraum einzuzeichnen. Thoms Abbildungen der Katastrophen lassen erkennen, wie solche scheinbar stabilen Systeme plötzlich umkippen können. Thoms Behandlung der Nichtlinearität stellte einen wesentlichen Beitrag zur Turbulenzwissenschaft dar. Nichtlineare dynamische Systeme, seien sie nun chaotisch oder stabil, sind so komplex, daß sie nicht im Detail vorhersagbar und nicht in ihre Teile zerlegbar sind – die kleinste Störung schon kann explosiven Wandel auslösen (wie die kleinste Stimmungsschwankung den Hund aus aggressivem Verhalten in die Flucht umkippen läßt oder aus der Flucht in den Angriff). Thom fand einen Weg, solche Systeme in ihrer Ganzheit darzustellen, indem er das qualitative Maß topologischer Falten benutzte.

Eine Frage des Ausmaßes

Die Faszination der Thomschen Theorie liegt darin, daß sie es erlaubt, nichtlineare Änderungen in äußerst verschiedenen Systemen miteinander zu vergleichen. Eine ähnliche Möglichkeit bietet ein anderes qualitatives Maß, das man die Ljapunow-Zahl nennt, nach dem russischen Forscher, der sie erfand. Das Ljapunow-Maß erlaubt es, Wolken, elektrische Hirnaktivität oder die Turbulenz in Flüssen auf der Grundlage des Grades ihrer Ordnung und Unordnung miteinander zu vergleichen.

Betrachten wir eine vielspurige Autobahn. Mittags gleiten die Autos in einem stetigen Strom dahin, ohne daß sich größere Klumpen oder Lükken in dieser Strömung bilden. In benachbarten Fahrbahnen unterscheiden sich die Geschwindigkeiten ein wenig, aber der Unterschied ist nicht sehr groß. Ein Lastwagen, der 80 km/h fährt, wird allmählich von einem

90 km/h fahrenden Personenwagen überholt. Wie in der glatten Strömung eines Flusses ist für diese Bewegung charakteristisch, daß benachbarte Elemente (hier die Autos) entweder nahe beieinander bleiben oder doch nur sehr langsam voneinander abweichen.

Sehen wir nun das gleiche Stück Autobahn in der Stoßzeit an. Der stärkere Verkehrsstrom ruft nun chaotische Bedingungen ganz ähnlich der Turbulenz hervor. Autos beschleunigen und wechseln die Fahrbahn. Einige stauen sich zu Klumpen, andere spurten los, weil sie ein Stückchen leerer Fahrbahn vor sich haben. Benachbarte Autos können plötzlich sehr schnell getrennt werden, weil das eine weit voraus in eine freie Fahrbahn beschleunigt, das andere aber in einer mühsam dahinkriechenden Schlange gefangen ist.

Die Ljapunow-Zahl ist ein Maß dafür, wie schnell benachbarte Punkte in einem Fluß oder auf einer Autobahn oder in irgendeinem anderen dynamischen System sich voneinander entfernen. Sie mißt also, wie schnell Korrelationen im System zerstört werden und wie schnell sich die Wirkungen einer kleinen Störung ausbreiten können.

Ein weiteres ähnliches Maß beschreibt, wie sich die »Information« eines Systems ändert. Beispielsweise könnte man die Relativbewegungen aller Autos auf der Autobahn in einen Computer einspeisen und von Minute zu Minute verfolgen lassen. Diese Information definiert den gesamten Verkehrsfluß. Ist die Strömung regelmäßig, so halten die Autos in einer Fahrbahn fast immer den gleichen relativen Abstand voneinander und die Information ändert sich kaum oder nur in einer einfachen regelmäßigen Art. Während des Stoßverkehrs aber unterliegt die Information heftigsten Veränderungen. Die Forscher sprechen dann davon, daß die ursprüngliche Information »verloren«geht, wenn sie sich auch, genaugenommen, nur verwandelt hat.

Ein analoger Informationsverlust tritt auf, wenn man eine Botschaft durch eine Chiffriermaschine schickt, in der sie in scheinbar bedeutungslose Buchstaben oder Ziffern verwandelt wird. In gewissem Sinne ist die Bedeutung der Botschaft verlorengegangen; andererseits ist sie aber nur umgewandelt worden, denn in einer Dechiffriermaschine könnte die Transformation rückgängig gemacht werden, so daß die Botschaft vollständig wiederhergestellt würde. Die Umwandlung der Information kann jedoch so subtil und komplex erfolgen, daß der Umkehrprozeß unmöglich wird.

Die seltsame Geschichte einer Messung

Forscher, die sich auf das heikle Problem einließen, den Wandel im turbulenten Spiegel messend zu verfolgen, sind zweifellos immer wieder auf höchst exotische Dinge gestoßen. Das folgende Beispiel macht deutlich, daß ein ganzes Universum von überraschend raffinierter Ordnung darauf wartet, seine Geheimnisse durch ganzheitliche Beschreibungsmethoden aufschließen zu lassen.

Vier Forscher an der University of California in Santa Cruz dachten sich eine geniale Methode aus, um den Grad der Ordnung in einem teuflisch einfachen chaotischen System zu ergründen, das viele von uns im Hause haben: einen tropfenden Wasserhahn.

Inwiefern ist ein solches System chaotisch? In einem turbulenten Fluß wirkt ja jedes Strömungselement, jeder kleine »Teil« als Auslöser von Zufällen für jeden anderen Teil. Der Fluß erzeugt also seine Zufälle aus seiner Ganzheit. Auch Wasser, das unter gewissen Druckbedingungen aus einem Hahn tropft, erzeugt sich seine Zufälle. Deshalb meinten die vier Wissenschaftler, daß sie einen Schnappschuß des gesamten Systems erhalten könnten, wenn sie auch nur einen einzigen »Teil« oder Aspekt des aus dem Hahn tropfenden Wassers messen würden. Und indem sie aus ihren Messungen einen Phasenraum konstruierten, sollten sie sehen können, ob das System unter dem Einfluß eines seltsamen Attraktors stünde. Und vielleicht wäre es sogar möglich, ein Bild dieses Attraktors zu erhalten.

Zur Durchführung ihres Experiments brachten die Forscher ein Mikrophon unter einem Wasserhahn an (Abb. 0.3) und ließen diesen tropfen, so daß ein Geräusch wie von einem »verrückt gewordenen Schlagzeuger« entstand. Die Zeitintervalle zwischen aufeinanderfolgenden Tropfen wurden als ein Maß für den Grad des Chaos aufgezeichnet. Statt des hier gewählten Aspekts hätten sie als Maß für das System auch die Dauer der Tropfenbildung oder das Gewicht der Tropfen wählen können.

Auf einem Bild zeichneten die Forscher die Zeitabstände zwischen über 4000 Tropfen auf. Das Ergebnis war überraschend. Es wäre doch logisch gewesen zu erwarten, daß bei der Aufzeichnung völlig zufälliger Dinge auch ein völlig zufälliges Muster entstanden wäre. Tatsächlich aber

Abb. 0.3

geschah etwas ganz anderes. Zwar sprangen beim Fortschreiten von Tropfen zu Tropfen die Punkte in der Zeichnung, die die Intervalle zwischen Tropfen darstellten, völlig chaotisch hin und her. Und doch tauchte, als mehr und mehr Punkte das Bild anfüllten, eine Form aus dem Nebel auf, die bemerkenswert einem Schnitt durch einen seltsamen Attraktor glich, der als Hénon-Attraktor bekannt ist. Diesen Attraktor hatte ursprünglich der Astrophysiker Michel Hénon von der Sternwarte Nizza beim Iterieren einer bestimmten mathematischen Gleichung gefunden. Als nun die vier Forscher den Druck im Wasserhahn ein wenig erhöhten, fanden sie unheimliche, aber experimentell reproduzierbare Formen, die offenbar Schnitte durch andere »bisher ungesehene chaotische Attraktoren« darstellten.

Der Hénon-Attraktor lädt dazu ein, Vergleiche mit Ringsystemen um Planeten aus einem Science-fiction-Roman anzustellen. Seine wirklich phantastische Eigenart enthüllt sich jedoch, wenn man (mittels des Computers) Details aus einem dieser Ringe herausvergrößert. Ähnlich wie bei den Lückenstrukturen in den wirklichen Stein- und Staubringen des Saturn (siehe Abb. 1.21) erscheint in der Ringstruktur des Hénon-Attraktors eine weitere Ringstruktur, ganz ähnlich der größeren. Und erforscht man einen dieser feineren Ringe mit stärkerer Vergrößerung, so tauchen immer mehr Ringe auf.

Diese schwindelerregende Welt des infinitesimal Kleinen erinnert an ein Werbeplakat für eine Suppenwürze, die im England der vierziger Jahre populär war. Das Bild zeigte Daddy, wie er eine Flasche dieser Würze zum Tisch brachte. Auf dem Etikett der Flasche war ein Bild von

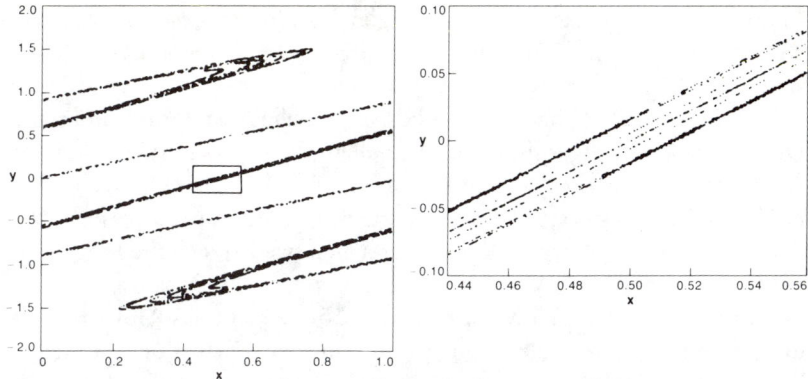

Abb. 0.4 Der Hénon-Attraktor. Er ähnelt jenem, den man findet, wenn man das chaotische Tropfen eines Wasserhahns auf-zeichnet. Vergrößert man ein kleines Stück des Attraktors, so entdeckt man dessen Selbstähnlichkeit.

Daddy, wie er eine Flasche der Soße zum Tisch brachte, und auf dem Etikett dieser Flasche war ein Bild von...

Für David Ruelle sind der Hénon-Attraktor, der Rössler-Attraktor, der Lorenz-Attraktor – und seltsame Attraktoren aller Art – wirklich wie jene subtil ineinander geschachtelte chinesischen Schächtelchen. Die ungezähmte Attraktivität dieser Ordnung verbirgt sich in den Spalten aller Dinge, bewohnt ein gebrochenes Reich zwischen der ersten, zweiten und dritten Dimension, der uns vertrauten Welt mit ihren Anziehungspunkten, Grenzzyklen und sauber gedrechselten Torusgestalten. Wie wir gleich sehen werden, brauchen wir noch eine weitere Art von qualitativem Maß, um dieses seltsame Reich der Gebrochenheit auszumessen.

Das legendäre Fraktal

Smale, Thom, Ljapunow, Ruelle und andere schufen wichtige qualitative Instrumente, um die Dynamik des geordneten oder chaotischen Wandels in der nichtlinearen Welt sichtbar zu machen. Mehr als alle anderen aber hat ein Mathematiker die »turbulente Wissenschaft« revolutioniert. Er entdeckte ein qualitatives Maß, das die raffinierte Schönheit der Spiegelwelt unsterblich gemacht hat. Und zugleich enthüllte diese Entdeckung, wie unheimlich ähnlich die Spiegelwelt der von uns bewohnten Alltagswelt ist.

Benoit Mandelbrot hatte eine unkonventionelle Ausbildung, und seine Denkweise klebte eigensinnig am Visuellen. Er berichtet, daß er bei der Aufnahmeprüfung für die ruhmreiche französische École Polytechnique unfähig war, die algebraischen Rechnungen auszuführen, daß es ihm aber dennoch gelang, die beste Note zu erreichen, weil er sich die Fragen im Geist in Bilder übersetzen konnte.

Selbst heute behauptet Mandelbrot, er könne nicht das Alphabet und die Benutzung eines Telefonbuchs sei ihm eine Qual, doch könne er Dinge sehen, die anderen Menschen verborgen sind. So sagte er beispielsweise: »Ich kann nicht selbst Computer programmieren, aber ich habe herausgefunden, wie ich mich bei der Arbeit sehr effektiv mit mehreren hervorragenden Leuten austauschen kann, mit Studenten und Assistenten, aber auch mit Kollegen wie Richard F. Voss. Ich habe dabei sogar eine Fähigkeit zur Fehlersuche in Programmen entwickelt, die ich gar nicht lesen kann – indem ich nämlich die falschen Bilder analysiere, die von solchen Programmen erzeugt werden.«

Weil die höchst abstrakte Mathematik, die man in der Schule lernte, den jungen Mandelbrot frustrierte, wuchs in ihm eine Faszination für die geometrische (oder vielmehr nichtgeometrische) Unregelmäßigkeit in der Welt um ihn herum. Dabei trieb ihn eine Wahrnehmung, die er später in einem Aphorismus zusammenfaßte, der, wie er sagte, »sogleich den Ritterschlag erhielt, zu einem Klischee zu werden«. Diese ihn bestimmende geometrische Intuition war: »Wolken sind nicht kugelförmig, Berge nicht kegelförmig, Küstenlinien sind keine Kreise und Rinde ist nicht glatt, und auch der Blitz folgt keiner geraden Linie.«

Nach seinen Schuljahren wurde Mandelbrots Karriere ebenso unregelmäßig wie die Formen, für die er sich interessierte. Er studierte Luftfahrt am California Institute of Technology, wurde durch den brillanten Mathematiker John von Neumann am Institute for Advanced Study in Princeton gefördert und betrieb Forschungen in einer ganzen Reihe von Gebieten. »Immer wieder packte mich plötzlich der Drang, ein Gebiet gerade dann zu verlassen, wenn ich mitten im Schreiben einer Arbeit war, und ein neues Forschungsinteresse in einem Gebiet aufzugreifen, über das ich gar nichts wußte. Ich folgte meinen Instinkten, konnte sie aber erst sehr viel später begründen.«

Im Jahre 1958 erhielt Mandelbrot eine Stelle als Forscher in dem höchst angesehenen Thomas J. Watson Research Center der IBM in Yorktown Heights im Staate New York, und 1974 schließlich als dessen Mitglied. In dem Glasbau, der sich dort mit sanften Kurven in die Hügel von Westchester County einschmiegt, begannen seine Intuitionen zusammenzuwachsen. Eine neue Geometrie tauchte in seinem Geist auf, anders als alle früher gedachte. Mandelbrot hatte die Idee des Fraktals.

Das künstliche Wort ist vom lateinischen »frangere« abgeleitet, das »brechen« bedeutet. Auch die Anklänge an »gebrochene« Zahlen und an die Unregelmäßigkeit von »Fragmenten« bestimmten Mandelbrots Wortwahl.

Als die Idee ihn überfiel, benutzte er Fraktale, um Aktienkurse aufzuzeichnen, und er brachte dabei mathematische »Fälschungen« hervor, die so gut gelangen, daß Fachleute auf diesem Gebiet getäuscht wurden. Seine Fraktale zeigten, daß auch große Rezessionen die gleichen Muster aufweisen wie monatliche oder tägliche Preisschwankungen, so daß der Markt von seiner größten bis zu seiner kleinsten Skala sich ähnlich ist.

Als er sich dem Problem des Rauschens bei der Datenübermittlung zuwandte, entwickelte Mandelbrot aus seiner neuen Geometrie ein hierfür brauchbares Modell; und ohne astronomische Daten zu benutzen, erzeugte er Bilder der Galaxienverteilung im Universum, wie sie später von Astrophysikern bestätigt wurde. »Es wurde mir immer klarer, daß Selbstähnlichkeit nicht etwa nur irgendeine uninteressante Eigenschaft ist, sondern ein mächtiges Mittel zum Hervorbringen von Gestalten.« Mit »Selbstähnlichkeit« meinte Mandelbrot die Wiederholung des Details auf immer kleineren Skalen – die gleiche Art von Wiederholung wie in jenem Bild auf »Daddy's Gewürzsoße«.

Obwohl Mandelbrot ein unermüdlicher Missionar für seine Fraktale wurde, hat er dies heutzutage nicht mehr nötig. Der große theoretische Physiker John Wheeler sagte, daß sich früher niemand als wissenschaftlich gebildet bezeichnen konnte, wenn er nicht verstand, was Entropie ist. In Zukunft, so versichert Wheeler, »wird man niemandem wissenschaftliche Bildung zuschreiben können, der nicht mit den Fraktalen ebenso vertraut ist«.

Wheelers Behauptung weist darauf hin, daß Mandelbrot in den letzten 20 Jahren auf eindrückliche Weise seine Vision verbreiten konnte. Es ist heute klar, daß Fraktale nicht nur die Reiche des Chaos und des Rauschens einschließen, sondern eine große Vielfalt natürlicher Formen, deren Beschreibung die Geometrie, die man während der letzten zweieinhalbtausend Jahre studierte, nicht gewachsen war – Formen wie Küstenlinien, Bäume, Berge, Galaxien, Wolken, Polymere, Flüsse, Wettermuster, Gehirne, Lungen, Blutkreisläufe. Nicht nur die Physik hatte versucht, den riesigen Bereich solcher komplexer natürlicher Gebilde unter der allgemeinen Überschrift »Chaos« oder »Unordnung« abzuheften, sondern auch die konventionelle Geometrie hatte diese raffiniertesten Formen der Natur mit all ihren reichen Details einfach ignoriert. Sehen wir uns nur an, wie die Turbulenz des Windes und des Wassers die traumhaft starren Gestalten eines Canyons herausmeißelt und gestaltet oder die von Mesas und Unterseegrotten. Fehlt es dort an Ordnung? Mandelbrot weist nach, daß die euklidische Geometrie »langweilig« ist. Er rächt sich dafür, indem er zeigt, wie aufregend das Irreguläre ist und daß es nicht nur Rauschen ist, was hier die euklidischen Formen verzerrt. Genaugenommen ist dieses Rauschen vielmehr der kühn hingesetzte Namenszug aller natürlichen Schöpferkraft.

Nehmen wir z. B. die Blutversorgung unseres Körpers. In Anatomielehrbüchern mögen die Venen und Arterien mit ihren ständigen Verzweigungen als chaotisch erscheinen, doch betrachten wir es detailliert, so wird klar, daß sich das gleiche komplexe Verzweigungsmuster bei kleineren und immer kleineren Blutgefäßen bis hinunter zu den Kapillaren wiederholt. Das gleiche gilt für Berge. Betrachten wir die Silhouette eines Berges aus 50 km Abstand, so ist sie zwar unregelmäßig, aber doch gut erkennbar. Je näher wir herankommen, um so mehr Details werden sichtbar, und selbst wenn wir beginnen, den Berg zu besteigen, werden wir die gleichen unregelmäßigen Muster in den Details der einzelnen Felsen wiederfinden. Die komplexen Systeme der Natur behalten anscheinend ihr Aussehen im Detail auf immer kleineren Skalen bei. Diese Frage der Größenskala taucht auch wieder auf, wenn wir einen Fotoband mit Bildern der wundervollen Gestalten und Baupläne der Natur betrachten, die durchs Mikroskop oder durchs Fernrohr aufgenommen wurden. Die Bilder von ganz verschiedenen Größenskalen rufen den Eindruck von Ähnlichkeit und Wiedererkennbarkeit hervor.

Wie aber könnte etwas, das Tausende von Lichtjahren mißt, etwas mit Objekten gemeinsam haben, die sich in einer Hand halten oder auf der Spitze einer Nadel versammeln lassen? Ist es denkbar, daß ähnliche mathematische Gesetze oder Prinzipien des Wachstums und der Gesteinsbildung auf derart verschiedenen Größenskalen wirksam sind? Wenn das so ist, so erkannte Mandelbrot, dann können diese Gesetze nur wenig mit der klassischen Geometrie zu tun haben, wo die Größenskala ein so oberflächlicher Begriff ist, daß ihr keinerlei Bedeutung zukommt. Könnte man ein Maß des Irregulären erfinden, das sich auf Größenskalen stützt?

Als Mandelbrot sich der Untersuchung dieser Frage nach der Skala zuwandte und seine Vision einer unregelmäßigen und doch ordentlichen Welt Gestalt annahm, da bestand sein erster Schritt darin, daß er einige Kuriositäten und Anomalien der Mathematik betrachtete, die gegen Ende des 19. Jahrhunderts aufgetaucht, aber von den Mathematikern schnell fallengelassen worden waren. War es vorstellbar, daß solche mathematischen Absonderlichkeiten wichtige Schlüssel zur Komplexität bereithielten?

Im Jahre 1872 hatte der Mathematiker Karl Weierstrass eine kleine Krise in der Mathematik ausgelöst, als er eine Kurve beschrieb, die im mathematischen Sinne nicht »differenzierbar« war. Die Möglichkeit, eine Kurve zu differenzieren, d.h. ihre Steigung von Punkt zu Punkt auszurechnen, ist ein ganz zentraler Zug der Infinitesimalrechnung. Diese war etwa 200 Jahre vor Weierstrass von Newton und Leibniz (unabhängig voneinander) entdeckt worden. Newtons neue Gesetze der Mechanik beschäftigten sich mit regelmäßigen Änderungen sowie mit der Zu- oder Abnahme der Änderungsgeschwindigkeit, und er brauchte eine neue Art der Mathematik, um verschiedene Formen allmählicher Änderung zu beschreiben; er fand sie in der Differentialrechnung.

Der Begriff der Steigung einer Kurve ist unmittelbar einsichtig. Jeder, der bergauf geht, merkt, was Steigung bedeutet. Man nennt sie auch Gefälle oder Gradient. An einer amerikanischen Eisenbahnlinie könnte man etwa ein Schild mit der Aufschrift 1 : 200 finden. Das bedeutet, daß auf 200 Metern Geleislänge die Höhe um einen Meter ansteigt. Die Steigung einer Straße kann viel größer sein; in Gebirgsgegenden kann eine Seitenstraße durchaus eine Steigung von 15 oder 20% haben, und damit meinen wir, daß auf 100 Metern horizontaler Entfernung 15 oder 20 Meter Höhenunterschied überwunden werden. Selbstverständlich ist keine Straße vollkommen regelmäßig. Es gibt immer ein gewisses Auf und Ab, und die Steigung, die auf einem Straßenschild steht oder die in einer Landkarte eingetragen ist, ist ein Durchschnittswert. Bei genauerer Vermessung wäre es möglich, die Steigung in immer kleineren Intervallen zu bestimmen und dabei die detaillierten Änderungen der Straßenoberfläche zu berücksichtigen. Newtons Differentialrechnung ging noch ein Stückchen weiter. Die mathematische Gleichung einer ansteigenden Straße bestimmt die Steigung in jedem Punkt. Das hierfür nötige mathematische Verfahren nennt man die Differentiation der Kurvengleichung.

Seit Newtons Tagen haben die Mathematiker friedlich Kurven differenziert und die Gradienten von Funktionen bestimmt. Es gab zwar immer Probleme, wenn eine Kurve unstetig war, d.h. wenn etwa die Straße plötzlich verschwand und ein Stückchen weiter wieder auftauchte. Wie könnte man an einer Stelle, wo die Straße plötzlich endet, eine Steigung definieren? Aber wenn man solche Spezialfälle beseite ließ, mußten alle Kurven eine Steigung haben. In wissenschaftlicher Ausdrucksweise hieß das: Jede stetige Kurve ist überall differenzierbar.

Newtons Differentialrechnung schien eine sichere Sache, bis am Ende des 19. Jahrhunderts der Mathematiker Debois Reymond auftrat und Weierstrass die Gleichung einer Kurve präsentierte, die zwar stetig war und doch so kompliziert, daß sie nirgends das Differenzieren erlaubte.

Das Ergebnis war eine Panik unter den Mathematikern, und sie brauchten über 50 Jahre, um sich zu beruhigen. Schließlich waren sie gezwungen zuzugeben, daß solche anomalen Kurven existieren können. Die Mathematiker trösteten sich aber auch mit dem Gedanken, daß eine derart komplexe und absurde Kurve wenigstens absolut nichts mit der wirklichen Welt zu tun haben könnte. Eine weitere Bombe platzte um 1890, als Giuseppe Peano etwas entdeckte, was man eine »raumfüllende Kurve« nennt. Eine Kurve ist ja nichts anderes als eine Linie, die gekrümmt ist, und wie jedes Schulkind weiß, ist eine Linie eindimensional. Mathematiker hielten es für eine Selbstverständlichkeit, daß eine

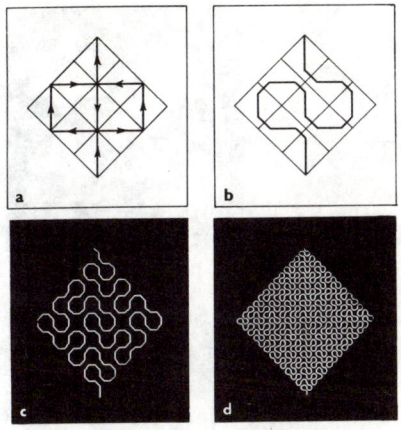

Abb. 0.5 Die Schritte auf dem Weg zur Erzeugung einer Peano-Kurve. Setzt man diese Schritte bis ins Unendliche fort, so erfüllt die Kurve das ganze Stück der zweidimensionalen Ebene.

Kurve eindimensional sein muß – ganz unabhängig davon, wie sehr sie sich krümmt. Eine Ebene (z. B. ein Stück Papier) ist zweidimensional. Die Ebene und die Kurve sind, was ihre Dimensionen angeht, völlig verschieden voneinander.

Nichtsdestoweniger hatte Peano eine Kurve konstruiert, die sich auf so komplexe Weise hin- und herwand, daß sie tatsächlich die ganze Ebene des Papiers ausfüllte, auf dem man sie sich gezeichnet dachte. Es gab keinen Punkt der Ebene, der nicht in Peanos Kurvenlinie enthalten wäre. Dies schuf eine für Mathematiker sehr unerfreuliche Lage. Schließlich ist ja die Zweidimensionalität der Ebene durch die Menge ihrer Punkte definiert. Was sollte es heißen, wenn alle diese Punkte auf einer eindimensionalen Linie lagen? Wie konnte denn ein Ding zugleich eindimensional und zweidimensional sein?

Nicolai Jakowlewitsch Vilenkin erzählt in seinem Buch *Geschichten über Mengen* über die Reaktionen der Mathematiker: »Alles löste sich auf! Es ist schwer in Worte zu fassen, welche Wirkung Peanos Ergebnis in der mathematischen Welt hervorrief. Es schien, als fiele alles in Trümmer, als hätten die grundlegendsten mathematischen Begriffe ihre Bedeutung verloren.«

Diese verrückten Kurven, die keine Steigung besaßen und deren Dimension zweideutig war, schienen äußerst beunruhigend. Die einzige Hoffnung der Mathematiker war es, man könnte solche Dinge als reine Hirngespinste abtun, als bloße Chimären des abstrakten Denkens, als

133

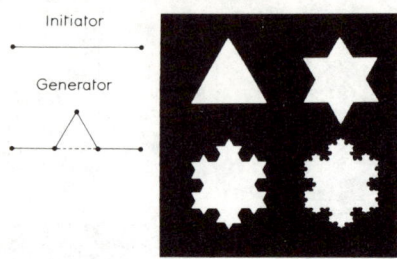

Initiator

Generator

Abb. o.6 Die Kochsche Insel oder Schnee-flockenkurve. Fortgesetzte Anwendung des gleichen Erzeugungsprinzips (»Generator«) auf die Seiten eines Dreiecks (als »Initiator«) bringt eine gezackte Schnee-flocke hervor, in der das Dreieck auf immer kleinerer Skala wiederkehrt.

mathematischen Scherz, der die ordentliche Naturbeschreibung durch Mathematik und Geometrie schließlich doch nicht bedrohen könnte. Der große Poincaré selbst nahm eine solche defensive Haltung an. Er nannte die seltsamen Kurven »eine Galerie von Ungeheuern«.

Mandelbrot aber nahm 70 Jahre nach Peano solche Kurven ernst, und indem er daraus Folgerungen zog, konnte er das Blatt gegen die Mathematik wenden. Er bewies überzeugend, daß die monströsen Kurven ganz und gar nicht wenig mit der Geometrie der Welt zu tun haben. Im Gegenteil. In ihnen, so zeigt er, liegt das Geheimnis des Messens aller Irregularitäten der wirklichen Welt. Das Geheimnis der Fraktale.

Was ist eigentlich ein Fraktal, und wie kann man eines herstellen? Abb. o.6 zeigt die Entstehung eines Fraktals, das aus der »Schneeflockenkurve« hervorgeht, die 1904 von Helge von Koch konstruiert wurde. Im wesentlichen entsteht die »Kochsche Insel« oder Schneeflocke durch einen Iterationsprozeß, in dem immer der gleiche Schritt auf kleinerer Skala wiederholt wird. Auf diese Weise entsteht eine Kurve beträchtlicher Komplexität, mit einem unglaublich hohen Detaillierungsgrad.

Mit ihren vielen Buchten, Einstülpungen und Vorsprüngen erinnert die Kochsche Insel an wirkliche Inseln – abgesehen von ihrer zu großen Regelmäßigkeit. Wirkliche Inseln brauchen für ihre Beschreibung viel raffiniertere Fraktale. Aber zumindest zeigt die Kochsche Insel einen Komplexitätsgrad, der der gewöhnlichen Geometrie ganz fremd ist. Offensichtlich weist auch schon dieses recht simple Fraktal darauf hin, daß Mathematik in einer ganz neuen Art benutzt werden kann, um die Formen der Natur zu beschreiben.

Für Mathematiker birgt diese Abbildung auch noch andere Überraschungen, die nicht so unmittelbar sichtbar sind. Die erste zeigt sich, wenn man versucht, den Umfang dieser Insel zu messen, d. h. die Länge ihrer Küstenlinie.

Diese Art von Frage kann man auch in der wirklichen Welt stellen: Wie lang ist die Küstenlinie von Großbritannien? Und genau diese Frage stellte Mandelbrot in einer häufig als klassisch angesehenen Arbeit. Die Antwort machte ihn berühmt.

Natürlich wollen Länder gern die Länge ihrer Küsten und Grenzlinien wissen. Wenn eine Grenze zwischen zwei Ländern gezogen wird, wie etwa zwischen Kanada und den Vereinigten Staaten oder zwischen Frankreich und Spanien, so ist es sicher eine gute Idee, daß beide Beteiligten sich über deren Länge einig sein sollten. Auf den ersten Blick scheint dies ein leicht lösbares Problem mit einer offensichtlichen Lösung zu sein – man muß es ja nur messen. Tatsächlich aber geben Zeitungen und geographische Lehrbücher ganz verschiedene Kilometerzahlen für dieselbe Küstenlinie oder Grenzlinie an. Warum ist das so? Ist hier einfach schlampig gemessen worden? Oder hat man falsch gerechnet? Man möchte sich vorstellen, die Frage nach der Länge der britischen Küste wäre zu klären, indem man eine gute Landkarte nimmt, ein Stückchen Schnur die ganze Küste entlang legt und dann einfach das Ergebnis abliest, indem man die Schnur an den am Kartenrand gedruckten Maßstab hält. Eine kleine Überlegung macht jedoch klar, daß die Landkarte eine Menge feinerer Details glättet oder einfach wegläßt. Sie zeigt nur die gröberen Umrisse der Küstenlinie und läßt viele kleinere Buchten und Flußmündungen aus.

Die Antwort erfordert also offenbar eine Karte in anderem Maßstab, der mehr Details erkennen läßt. Dann müssen wir die Schnur in viel mehr Kurven legen, und das bedeutet, daß die Länge der Küstenlinie größer wird. Läßt sich dieses Ergebnis noch weiter verbessern? Nähme man eine genauere Vermessung vor, etwa mit 100-Meter-Abständen entlang der gesamten Küste, so ergäbe sich eine noch detailliertere Karte. Folglich wäre die Küstenlinie noch länger.

Warum aber sollte man hier aufhören? Warum nicht in Intervallen von 50 Metern vermessen – oder sogar 10 Metern? Jedesmal wird mehr und mehr Detail eingeschlossen, und die Schnur wird sich in immer komplexerer Weise legen lassen. Und je mehr Detail wir erfassen, um so länger wird offensichtlich die Küste. Was also, wenn *alle* Details erfaßt werden – Felsen, Kieselsteine, Staub, sogar Moleküle? Die wahre Küstenlinie muß unendlich lang werden! Und tatsächlich hat die Küste Großbritanniens die gleiche Länge wie die von Manhattan oder von ganz Amerika. Sie sind alle unendlich lang.

Dies war das schockierende Ergebnis, zu dem Mandelbrot kam. Wie aber kann das wahr sein? Ein bißchen Nachdenken lehrt uns, daß praktisch jede Figur, die bei der Betrachtung mit immer stärkerer Vergrößerung immer mehr Details zeigt, einen unendlich langen Rand haben muß. Was für die Küste Großbritanniens zutrifft, gilt also auch für die Länge einer Kochschen Kurve und für alle Fraktalkurven. In der Praxis kann man natürlich verabreden, bei einem üblichen Maßstab zu bleiben und alle Details unterhalb 100 Metern oder irgendeiner anderen Zahl zu vernachlässigen. Das entspricht der Beobachtung einer Küstenlinie in einem »unscharfen« Bild, so daß einfach alle Details unterhalb 100 Metern verschmiert erscheinen. Wenn sich die Kartographen also auf einen Maßstab einigen würden, so könnten sie die Länge von Küsten messen und miteinander vergleichen. Vom Standpunkt eines Mathematikers aus ließe ein solcher Kompromiß allerdings viel zu wünschen übrig.

Da nun mathematisch gesehen alle Küstenlinien bei Berücksichtigung ihrer wirklichen Details unendlich lang sein müssen, stellt sich die Frage, ob derartige Figuren sich überhaupt miteinander vergleichen lassen. Und siehe da: Mandelbrots überraschende Antwort heißt ja. Allerdings ändert sich durch diese Antwort auch die Frage. Es geht nicht mehr um die quantitative Längenmessung, sondern um eine neue Art von qualitativer Messung, in der ebenfalls Skalen eine Rolle spielen – die fraktale Dimension.

Wenn wir verstehen wollen, was eine fraktale Dimension ist, so müssen wir zunächst unseren gesunden Menschenverstand zusammennehmen und uns daran erinnern, was eine Dimension überhaupt bedeutet. Die meisten Leute denken, sie hätten eine recht klare Vorstellung von diesem Begriff. Der Raum ist dreidimensional. Eine Wand oder eine Tischplatte oder ein Stück Papier sind zweidimensional. Eine Linie oder eine Kurve oder eine Kante ist eindimensional. Und schließlich ist ein Punkt oder selbst eine Menge von Punkten nulldimensional.

Die Dimensionen, die uns im Alltag begegnen, sind also einfach null, eins, zwei oder drei. Ist die Sache aber wirklich so einfach? Was ist denn z. B. die Dimension eines Wollknäuels?

Schauen wir es aus großer Entfernung an, so erscheint es als Punkt, hat also die Dimension null. Aus einigen Metern Abstand erkennen wir wieder, daß das Knäuel dreidimensional ist. Was aber geschieht, wenn wir uns weiter annähern? Dann sehen wir einen aufgewickelten Faden. Die Kugel besteht aus einer verworrenen Linie und ist also offenbar eindimensional. Bei noch näherer Betrachtung verwandelt sich diese Linie in eine Säule endlicher Dicke, und der Faden wird dreidimensional. Noch näher heran, und wir verlieren den Faden aus dem Gesicht, sehen dafür eine Menge feiner Härchen, die sich umeinander schlingen und dadurch den Faden erzeugen – nun ist das Knäuel wiederum eindimensional.

Mit anderen Worten, die »effektive Dimension« des Knäuels ändert sich von drei nach eins und wieder zurück. Die scheinbare Dimension hängt davon ab, aus welchem Abstand wir das Knäuel ansehen. Wir erkennen also, daß der Begriff der Dimension nicht unbedingt so simpel ist, wie wir zunächst glaubten. Vielleicht sind nirgends in der Natur die Dimensionen viel klarer definiert als hier; hängen sie nicht immer davon ab, wie wir die Sache ansehen?

Mandelbrot ging soweit zu sagen: Wenn diese fraktale Geometrie auf eine unentwirrbare Beziehung zwischen dem Beobachter und seinem Beobachtungsgegenstand hinweist, so paßt das sehr gut zu den anderen Entdeckungen unseres Jahrhunderts, Relativität und Quantentheorie, wo ja ebenfalls eine enge Abhängigkeit zwischen dem Beobachter und dem Beobachteten gefunden wurde. Quantitatives Messen – die Grundidee aller Wissenschaft – wird durch diese Einsicht in Frage gestellt. Die Länge der Küste hängt davon ab, welchen Maßstab wir wählen. Wenn aber hierdurch Quantität ein relativer Begriff wird – weil immer irgendein »Ausschmieren« von Details dazugehört –, so wird doch alles viel weniger genau, als wir glaubten. Anstelle einer Größe wie der Länge setzt Mandelbrot das qualitative Maß einer effektiven fraktalen Dimension, also ein Maß des relativen Komplexitätsgrades eines Gegenstandes.

Mag es uns zunächst ein wenig aus der Fassung bringen, wenn wir zugeben müssen, daß den Gegenständen in der Natur solche »effektiven Dimensionen« zukommen – immerhin versetzt uns dieser Begriff in die Lage, die fraktale Dimension einer Küstenlinie zu ermitteln und dabei herauszufinden, daß es eine gebrochene Zahl größer als eins ist. Liegt die fraktale Dimension einer Kurve oder Küstenlinie nahe bei eins, so ist die Küste sehr glatt und weist keine feineren Details auf. Je weiter diese Zahl über eins liegt, um so unregelmäßiger oder chaotischer ist die Küstenlinie, wobei diese Unregelmäßigkeit sich auf immer kleineren Skalen fortsetzt.

Wie hängen Unregelmäßigkeit und Detail mit der fraktalen Dimension zusammen? Stellen wir uns vor, wir streuten Reiskörner gleichmäßig über eine Landkarte. Es mögen 10000 Körner sein und diese Menge soll die Zweidimensionalität der Karte charakterisieren. Eine über die Seite gezogene gerade Linie läuft nur durch 200 Körner, d. h. nur 2 % der Körner liegen auf der Linie. Die große Mehrzahl liegt anderswo in der Ebene. Stellen wir uns nun aber vor, die Linie windet sich herum und läuft daher durch mehr und mehr Reiskörner, wobei sie nicht nur diese Körner erreicht, sondern immer mehr einzelne Punkte der Ebene. Wenn mehr und mehr dieser Punkte durchlaufen werden, so liegt offenbar die Dimension der Linie näher an der einer Ebene (also zwei) als bei der einer Linie (also eins). So haben gewundene fraktale Linien Dimensionen, die durch eine gebrochene Zahl angegeben werden, wie z. B. 1,2618, 1,1291, 1,3652 usw. Die Küstenlinie von Großbritannien hat die fraktale Dimension von 1,26.

Jetzt können wir auch die von Giuseppe Peano erzeugte fraktale Kurve besser verstehen. Diese Kurve ist bei der Betrachtung auf immer kleinerer Skala von so extremer Unregelmäßigkeit, daß ihre fraktale Dimension zwei ist. Warum zwei? Weil Peanos Linie so viele Windungen macht, daß sie jeden Punkt der Ebene erreicht. Und dennoch, obwohl sie sich in dieser extrem komplexen Weise ständig selbst zu berühren scheint, kommt es nirgends zu einer Überschneidung.

Im allgemeinen sind Fraktale durch unendliches Detail charakterisiert, durch unendliche Länge, durch das Fehlen einer Steigung oder »Ableitung«, durch gebrochene Dimension, Selbstähnlichkeit – und sie lassen sich (wie wir bei der Erzeugung der Kochschen Küstenlinie sahen) durch Iteration erzeugen.

Wir verstehen nun, warum Fraktale und seltsame Attraktoren so eng miteinander zusammenhängen. Erinnern wir uns, daß ein seltsamer Attraktor die Spuren darstellt, die der ein System repräsentierende Punkt im Phasenraumbild erzeugt. Die Bewegung des Systempunktes in den Falten des Phasenraumes erfolgt mit unendlicher Komplexität. Deshalb ist ein seltsamer Attraktor eine fraktale Kurve. Fraktale Gestalten sind auf immer kleinerer Skala selbstähnlich. Für Systeme, die sich unter dem faltenden und streckenden Einfluß des seltsamen Attraktors befinden, stellt jede einzelne Faltungsbewegung ein momentanes Spiegelbild des gesamten Faltungsprozesses dar.

Wo immer Chaos, Turbulenz und Unordnung zu finden sind, da ist die fraktale Geometrie im Spiel.

Nun liegt also die recht erstaunliche Schlußfolgerung nahe, daß Chaos und Turbulenz aus den gleichen zugrunde liegenden Prozessen geboren werden wie Berge, Wolken, Küstenlinien oder wie die organischen natürlichen Formen in Lungen, Nervensystemen und Blutkreisläufen. Die Komplexität einer sich immer weiter verzweigenden menschlichen Lunge läßt sich nun als das Spiegelbild der chaotischen Bewegung eines rasch fließenden Flusses verstehen. Beide entspringen einer fraktalen Ordnung.

Man hat meist angenommen, komplizierte Gestalten müßten durch komplizierte Prozesse erzeugt werden. Z. B. betrachtet man die Komplexität des menschlichen Körpers als eine Ausprägung der raffinierten Bauanleitungen für Wachstum und Entwicklung. Fraktale sind aber gleichzeitig höchst komplex und außerordenlich simpel. Komplex sind sie wegen ihrer unendlichen Details und ihrer einzigartigen mathematischen Eigenschaften (keine zwei Fraktale sind einander gleich), einfach aber sind sie, weil sie sich durch fortlaufende Anwendung simpler Iteration erzeugen lassen.

Ein fraktaler Trip in den Weltraum

Die Erkenntnis, daß Fraktale einfach durch Iterationen entstehen, treibt Mandelbrot unausweichlich dazu, seine iterative Geometrie im Universum der reinen Mathematik zu erproben. Mandelbrot berichtet, daß er 1980 einen besonderen Anstoß in dieser Richtung erhielt, als er in einem alten Nachruf auf Poincaré Anspielungen auf ein besonderes Problem fand, mit dem dieser Begründer der nichtlinearen Dynamik einst gerungen hatte. Mandelbrot rätselte über dem gleichen Problem und probierte dabei seine neue fraktale Geometrie aus. Das Ergebnis war, als hätte er beim Umgraben einen Diamanten gefunden – er fand einen seltsamen Attraktor von überwältigender mathematischer Schönheit.

Mandelbrot begann, indem er einen einfachen algebraischen Ausdruck auf dem Computer iterierte. Dies schickte ihn auf eine Reise in jene unendliche zweidimensionale Mannigfaltigkeit von Zahlen, die man die komplexe Ebene nennt. Die besondere Menge komplexer Zahlen, die

Mandelbrot in dieser Ebene erforschte, nennt man seitdem die »Mandel-brot-Menge«, die auch schon als »das komplexeste Objekt der Mathematik« bezeichnet wurde. Mandelbrot ist weiterhin von seinem Fund begeistert.

»Diese Menge ist eine erstaunliche Kombination aus äußerster Einfachheit und schwindelerregender Kompliziertheit. Auf den ersten Blick handelt es sich um ein ›Molekül‹ aus gebundenen ›Atomen‹, von denen das eine wie ein Herz aussieht und das andere fast kreisförmig ist. Sieht man aber näher hin, so entdeckt man eine unendliche Menge kleinerer Moleküle, die ebenso geformt sind wie das große und die miteinander durch etwas verbunden sind, was ich ein ›teuflisches Polymer‹ nenne. Aber Sie sollten mir nicht erlauben, weiterhin mit solcher Verzückung von der Schönheit dieser Menge zu schwärmen.«

Hunderte, vielleicht Tausende von Computerabenteurern haben sich mittlerweile auf die Reise in diese Menge gemacht, indem sie auf ihrem Heimcomputer Variationen eines iterativen Programms benützten, das A. K. Dewdney im *Scientific American* erklärt hatte. Erforscher der Mandelbrot-Menge müssen aber nicht fürchten, ins Gedränge zu geraten wie die Touristen im Grand Canyon. Die unirdische Mandelbrot-Landschaft – der mathematische seltsame Attraktor – ist ungeheuer ausgedehnt, ja unendlich, und »es gibt dort Zillionen von herrlichen Stellen« zu besuchen, wie der Mathematiker John H. Hubbard von der Cornell Universität sagt. Er empfiehlt: »Probieren Sie doch einmal die Gegend mit dem Realteil zwischen 0,26 und 0,27 und dem Imaginärteil zwischen 0 und 0,01.«

Hubbards phantastisch klingende Einladung bezieht sich auf die Koordinaten der komplexen Zahlenebene. Wählt man die Zahlen für die Gleichung, so ist das, als stellte man auf irgendwelchen Skalen die Richtung eines Raumschiffes ein. Man schickt dadurch das Iterationsverfahren an einen Punkt des Koordinatensystems, wobei die Koordinaten aus historischen Gründen »Realteil« und »Imaginärteil« genannt werden. Jede komplexe Zahl besteht aus diesen zwei Teilen. Und jede komplexe Zahl entspricht einem solchen Punkt in der komplexen Ebene. Das ist etwa so, als fände man im Stadtplan den Bahnhof an der Schnittstelle des Buchstaben K mit der Zahl C. Der wesentliche Unterschied liegt darin, daß in der komplexen Ebene die Anzahl möglicher Schnittstellen unendlich groß ist und daß die Real- und Imaginärteile der Koordinaten positiv, negativ, ganze Zahlen oder Dezimalzahlen sein können.

Das Antriebssystem, das nun den Computer auf seine Reise in die Mandelbrot-Menge schickt, ist der Ausdruck $Z^2 + C$. Z ist eine komplexe Zahl, die sich ändern kann, und C ist eine feste komplexe Zahl. Die Forschungsreisenden setzen ihre beiden gewählten komplexen Zahlen in den Ausdruck ein und befehlen dem Computer, das Ergebnis der Addition $Z^2 + C$ in der nächsten Runde als Wert für Z zu nehmen – usw. in allen folgenden Runden.

Abb. 0.7

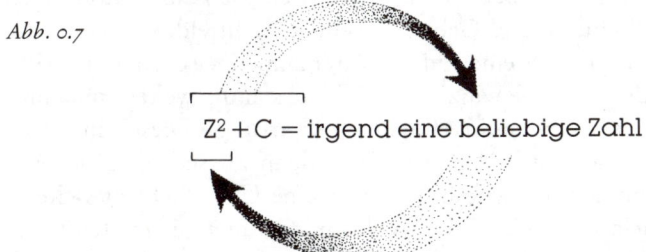

$Z^2 + C$ = irgend eine beliebige Zahl

So also beginnt diese abenteuerliche iterative Raumfahrt.

Der Computer schwirrt ab in den mathematischen Kosmos und das Programm untersucht dabei, ob nach vielen Iterationen die sich ergebende Zahl endlich groß bleibt oder über die vom Computer erfaßbare Zahlengröße hinausgeht. Die Mandelbrotmenge selbst besteht aus jenen komplexen Zahlen C, für die der Wert von $Z^2 + C$ auch nach beliebig vielen Iterationen endlich bleibt.

Auf dem Computerbildschirm, der dem Reisenden die von ihm betretene Landschaft zeigt, erscheint die Mandelbrot-Menge zunächst als ein ominöses, warziges, schwarzes Objekt, das in einem kreisförmigen grundlosen Brunnen von Punkten der komplexen Ebene schwebt. Das Programm, dem die Reise folgt, nimmt eine komplexe Zahl und iteriert sie bis zu 1000mal. Bleibt die Zahl durch alle Iterationen hindurch im wesentlichen unverändert, oder nähert sie sich dem Unendlichen, oder oszilliert sie irgendwie dazwischen herum? Das Programm ist angewiesen, jeden Punkt auf dem Bildschirm mit einer Farbe oder Schattierung zu versehen, je nachdem, wie die Antwort auf diese Frage ausfällt. In den hier folgenden schwarz-weißen Darstellungen sind die stabil bleibenden Zahlenpunkte schwarz gefärbt. Sie stellen die Mandelbrot-Menge selbst dar. Jene Zahlen, die durch die Iteration ins Unendliche geschleppt werden, sind durch Grauschattierungen gekennzeichnet, wobei Weiß jene

Zahlen bezeichnet, die am schnellsten das Unendliche erreichen. Auf der Grenze der Menge ist das Schicksal der iterierten Zahlen unglaublich wild und unheimlich.*

Wir können uns den Grenzbereich als ein Gebiet vorstellen, das zwischen der endlichen festgefügten Welt des durchweg schwarzen Inneren der Menge und der instabilen Grenzenlosigkeit der weißen und grauen Gebiete liegt. Dieser Grenzbereich ist fraktal.

In ihrem Buch *The Beauty of Fractals* beschreiben Heinz-Otto Peitgen und Peter H. Richter dieses Gebiet wie ein Schlachtfeld. »Selten ist das Ergebnis dieses Kampfes eine einfache Grenzlinie zwischen Territorien. Vielmehr werden auch die winzigsten Gebiete ständig weiter umkämpft und das Ergebnis ist eine endlose filigrane Verwirrung.« Diese winzigsten Gebiete selbst sind von bodenloser Tiefe, denn zwischen irgend zwei Zahlen der komplexen Ebene liegt immer eine Unendlichkeit weiterer Zahlen. Mandelbrotforscher können also in den unendlich tiefen Brunnen von $Z^2 + C$ hinabsteigen und die Grenze in immer größerem Detail untersuchen. Sie sind bei dieser Reise in immer stärkere Vergrößerung nur durch ihre Antriebsmaschine beschränkt – d. h. durch die Fähigkeiten ihres Computers.

Der durchquerte Raum ist absolut fremdartig und doch auf beunruhigende Weise vertraut, voller Lebendigkeit und doch vollkommen abstrakt. Die auf den nächsten paar Seiten wiedergegebene Reise wurde von David Brooks unternommen, einem Ingenieur im Prime Computer-Unternehmen in Natick, Massachusetts. »Copilot« war Dan Kalikow, ein weiterer Ingenieur der Firma Prime, dessen Kommentare die Bildersammlung begleiten.

Die Benennungen der Einzelbilder aus diesem Logbuch stammen von Brooks selbst oder von anderen Forschungsreisenden, die früher die gleiche Gegend besucht hatten.

---

* Die Grautöne in den folgenden Abbildungen deuten an, wie weit die Zahlen der betreffenden Bereiche von der Mandelbrot-Menge entfernt sind und wie lange der Computer braucht, um zu entscheiden, ob eine hier liegende Zahl zur Menge gehört. David Brooks, der das Computerprogramm schrieb, kehrte die natürliche Ordnung der Grautöne um, damit ein stärkerer Kontrast mit der schwarzen Fläche der stabilen Zahlenpunkte der Mandelbrot-Menge entsteht.

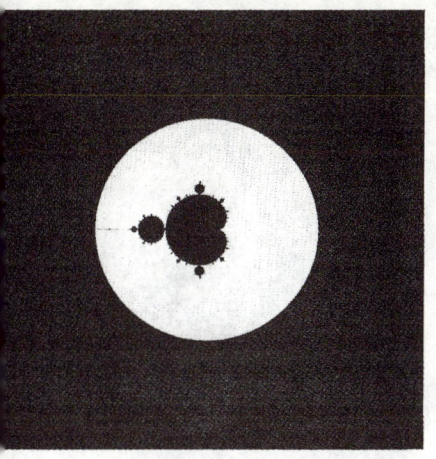 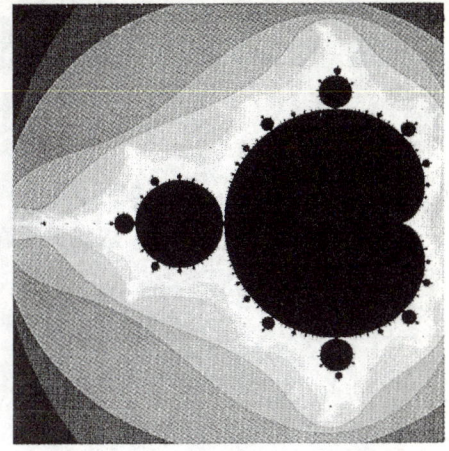

Abb. 0.8 Ausschnitt 1 – Vogelperspektive
Die Reise beginnt hoch über der komplexen Ebene. Vor uns liegt ein Brunnen, der die Mandelbrot-Menge enthält. Wie ein phantastisches Objekt in einem fremden Planetensystem erscheint sie, umkränzt von Atmosphärenhüllen – die aber aus komplexen Zahlen bestehen. Der schwarze Bereich ist die Mandelbrot-Menge, d.h. die Menge aller komplexen Zahlen C, die bei der Iteration endlich bleiben. Im weißen Bereich werden sie unendlich groß. Aus dieser »Höhe« können wir noch nicht viele Details wahrnehmen. In den folgenden Vergrößerungen ist die Geschwindigkeit, mit der die Zahlen bei der Iteration ins Unendliche davonlaufen, durch zunehmende Grauschattierung angedeutet. (Vgl. die Fußnote! Unmittelbar am Rande des reinen Schwarz lassen sich also bei genügend langer Rechnung im Weiß weitere schwarze Details entdecken. Dies geschieht in den folgenden vergrößerten Ausschnitten.)

Abb. 0.9 Ausschnitt 2 – Mandelbrot-Menge
Brooks hat seinen Computer ein wenig näher herangemanövriert und ist in die obersten Schichten der Mandelbrot-Atmosphäre vorgedrungen. Die ersten Details der Grenze zwischen der Menge selbst und der sie umgebenden »Atmosphäre« werden sichtbar. Wir wollen diese Grenze, die sich als fraktal erweist, weiter untersuchen. Die Größe des Ausschnittes 2 hat Kalikow als Bezugspunkt für die Vergrößerungsangaben bei den folgenden Ausschnitten gewählt. Dies hier ist also für uns die »natürliche Größe« des Objekts.

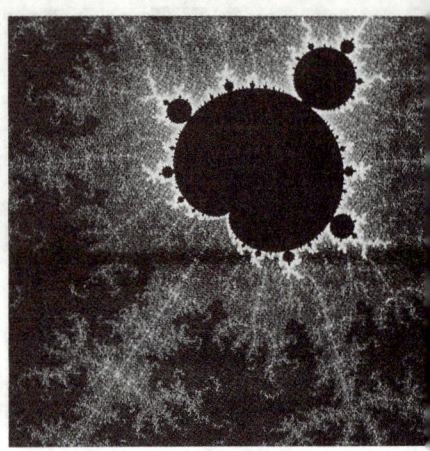

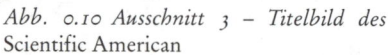

Abb. 0.10 Ausschnitt 3 – Titelbild des Scientific American

Die Prime-Ingenieure haben eine der »Knospen« ins Bild geholt. Als Titelbild des *Scientific American* machte dieser Ausschnitt die Fraktale berühmt. Selbst bei dieser geringen Vergrößerung überwältigt uns die Selbstähnlichkeit des Mandelbrotobjekts. Aber sie bedeutet nicht »Selbst-Gleichheit«. Jede Knospe und jede Knospe in der Knospe ist ein bißchen anders. Beachten Sie das »Mini-Mandelbrot« – wie Brooks es nennt – über der größten Knospe, das wie ein Raumschiff auf der Reise in die rechte obere Bildecke erscheint.

Abb. 0.11 Ausschnitt 4 – »Mini-Mandelbrot«

Wir nähern uns nun mit schwindelerregender Geschwindigkeit. Gegenüber dem Ausschnitt 2 haben wir bereits 2 500fache Vergrößerung. John Hubbard und Adrian Douaday von der Universität Paris haben bewiesen, daß die Mandelbrot-Menge zusammenhängend ist – d. h. auch die winzigsten scheinbar freien »Mandelbrote« müssen durch »schwarze Fäden« mit der ganzen Menge verbunden sein. Kalikow erzählt von Brooks' Entdeckung, daß sein Computerprogramm »eine ideale Maschine für den empirischen Test dieser Aussage« darstellt; »… und so richteten wir unser Mikroskop auf ein erfolgversprechendes Ziel«. Dieses Ziel ist der links unten liegende, an die Herzform erinnernde Einschnitt des Mandelbrot-Objekts, der sogenannte »Inflektionspunkt«. Kalikow merkt an: »Wenn es einen Verbindungsfaden zur ›Muttermenge‹ gibt, so sollte er hier hereinlaufen, wie uns schien.«

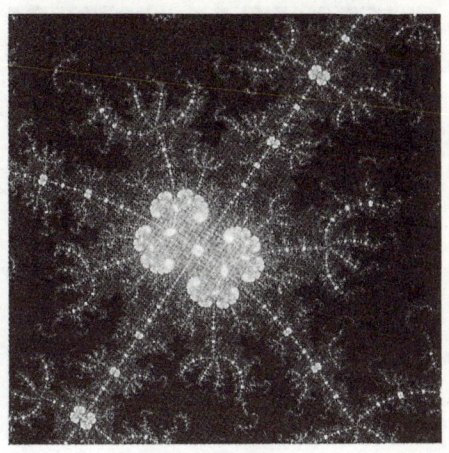

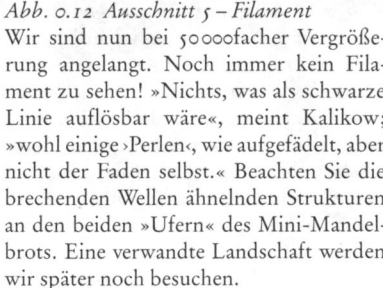

Abb. 0.12 Ausschnitt 5 – Filament
Wir sind nun bei 50000facher Vergrößerung angelangt. Noch immer kein Filament zu sehen! »Nichts, was als schwarze
Linie auflösbar wäre«, meint Kalikow;
»wohl einige ›Perlen‹, wie aufgefädelt, aber
nicht der Faden selbst.« Beachten Sie die
brechenden Wellen ähnelnden Strukturen
an den beiden »Ufern« des Mini-Mandel-
brots. Eine verwandte Landschaft werden
wir später noch besuchen.

Abb. 0.13 Ausschnitt 6 – Teil des Filaments
Unser pfeilschnelles Computer-Fahrzeug
nähert sich einer jener »Perlen« und offenbart uns wiederum ein Reich neuer Einzel-
heiten auf der nächst tieferen Stufe – einen
»Filigranklumpen«. Aber noch immer
kein schwarzer Faden! Die Vergrößerung
ist nun das 833 333fache – und der Computer mußte hierfür 7 Stunden lang arbeiten.

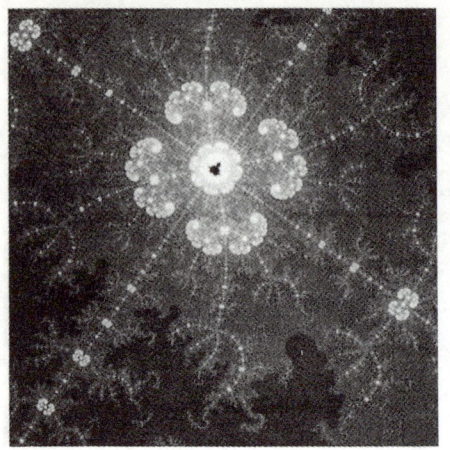

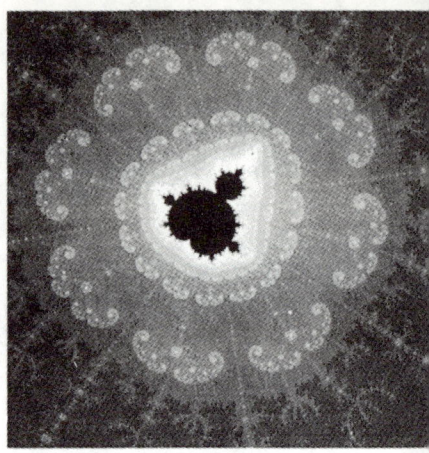

Abb. 0.14 Ausschnitt 7 – Teil eines Teils eines Filaments
Noch tiefer dringt Brooks ins Herz des Filigranklumpens vor, und noch immer wird kein Faden sichtbar. Doch plötzlich taucht mitten in unserem Gesichtsfeld, wie eine des Zauberns mächtige Spinne im Zentrum unseres Gedankennetzes, ein weiteres Mandelbrot auf – nun schon ein »Mikro-Mandelbrot«.

Abb. 0.15 Ausschnitt 8 – Inselchen
Also noch näher heran, um deutlicher zu sehen! Immer mehr Perlen, doch nie der Faden! Vergrößerung 83 333 333fach. Kalikow sagt, nun werde es klar: »Wie winzig wir auch die Schritte wählen, um auf einem solchen Faden zu landen – das kann mit dem Computer nicht gelingen! Ist das ein Gleichnis? Im Universum des Mandelbrot-Objekts bildet das Schwarz des nicht aufspürbaren Fadens eine endliche, wohlgefügte Welt, die sich schließlich dennoch als unendlich flüchtig erweist. Ist dies ein Bild für unsere Unfähigkeit, jemals die Anfangsbedingungen genügend genau festzulegen?

Doch schnell lassen wir diese Gedankentiefen hinter uns und streben wieder zur Oberfläche – in eine Gegend ähnlich der des Ausschnitts 5 –, um uns eines der beiden »Ufer« näher anzusehen, die aus einem »Inflektionspunkt« hervorgehen.

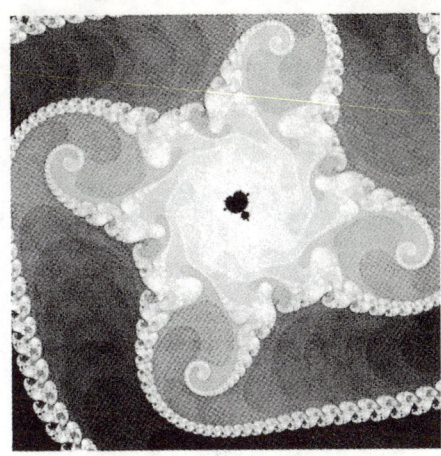

Abb. o.16 Ausschnitt 9 – Brandung
Stattliche Wellen laufen in seeschneckenar-
tigen Mustern und Löckchen aus, die mit
»Mini-Mandelbroten« getüpfelt sind. Wieder ein Gleichnis. Hier schwimmen Inseln
der Ordnung in einem Meer des Chaos –
Welten in Welten. Führt uns hier eine
simple Iteration vor, wie faßbare Ordnung
das Chaos strukturiert? Oder strukturiert
vielmehr das Chaos die Ordnung? Das ist
der turbulente Spiegel. Die Erzeugung von
Mandelbrots rein mathematisch definier-
ter Punktmenge spiegelt tatsächlich die
Vorgänge wider, in denen wirkliche
Systeme die Strukturen unserer physikalischen Welt schaffen und zerstören.

*Abb. o.17 Ausschnitt 10 – Gordischer Kno-
ten*
Wir machen uns auf zu einem letzten atem-
beraubenden Flug mit Brooks' Computer
– hinein in den wirbelnden Strudel einer
seiner »Wellen« im letzten Ausschnitt. Wir
nehmen Kurs auf die Umgebung eines
»Nano-Mandelbrots«.

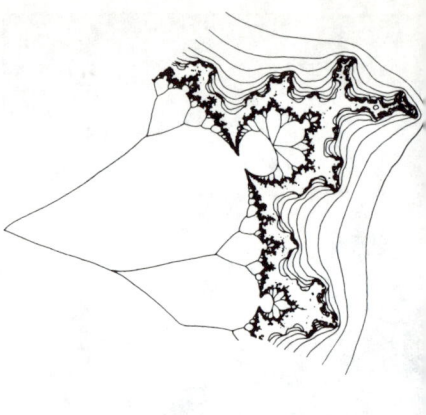

Abb. 0.18 Ausschnitt 11 – Der n-fache Weg
In dieser Tiefe haben wir die 2 702 702 702-
fache Vergrößerung. In diesem Maßstab
wäre der Ausschnitt 2 (unser »Bezugs-
Mandelbrot«) ein Quadrat mit 514 755
Kilometer Seitenlänge – das ist ein Drittel
mehr als der Abstand des Mondes von der
Erde. Beachten Sie in der rechten oberen
Ecke das »Nano-Mandelbrot«. Als eine
immer wiederkehrende Erinnerung taucht
hier dieser seltsame Attraktor aus dem
Meer weißer Unendlichkeit auf.

Abb. 0.19 und 0.20 Der Zusammenhang
zwischen Mandelbrots abstrakter mathematischer Menge und dem Weg zum
Chaos läßt sich anhand der beiden nächsten Abbildungen erklären. *Abb. 0.19* skizziert ein Stückchen der Mandelbrot-
Menge. *Abb. 0.20*, auf der nächsten Seite,
ist Robert Mays Darstellung der Periodenver-
verdoppelung aus Kapitel 3.
Wie man in *Abb. 0.19* erkennt, sind die
Zahlen innerhalb der Menge stabil, ändern
sich also kaum, wenn man sie in die Gleichung einsetzt und iteriert. Nähert man
sich aber der Grenze der Mandelbrot-
Menge, so tritt »Periodenverdoppelung«
auf – d.h. die Zahlenpunkte springen bei
der Iteration zwischen immer mehr Werten hin und her, bis sich schließlich an der
Grenze das Chaos öffnet.

Abb. 0.20 Vergrößert man das Intermittenz-Fenster im Bild der Periodenverdoppelung,
so findet man darin wiederum eine Periodenverdoppelung. Das Fenster entspricht also in
gewissem Sinn den in der komplexen Ebene verstreuten »Mini-Mandelbroten«. Die
Bifurkationspunkte in *Abb. 0.20* (wo sich die Attraktoren jeweils verzweigen) entsprechen dann den »Knospen« am Rande der Mandelbrot-Menge.

Erinnern wir uns, daß sich in diesem Bild das Verhalten wirklicher Systeme – wie etwa
einer Insektenpopulation – widerspiegelt. Es gibt also offenbar eine Verbindung zwischen der phantastischen mathematischen Welt der Mandelbrot-Menge und der wirklichen Welt, in der wir leben.

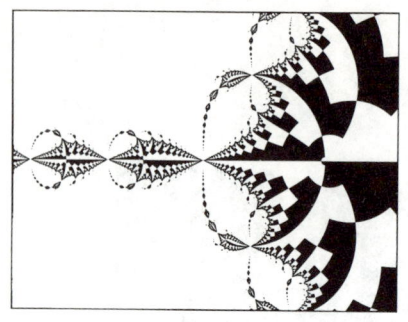

Abb. 0.21 Ein Fraktal, das entsteht, wenn man das Newtonverfahren benutzt, um die dritte Wurzel aus −1 zu bestimmen. Von den drei Lösungen liegt eine in der weißen Fläche, die beiden anderen in der schwarzen. Das Grenzgebiet zwischen den drei Wurzeln ist fraktal und wiederholt auf immer kleinerer Skala das fast gleiche Muster. Jeder Punkt der spiralförmigen Grenze berührt die drei Bereiche, in denen die Lösungen der Gleichung liegen.

Am Ende seiner Reise stellt Kalikow seufzend fest, daß die zahlenmäßige »Realität«, die durch die Mandelbrot-Menge abgebildet wird, »weit abstrakter und ewiger ist als bloße Physik... Sie war immer da... wartete darauf, gesehen zu werden... Warum erscheinen die Gestalten genau da, wo sie erscheinen? Was ist besonders an den Zahlen, wo die schwarzen Gestalten sitzen? Kann es denn irgendeinen Zusammenhang zwischen ihnen geben? Sie sind über die komplexe Ebene gestreut wie Sterne und Galaxien am Himmel, die sich zu immer höheren Strukturen zusammenballen, in einer Unendlichkeit von Gestalten auf immer höheren Stufen.«

Die Mandelbrot-Menge ist nicht die einzige fraktale Gestalt, die sich durch Iteration irgendwelcher Gleichungen der – so Brooks – »abstrakten und ewigen Mathematik« erzeugen läßt. Bei vielen anderen Gleichungen hat man ebenfalls eine fraktale Natur entdeckt. Auch eine jahrhundertealte mathematische Technik, die man die Newtonsche Methode nennt, ist fraktal. Newtons Methode ermöglicht es, die Wurzeln einer algebraischen Gleichung zu finden, indem man zunächst ein Ergebnis schätzt und dann die Methode auf diesen Schätzwert anwendet. Das Ergebnis ist eine Zahl, die schon etwas näher an der gesuchten Wurzel liegt. Dann wendet man die Methode auf diese Zahl an und setzt die Iteration so lange fort, bis man glaubt, der Wurzel so nahe gekommen zu sein, wie man es für nötig hält.

Wendet man diese Technik auf einem Computer an und liegt der anfängliche Schätzwert zufällig in der Nähe der Grenze zwischen zwei oder mehreren Lösungen der Gleichung, so erzeugt die Mathematik wiederum ein Fraktal. Der Computer verheddert sich in seinen Iterationen, versucht mit wilden Bocksprüngen alle Wurzeln gleichzeitig zu erreichen und bringt auf diese Weise Stellen ans Tageslicht, an denen Newtons ordentliche Methode in Zufälligkeit entartet. Das in diesen Schwingungen entstehende Muster ist ein Schwarm spiraliger Gestalten, die wie verschieden große und in den Verhältnissen verzerrte Spiegelungen voneinander aussehen. Damit wird deutlich, daß im Bereich zwischen den Wurzeln ein Fraktal, ein mathematischer seltsamer Attraktor lauert.

Fraktale, überall Fraktale

Wenn eine derart reiche, komplexe, ja kreative Welt sich durch simples Iterieren mathematischer Gleichungen erzeugen läßt (die ja im wesentlichen symbolische Darstellungen menschlicher Logik sind), sollte dann nicht Iteration ein Schlüssel zu den kreativen Möglichkeiten der Natur sein, die ja noch viel interessantere Dinge zu iterieren hat?

Mandelbrot sagt: »Fraktale Gestalten hoher Komplexität lassen sich allein durch die Wiederholung einer einfachen geometrischen Transformation gewinnen, und geringfügige Änderungen dieser Transformation bewirken globale Änderungen. Dies legt nahe, daß eine kleine Menge genetischer Information die Entstehung komplexer Gestalten bewirken kann und daß daher auch geringe genetische Veränderungen erheblichen Gestaltwandel hervorrufen könnten.« Er fügt hinzu: »Das Ziel der Wissenschaft ist es immer gewesen, die Komplexität der Welt auf simple Regeln zu reduzieren.« Bekennt sich Mandelbrot hier zum Reduktionismus?

Wenn ja, so ist es eine neue Sorte von Reduktionismus, in dem das Simple und das Komplexe eng miteinander verwoben sind. In dieser Beziehung ist er völlig vom alten Reduktionismus verschieden, der ja die Komplexität als aus simplen Formen aufgebaut betrachtete – wie ein raffiniertes Gebäude aus ein paar wenigen Typen von Backsteinen besteht. Hier aber setzt die simple Iteration die in ihr verborgene Komplexität frei und schafft Zugang zu kreativem Potential. Die Gleichung ist nicht, wie bei Euklid, der Bauplan einer Gestalt. Vielmehr liefert die Gleichung nur den Ausgangspunkt für die Evolution einer Gestalt, die durch die Rückkoppelung der Gleichung in sich selbst allmählich auftaucht. Ist also die fraktale Geometrie ein besserer Spiegel für die Ordnung und Kreativität der Natur als die euklidische Geometrie?

Viele der mathematischen Fraktale, die sich aus einer einzigen ständig wiederholten Iteration erzeugen lassen, besitzen zwar einen großen Reichtum an Detail, sind aber doch immer noch zu ordentlich, um natürlichen Formen zu entsprechen und damit Mandelbrots Anspruch zu genügen, daß wahre Kreativität in der Iteration und in Fraktalen liegen könnte. Läßt man jedoch in den Iterationen zufällige Schwankungen zu, so daß die Details auf verschiedenen Skalen variieren, so läßt sich die Nachahmung der wirklichen Formen und Strukturen der Natur viel weiter treiben. Dies legt nahe, daß natürliches Wachstum durch eine Kombination von Iteration und Zufall zustande kommt. Dies ist aber nur ein kleiner Teil der Geschichte. In den letzten paar Jahren hat man ungeheuer viel über die fraktale Geometrie gelernt – und die Fraktale haben begonnen, viel über die verborgene Natur des Chaos und der Ordnung im natürlichen Universum zu enthüllen.

Die fraktale Dimension einer Kochschen Insel liegt zwischen eins und zwei und entspricht einer gezackten Kurve, die einiges mit einer zweidimensionalen Oberfläche gemeinsam hat. Es gibt aber auch eine Vielfalt von Fraktalen, deren Dimension zwischen der eines Punktes (null) und einer Linie (eins) liegt.

Fraktale Strukturen treten z. B. auch in dem intermittierenden Rauschen auf, das wir in der Periodenverdoppelung fanden. Hier konnte ein nichtlinearer Verstärker plötzlich mitten im guten Empfang ein kurzes Sperrfeuer von Rauschen hervorbringen. Sieht man jedoch dieses Rauschen genauer an, so zeigt sich, daß es in sich selbst wieder Intervalle der Stille enthält. Bei noch genauerem Hinsehen enthalten auch die übriggebliebenen Stückchen des Rauschens wiederum Lücken der Stille. Intermittenz hat offensichtlich eine fraktale Struktur, in der sich die Details von Rauschen und Stille auf immer kleineren Skalen wiederholen.

Der im 19. Jahrhundert lebende Mathematiker Georg Cantor beschrieb als erster diese Art von intermittenter Struktur. Cantor, der entdeckte, wie man über die Unendlichkeit hinaus zählen kann und wie man transfinite Zahlen konstruiert, war von der unendlichen Anzahl der Punkte auf einer Linie fasziniert. Nehmen wir an, so sagte er sich, wir entfernen das mittlere Drittel einer Strecke, nehmen dann aus den verbleibenden zwei Linienstückchen wiederum die mittleren Drittel heraus und setzen diesen Prozeß der Entfernung der mittleren Drittel bis ins Unendliche fort. Das Ergebnis ist ein »Diskontinuum«, eine staubartige Punkt-

Abb. 0.22 Die Cantorsche Menge – unterwegs zum Cantorschen Staub.

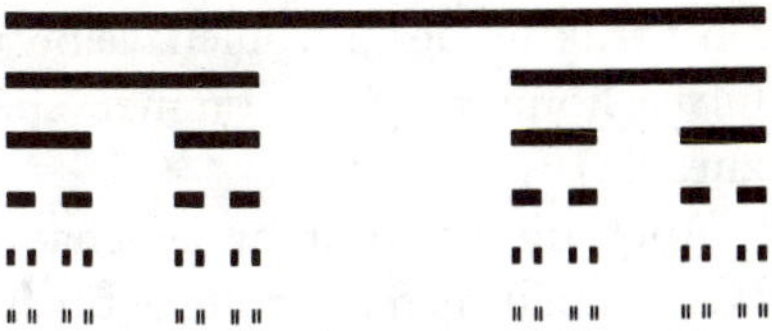

menge. Mandelbrot verglich diesen »Cantorschen Staub« mit den Lükken, die entstehen, wenn Milch gerinnt.

Der Cantorsche Staub hat eine fraktale Dimension von 0,6309, liegt also halbwegs zwischen einer Linie und einem Punkt. Die Cantorsche Menge läßt einen an die Bewegungsparadoxa des griechischen Mathematikers Zeno denken, die einen fliegenden Pfeil als von einem Abschußpunkt bis zu einem Zielpunkt sich kontinuierlich bewegenden Pfeil und zugleich als einen in den unendlich vielen Punkten der Flugbahn stillstehenden Pfeil beschreibt. Der Cantorsche Staub ist zugleich unendlich unterteilbar und doch unstetig. Mandelbrot meinte – und einige Physiker stimmen ihm zu –, daß Cantorsche Mengen hilfreich sein könnten, um die Natur des Nachthimmels zu beschreiben, wo durch die Ballung von Sternen und die zugehörigen Lücken auf vielen verschiedenen Skalen bis hinauf zu den Superhaufen (Haufen von Galaxienhaufen) ähnliche Muster entstehen. Neuere Analysen der Struktur des Universums ergeben eine fraktale Dimension irgendwo zwischen eins und zwei. Mitchell Feigenbaum meinte, daß die Wissenschaftler durch Untersuchung der fraktalen Dimension des heutigen Zustandes des Universums eines Tages etwas über dessen Anfangszustand herausfinden könnten.

Bei der Beschreibung der Turbulenz hatten wir einen Torus gefunden, der sich in eine Reihe von Punkten auflöst. Dieser Torus stellt sich nun als eine Art Cantorscher Staub mit gebrochener Dimension heraus. Wie Mandelbrot betont, zeigt sich die fraktale Natur der Turbulenz darin, daß sie in der wirklichen Welt in Böen auftritt; sie ist intermittent. In einer stürmischen Nacht wird der Wind plötzlich nachlassen, dann wieder aufleben, Blätter kreisen und auffliegen lassen, bis sie schließlich doch wieder niedersinken. Diese Intermittenz der Turbulenz wiederholt sich in immer kleinerem Maßstab. Die Forscher bemerkten z. B., daß die erste beim Anschalten eines Windkanals erzeugte Turbulenz nicht stabil ist. Die heftigen Schwankungen lassen erst nach, wenn die riesigen Ventilatoren eine Zeitlang gelaufen sind. Bedeutet dies, daß zur räumlichen fraktalen Struktur der Turbulenz eine weitere fraktale Struktur in der Zeit hinzu kommt? (Wir kommen später auf zeitliche fraktale Strukturen zurück.)

Auch die von Lorenz als chaotisch erkannten Verhaltensmuster des Wetters hält man heutzutage für fraktal. Shaun Lovejoy von der McGill Universität glaubt, daß der Atmosphäre eine ganze Schar verschiedener gebrochener Dimensionen zukomme. Das Problem der Wettervorhersage sei nicht nur, daß schon die kleinste Unkenntnis über den gegenwärtigen Zustand (das Flattern eines Schmetterlings) sich aufschaukeln und die ganze Rechnung unter sich begraben könne. Er sagt, das meteorologische Netzwerk zur Wettererfassung habe selbst eine niedrigere fraktale Dimension (1,75) als die Wolken und Winde und andere Kräfte, die erforscht werden sollen. Ein tieferes Problem liege also darin, daß die Meteorologen niemals an die richtige Art von Daten herankommen.

Heute entdecken Physiker, Wirtschaftswissenschaftler, Biologen, Geographen, Astronomen, Elektronikingenieure und Anatomen, daß sich eine unermeßliche Zahl verschiedener Gestalten durch ihre fraktalen Dimensionen kennzeichnen läßt. Vom Dahinschlängeln der Flüsse zu den Windungen menschlicher Gehirne, von galaktischen Strukturen zu den Mustern in brechenden Metallen, all dies erschließt sich dem Maß des Fraktals.

Die Gehirne kleiner Säugetiere sind relativ glatt, die von Menschen dagegen höchst faltenreich. Eine fraktale Dimension zwischen 2,79 und 2,73 scheint für das menschliche Gehirn typisch zu sein. Auch in den Membranen von Leberzellen findet man fraktale Strukturen. Die Nasenknochen von Hirschen und Polarfüchsen sorgen für maximale Geruchsempfindlichkeit, indem sie die größtmögliche Oberfläche in ein kleines Volumen packen. Daraus ergibt sich eine fraktale Struktur mit konstanter gebrochener Dimension.

Die Verzweigung an einem lebenden Baum ist offensichtlich fraktal; Äste haben Zweige, diese haben wieder kleinere Zweige, und die Details wiederholen sich bis hinunter zur Größe der kleinsten Zweiglein. Ein Verfahren zur Nachahmung von Bäumen auf dem Computer vernachlässigt die Dicke der Zweige und verfolgt einfach, was geschieht, wenn der gleiche Verzweigungswinkel auf immer kleinerer Skala zur Anwendung kommt. Diese Methode erlaubt den »Modellbauern«, eine ganze Schar von »Bäumen« zu reproduzieren – von Blumenkohl und Broccoli bis zu

Abb. 0.23 Erzeugung eines baumförmigen Fraktals – auf dem Computer des britischen Wissenschaftlers Michael Batty. Jeder Ast verzweigt sich, bis eine Art Schirm entsteht. Nach der dreizehnten Iteration (rechts) beginnt der Baum realistischer auszusehen.

vertrauten Baumgestalten, in denen die feinere Zweigstruktur allen verfügbaren Raum auszufüllen scheint, ohne sich dabei zu überlappen. Fraktale Modellbauer können viele verschiedene Baumarten erschaffen, indem sie die fraktale Dimension verändern.

Wirkliche Bäume aber haben dicke Stämme, und es ist daher nicht zulässig, allein die Länge der Zweige zu verändern. Auch der Maßstab ihrer Dicke muß sich ändern. Leonardo da Vinci stellte fest, daß die Äste bei fortschreitender Verzweigung gerade auf eine solche Weise dünner werden, daß die Gesamtdicke (wenn man alle Äste zusammengepackt denkt) insgesamt gleich bleibt.

Fraktale Bäume machen klar, daß die fraktale Geometrie ein Maß der Veränderung, des Wandels ist. Jede Verzweigung des Baumes, wie jede Krümmung in einer Küstenlinie, ist ein Punkt der Entscheidung. Die Entscheidungspunkte lassen sich auf immer kleinerer Skala untersuchen, und auf jeder Skala gibt es weitere Entscheidungspunkte.

Bei wirklichen Bäumen sind die fraktalen Strukturen auch durch physikalische Randbedingungen mitbestimmt – z. B. durch die Erfordernis, daß jeder Ast stark genug sein muß, um das Gewicht des Holzes zu tragen, die Notwendigkeit, Nahrung in den Ästen zu speichern, Regenwasser abzuleiten oder allzu großen Windwiderstand zu vermeiden. Sind mehrere solche Bedingungen vorgegeben, so reicht ein einzelnes Fraktal

Abb. 0.24 Reifkristalle sind Beispiele für die fraktalen Gestalten, die uns in der Natur umgeben.

nicht aus, um die Komplexität der schließlich entstehenden Form zu beschreiben. Ein Baum, der durch Iteration einer einzigen Gleichung entsteht, mag zwar komplex aussehen, ist aber doch recht schablonenhaft. Fraktale werden »organischer«, wenn bei jedem Schritt eine Auswahl zwischen verschiedenen Iterationsformen zur Verfügung steht oder wenn ein bestimmtes Iterationsverfahren immer nur einige Schritte weit benutzt wird und sich dann plötzlich ändert.

Nehmen wir z.B. das System des menschlichen Blutkreislaufs, dieses erstaunliche Stück der Ingenieurkunst der Natur. Es besteht aus einem Versorgungssystem (Arterien für das sauerstoffreiche Blut) und einem Entsorgungssystem (Venen, die die Abfallprodukte fortschaffen). Diese beiden Systeme sich verzweigender Röhren entspringen in einer zentralen Pumpanlage (dem Herzen) und müssen so gebaut sein, daß kein Teil des Körpers, kein Organ oder Gewebestückchen von diesen beiden Systemen weit entfernt ist. Diese einschneidenden Bedingungen erzwingen eine fraktale Verzweigungsstruktur für die Venen und Arterien. Das Blut selbst ist jedoch, gemessen an den Ressourcen des Körpers, eine sehr kostbare Ware; deshalb nimmt das Blut nur drei Prozent des Körpervolumens ein. Das Problem besteht darin, das Kreislaufsystem beliebig nahe an jeden Körperteil zu bringen und dabei doch das totale Blutvolumen niedrig zu halten. Die Blutversorgung verzweigt sich zwischen acht- und 30mal, bevor sie jede Körperstelle erreicht, und ihre fraktale Dimension ist drei.

Die Lunge ist ein besonders erhellendes Beispiel einer fraktalen Struktur, und wir können uns an ihr klarmachen, was wir mit dem Wort »Skalierung« meinen. Was soll das bedeuten? Die alten Griechen erfanden die berühmteste Skalierung der Welt, nämlich den Goldenen Schnitt. Zeichnen wir eine Linie und teilen sie so, daß die zwei Abschnitte a und b im

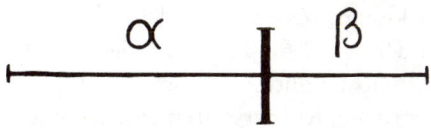

gleichen Verhältnis zueinander stehen wie der längere Abschnitt zur ganzen Linie. Dann ist das Verhältnis a/b die irrationale Zahl 1,618...

Dieses Verhältnis kann man auch in einer Zahlenreihe finden, wenn man diese mit 0 und 1 beginnt und dann jede weitere Zahl als die Summe der beiden vorhergehenden berechnet: 0, 1, 1, 2, 3, 5, 8, 13, 21, 34... Das Verhältnis jeder Zahl zu ihrem Vorgänger nähert sich hier allmählich dem Verhältnis des Goldenen Schnittes an. Diese Zahlenreihe, die Fibonacci-Zahlen genannt, heißt nach dem italienischen Mathematiker Filius Bonacci, der im 13. Jahrhundert lebte und diese Zahlen berühmt machte. Die Forschung hat ergeben, daß die Längenverhältnisse in den ersten sieben Generationen der Bronchialröhren in der menschlichen Lunge der Fibonacci-Skala folgen. Die Durchmesser dieser Röhren entsprechen bis zu zehn Generationen den Fibonacci-Zahlen. Nach diesen ersten Generationen aber ändern sich die Skalen bemerkenswert.

Bruce West und Ary Goldberger haben bewiesen, daß die Lunge eine ganze Reihe fraktaler Skalen beherbergt. Durch diese Skalenverschiebungen erreicht die Lunge eine größere Effizienz. Nach der 20. Iteration beispielsweise erfolgt die Verzweigung auf einer kleineren Längenskala, aber mit dem gleichen Luftröhrendurchmesser wie zuvor. West und Goldberger sagen: »Das Endergebnis, das wir den ›fraktalen Fibonacci-Lungenbaum‹ getauft haben, liefert ein bemerkenswertes Gleichgewicht zwischen physiologischer Ordnung und Chaos.«

Fraktale Selbstähnlichkeit durchzieht die Körper der Organismen, aber es ist nicht die platte homunculusartige Selbstähnlichkeit, die sich die frühere Wissenschaft vorgestellt hatte. Der Körper ist eine Vernetzung von lauter selbstähnlichen Systemen wie den Lungen, den Gefäßsystemen, den Nervensystemen.[*]

* Man muß den gesamten Körper anschauen, um diese subtile Selbstähnlichkeit zu erkennen. Das Immunsystem und das Gehirn sind zwei sehr verschiedene Systeme, jedes mit seiner eigenen fraktalen Dimension. Wenn aber der Nobelpreisträger Gerald Edelman recht hat, so spiegelt die Art, in der das Gehirn herausfindet, welche seiner Zel-

Der Bronchialbaum ist nicht nur ein fraktales Erzeugnis, sondern auch ein »Fossil« des Entwicklungsprozesses, aus dem er hervorging. Auch in der Zeit des Lungenwachstums muß es verschiedene Skalen gegeben haben. Ist auch die Zeit selbstähnlich und doch zufällig, chaotisch? Gibt es in ihrem iterativen Fortgang Knitterspuren und Skalensprünge wie im Bronchialbaum?

Die Uhr, die unser intimstes Zeitmaß anzeigt, der Herzschlag, folgt einem fraktalen Rhythmus. Jeder Schlag ist im wesentlichen wie der zuvor, aber nie ganz derselbe. Störungen der normalen fraktalen Verhältnisse in der Herzschlagdauer können in zwei Richtungen pathologische Folgen haben. Wenn Herzschlag und Atemrhythmus allzu periodisch (regulär) werden, so kann das zu Herzversagen durch Stauung führen. Andererseits verursacht ein allzu aperiodischer Rhythmus das Flimmern eines Herzanfalls. Die »Normalzeit« des Herzens schwankt also im Grenzbereich zwischen Ordnung und Chaos hin und her.

Ähnlich schwanken in gesunden Menschen die Anzahlen eines Typs von weißen Blutkörperchen, die man Neutrophile nennt, auf fraktale Weise. Bei chronischer Leukämie aber steigen und fallen die Neutrophilen in vorhersagbaren Zyklen. West und Goldberger schließen daraus, daß iterative Systeme mit fraktalen Rhythmen für den Körper normal sind und daß »ein Verlust der physiologischen Veränderlichkeit in einer Anzahl verschiedener Systeme charakteristisch für den Alterungsprozeß zu sein scheint«. Gesund zu sein, hieße dann, aus brodelnden Zyklen fraktaler Zeit zu bestehen.

Früher sahen wir die Zeit als einen starren Meterstab an, den man an jeden Wandel anlegen konnte. Ist aber etwa die Zeit selbst in Entwicklung begriffen und veränderlich wie ein turbulenter Strom? Ist die Zeit ein seltsamer Attraktor? Vielleicht liegt es daran, daß die psychologische Zeit sich wie Gummi zu dehnen oder zusammenzustauchen scheint, so daß manche Augenblicke vorüberzufliegen scheinen, andere aber sich unendlich dahinziehen. Seltsame Attraktoren besitzen Selbstähnlichkeit. Könnte es daran liegen, daß die Geschichte sich einerseits stets zu wiederholen scheint und sich doch andererseits niemals wiederholt?

In der wirklichen Welt wird den natürlichen Gestalten und der Zeit, in

len auf eine Eingabe antwortet, die Art, in der das Immunsystem herausfindet, mit welcher Abwandlung einer Immunzelle es auf eine bestimmte Krankheit reagieren wird. Für eine Diskussion von Edelmans Theorie siehe Kap. 2, S. 262 f.

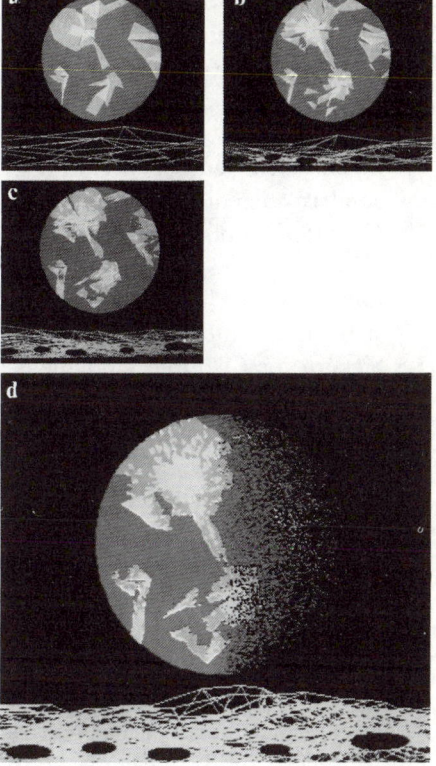

Abb. 0.25 Michael Batty erzeugt seinen »Planetenaufgang« durch zufällige Verschiebung der Mittelpunkte von Dreiekken. (In jedem Iterationsschritt wandert der Mittelpunkt nach rechts oder links zu einem neuen Dreieck.)

der sie sich entwickeln, dadurch Reichtum verliehen, daß sich Fraktale auf vielerlei verschiedenen Skalen entfalten. Ähnlich ist die fraktale Betrachtungsweise selbst reicher und nützlicher geworden, als man den Begriff des »zufälligen Fraktals« einführte. Hier wird eine ganze Reihe von »Erzeugerprogrammen« benützt, unter denen auf jeder Skala zufällig ausgewählt wird. Zufällige Fraktale besitzen nicht nur die große Raffinesse im Detail, sondern obendrein die blühende Kraft und die Unvorhersagbarkeit, die für wirkliche Systeme charakteristisch sind. Kombiniert man eine iterative Skalierung mit einem Element der zufälligen Auswahl, so kann man Küstenlinien, Berge und Planeten erzeugen, die realistisch genug wirken (obwohl sie vollständig imaginär sind), um sich für Filme, Videos und für die Werbung zu eignen.

Zufällige Fraktale weisen eine enge Verwandtschaft zu manchen Stoffen wie Polymeren und zu festen Oberflächen auf. Genaugenommen sind fast alle uns umgebenden Materialien, mit Ausnahme der Einkristalle, einigermaßen ungeordnet. Bevor der Begriff des zufälligen Fraktals erfunden wurde, war es äußerst schwierig, das Aussehen und die Eigenschaften solcher regelmäßig-unregelmäßigen Festkörper zu beschreiben. Jetzt aber kann man nicht nur ihre physikalische Gestalt, sondern auch die Prozesse, in denen sie wachsen, mit Hilfe der fraktalen Geometrie modellieren. So haben zufällige Fraktale es ermöglicht, eine überwältigende Vielfalt von Systemen zu modellieren. Der Luftstrom hinter einem Überschallflugzeug, der Lauf des Golfstroms mit seinen sich endlos unterteilenden und wiedervereinigenden Seitenströmen, das Sickern von Öl durch Sand, die Netzwerke von Nerven, die Ausbreitung eines Waldbrandes – all dies ist nun in wirklichkeitsnaher Form auf Computerbildschirmen erschienen – als Ergebnis dieser Art von Mathematik.

Ein bemerkenswerter Trick zur Nachahmung der Natur mit Hilfe der Mathematik zufälliger Fraktale vereinigt Fraktale und Topologie. Ein Forscher vom Georgia Institute of Technology unter Führung des Mathematikers Michael F. Barnsley hat eine wunderbar raffinierte Methode gefunden, um auch die kompliziertesten Formen mit Hilfe eines Prozesses, den man »Affine Transformation« nennt, realistisch nachzuahmen.

Stellen wir uns vor, wir zeichnen die Umrisse eines normal großen Blattes auf eine gedehnte und verzerrte Gummiplane und lassen diese dann in ihre normale Form zurückkehren, so daß das Bild eine kleinere und verzerrte Version des Originals darstellt. Die »affine Idee« ist es, mehrere dieser zu kleineren Blättern führenden Transformationen zu finden, die nach Überlappung in einer Art Collage wieder die Form des ursprünglichen Blatts in voller Größe ergeben.

Nehmen wir an, es gibt vier kleinere, verzerrte Versionen des Blattes, die sich überschieben lassen, um die Form des normal großen Originals zu erhalten – vier affine Transformationen. Jede Transformation entspricht einer mathematischen Formel, die Form und Ausmaß der Koordinatenverzerrungen des Originalblattes angibt.

Barnsley beginnt bei irgendeinem Punkt auf dem Computerbildschirm und läßt dann allein durch Anwendung seiner affinen Transfomationen und Iterationen das ursprüngliche Blatt neu entstehen. Zunächst wendet er eine der Transformationen auf einen Punkt an. Die Transformation bestimmt dadurch einen Punkt an einer anderen Stelle. Nun wendet er eine weitere Transformation auf jenen Punkt an usw. Dieses Iterationsverfahren, bei dem jeweils eine zufällige aus den vier affinen Transformationen ausgewählt wird, erzeugt einen fraktalen Attraktor, der die Form des ursprünglichen Blattes zeigt.

Hier bestimmt also der Zufall über die momentane Anwendung der affinen Transformationsregeln, und doch ist der Endzustand, auf den der Prozeß schließlich zuläuft, durch die vier Transformationen bestimmt, die die originale Blattform beschreiben. Deshalb erscheint schließlich am Ende jedes solchen Iterationsprozesses doch wieder das ursprüngliche Blatt.

Es bleibt noch zu erforschen, welche Rolle solche affinen Transformationen in der Morphogenese (also bei der Gestaltbildung in lebenden Organismen) in der wirklichen Welt spielen. Was die unmittelbare praktische Anwendung betrifft, so hoffen aber die Wissenschaftler bereits, daß diese Transformationen ihnen gestatten werden, wirkungsvolle Verfahren zur Speicherung komplexer Daten in digitalen Computergedächtnissen zu entwickeln, Photographien über Telefonleitungen zu senden und natürlich aussehende Landschaften auf dem Computer zu simulieren.

Überall also unterwandern Benoit Mandelbrots Fraktale unsere Wahrnehmung der Welt – von neuen Formen des Trickfilms über die abstrakte Mathematik seltsamer Attraktoren bis zur Geometrie einer Broccoli-Staude.

Sie finden bei jedermann Anklang. Richard Voss, ein Kollege Mandelbrots bei IBM und selbst ein eifriger Schöpfer fraktaler Landschaften, sagt: »Ich erhalte viele, viele Briefe von Leuten, die sagen, es wäre ihnen völlig egal, wie diese Dinge gezeichnet werden, aber jedenfalls seien die Gestalten wundervoll oder beängstigend oder anziehend oder abstoßend. Die Mathematik ist dadurch viel näher an die alltäglichen Erfahrungen und Emotionen dieser Menschen gerückt.«

David Ruelle kommt in seiner grundlegenden Arbeit »Strange Attractors« zu einem ähnlichen Ergebnis.

»Ich habe noch nicht von der ästhetischen Anziehungskraft seltsamer Attraktoren gesprochen. Diese Liniensysteme, diese Punktwolken erinnern gelegentlich an Feuerwerk oder an Galaxien, oft an merkwürdige und beunruhigende pflanzliche Wucherungen. Hier liegt ein ganzes Reich, das auf seine Erforschung wartet, und tiefe Harmonien, die wir erst noch entdecken müssen.«

Benimmt sich aber die Natur wirklich in dieser Weise? Peitgen und Richter weisen darauf hin, daß fraktale Bilder »Prozesse darstellen, die natürlich vereinfachte Idealisierungen der Wirklichkeit sind. Sie übertreiben gewisse Aspekte, um sie klarer zu machen. Beispielsweise kann keine wirkliche Struktur unendlich oft vergrößert werden und doch immer noch genauso aussehen...« In der Natur setzt sich in Wahrheit stets schon nach wenigen Iterationen eine neue Ordnung durch.

Fraktale Geometrie soll aber auch gar nicht eine genaue Darstellung von Komplexität sein. Dies ist ein entscheidender Punkt.

Der altgriechische Philosoph Anaximenes wurde früher der Vater der Wissenschaft genannt, weil er als erster behauptete, die qualitative Verschiedenheit der Dinge könne daher rühren, daß ihre Elemente in verschiedener Quantität vorhanden seien. Qualitative Unterschiede auf quantitative zurückzuführen galt seither als Kennzeichen aller echten Wissenschaft. Die fraktale Geometrie, wie auch Thoms Katastrophentheorie und andere Verfahren der qualitativen Dynamik, brachten diese uralte Tradition ins Wanken.

Die Erforscher des Wandels mußten lernen, daß die Evolution komplexer Systeme sich nicht im kausalen Detail verfolgen läßt, weil solche Systeme ganzheitlich sind: alles beeinflußt alles. Um sie zu verstehen, muß man in ihre Komplexität hineinschauen. Die fraktale Geometrie sorgt reichlich für diese Anschauung: ein Abbild der *Qualitäten* des Wandels.

Anfangs mag es als »unnatürlich« erscheinen, auf diese Weise zu schauen, weil unsere Wahrnehmungen der Welt noch immer stark von der Ästhetik der griechischen Philosophen und den Begriffen der platonischen Ideale und euklidischen Formen beeinflußt sind. Bei der Betrachtung der Natur wie auch der Kunst sind wir daran gewöhnt, Gestalten wie parallele Linien, Kreise, Dreiecke, Quadrate und Rechtecke herauszusuchen. So nehmen wir es als Binsenwahrheit an, daß Musik und Kunst auf grundlegenden Symmetrien und Beziehungen beruhen müßten. Je mehr sich jedoch die innere Natur des Chaos und der komplexen, subtilen Ordnung lebendiger Systeme – wie strömender Flüsse, rotierender Galaxien, Licht und Schall, Wachstum und Zerfall – unserer wissenschaftlichen Wahrnehmung enthüllen, um so mehr werden wir verstehen, wie statisch und begrenzt die platonischen und euklidischen Ideen sind. Regelmäßige, simple Ordnungen sind in der Natur durchaus die Ausnahme und nicht die Regel. Die wahren Archetypen der Natur liegen vermutlich näher an Ruelles seltsamen Attraktoren und Mandelbrots Fraktalen als an den platonischen Körpern.

Seltsame Attraktoren und Fraktale rufen ein tiefes Gefühl des Wiedererkennens hervor, jenes Gefühl, etwas schon gesehen zu haben, das einen vor den raffiniert verflochtenen Figuren der keltischen Bronzezeitkunst befällt, vor den komplexen Mustern eines rituellen Gefäßes aus der Shang-Zeit, vor Bildmotiven der amerikanischen Westküste, vor den Mythen von Irrgärten und Labyrinthen, den iterativen Sprachspielen der Kinder oder den Gesangsmustern sogenannter »primitiver« Völker. Die regelmäßigen Harmonien klassischer westlicher Kunst erscheinen daneben beinahe als eine Verirrung. Schauen wir aber die Werke unserer größten Künstler an, so fällt uns auf, daß selbst in den klassischen Formen stets eine Dynamik des Chaos in der Klarheit der Ordnung enthalten ist. Alle große Kunst geht dieser Spannung zwischen Ordnung und Chaos nach, zwischen Wachstum und Stagnation. Stellen wir uns diesen Ordnungen des Chaos, des Wachstums und des Gleichgewichts gegenüber, so blickt uns etwas ins Angesicht, was offenbar an die Wurzeln aller menschlichen Existenz rührt.

Wie tief diese Begegnung reicht, das legen die bahnbrechenden Arbeiten des Psychiaters Montague Ullman und anderer nahe, aus denen sich ergibt, daß sogar die Struktur unserer Träume fraktal zu sein scheint. Die Forscher glauben, daß die »story« des Traums Wiederholungen der wesentlichen Probleme des Träumers enthält. Reflexionen dieser Probleme lassen sich sowohl in der gesamten »story« wie auch in ihren immer feineren Details finden.

Die Anziehungskraft des Fraktals liegt vermutlich darin, daß in jedem seiner »Teile« ein Bild des Ganzen enthalten ist, ein Spiegelbild gewissermaßen.

Vor ein paar Jahren schlug der Physiker David Bohm ein anderes wissenschaftliches Bild vor, um eine neue ganzheitliche Natursicht zu propagieren: das Hologramm.

Ein Hologramm entsteht, wenn man Laserlicht (also Licht einer einzigen Wellenlänge) durch einen halbdurchlässigen Spiegel scheinen läßt. Die reflektierte Hälfte des Laserlichts wird direkt auf eine photographische Platte gelenkt, die andere Hälfte wird von einem Gegenstand reflektiert und gelangt dann auf die Platte. Die beiden Hälften des Lichtes vereinigen sich dort und interferieren miteinander. Das Interferenzmuster

Abb. 0.26 Selbstähnliches Muster auf dem »Spiegel von Desborough« – von Kelten wahrscheinlich im 1. Jahrhundert n. Chr. verfertigt.

wird auf der Platte festgehalten und ähnelt sehr dem Wellenmuster, das entsteht, wenn man Kieselsteine in einen Teich wirft.

Schickt man später einen Laserstrahl durch diese Platte hindurch, so entfaltet sich aus dem Wellenmuster ein Bild des photographierten Gegenstandes und projiziert sich dreidimensional in den Raum. Ein Betrachter kann um dieses trügerische Objekt herumgehen und es sich aus verschiedenen Perspektiven betrachten, genauso als betrachtete man ein wirkliches Objekt. Der ganze Gegenstand ist in jenem Interferenzmuster enthalten. Schneidet man ein Stückchen aus dem Hologramm heraus und schickt das Laserlicht nur durch dieses Fragment, so entsteht bereits ein Bild des gesamten Objekts, wenn es auch vielleicht nicht ganz so scharf ist. Dieser holistische Effekt entspricht genau der Selbstähnlichkeit eines Fraktals, das die Gestalt des Ganzen auf vielen verschiedenen Skalen wiederholt.

Bohm benutzt das Hologramm, um seine Behauptung zu veranschaulichen, daß Licht, Energie und Materie im gesamten Universum aus bewegten Interferenzmustern bestehen, die buchstäblich von allen anderen Wellen aus Licht, Energie und Materie geprägt sind, mit denen sie direkt oder indirekt in Kontakt waren. Mit anderen Worten, jeder Teil, jede Erscheinungsform von Materie und Energie enthält ein verschlüsseltes Bild des Ganzen.

Für Bohm veranschaulichen Hologramme den Bauplan der Materie und die Bewegung der Energie. Mandelbrots Fraktale veranschaulichen die Formen, die die Materie annehmen kann, und die geordneten und chaotischen Prozesse, in denen diese Gestalten sich ändern. Beide scheinen nahezulegen, daß jeder Teil, jedes Einzelphänomen in der physikalischen Welt einen Mikrokosmos des Ganzen darstellt.

Fraktale werden Darstellungsmittel und Forschungsmethoden für Untersuchungen liefern, die eben erst begonnen haben. Sie können vielleicht, wie das Hologramm, ein neues Bild der Ganzheit schaffen. Im kommenden Jahrzehnt werden die Fraktale zweifellos immer mehr über das Chaos offenbaren, das innerhalb der Ordnung verborgen liegt, sowie auch darüber, wie Stabilität und Ordnung aus zugrunde liegender Turbulenz und Zufälligkeit geboren werden können. Und sie werden uns mehr über die Bewegungen der Ganzheit enthüllen.

In seinem Farbholzschnitt *Die große Woge* hat der japanische Maler des 18. Jahrhunderts, Katsushika Hokusai, all diese Aspekte der fraktalen Welt, in die wir nun eintreten werden, aufs herrlichste eingefangen.

Abb. 0.27

Der Gelbe Kaiser wanderte nördlich des Roten Wassers, erstieg die Hänge des Kun Lun und blickte nach Süden. Als er heimkehrte, entdeckte er, daß er seine schwarze Perle verloren hatte. Er sandte Kenntnis aus, um nach ihr zu suchen, aber Kenntnis konnte sie nicht finden. Er sandte den scharfäugigen Li Tschu aus, nach ihr zu suchen, aber Li Tschu konnte sie nicht finden. Er sandte Streitbarkeit aus, nach ihr zu suchen, aber Streitbarkeit konnte sie nicht finden. Schließlich versuchte er es mit Gestaltlos, und Gestaltlos fand sie. Der Gelbe Kaiser sagte: »Wie seltsam! – Schließlich war es Gestaltlos, der sie hat finden können!«

CHUANG-TZU

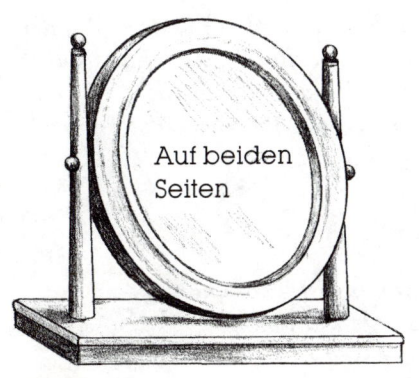

Auf beiden
Seiten

Auf beiden
Seiten

0 Kapitel

Wir haben das Spiegelportal durchschritten. Hier, auf der anderen Seite, sieht alles anders aus. In der Landschaft auf der Vorderseite des Spiegels sahen wir, wie scheinbar stabile Systeme sich Schritt für Schritt ins Chaos entwickeln können. Auf der anderen Seite, in dem Land, in dem wir uns nun befinden, werden wir sehen, wie das Chaos stabile Ordnung hervorbringt. Seltsame Dinge werden wir hier zu Gesicht bekommen, wie z. B. jene Zauberwellen, die Tausende von Meilen wandern, ohne ihre Gestalt zu ändern; wir werden bei der Betrachtung von Rückkoppelung und kooperativen Phänomenen einen neuen Evolutionsbegriff finden; und wir werden einen Blick auf die Geheimordnung der Kunst erhaschen. Auf dieser Seite des Spiegels werden wir sehen, wie Iteration, Bifurkation, kritische Punkte, Fraktale und Nichtlinearität nicht nur den Zerfall von Systemen beherrschen, sondern auch ihre Geburt – von Wirbeln bis zu Sternen und zum menschlichen Denken.

Selbst unsere Anschauung des Gelben Kaisers wird sich ändern. Auf der anderen Spiegelseite erschien er uns als Verwalter des Reduktionismus. Hier aber scheint er uns schon immer eine viel ganzheitlichere Sicht gekannt zu haben. Ihm als Taoisten machen wohl solche Widersprüche nichts aus.

A: Eine gewaltsame Ordnung ist Unordnung.
B: Große Unordnung ist Ordnung.
Die zwei Dinge sind eins.
WALLACE STEVENS, »CONNOISSEUR OF CHAOS«

Vom Chaos zur Ordnung

Kapitel 4

Die große Woge

Luft findet überall ihren Weg, Wasser durchdringt alles.
»DER GELBE KAISER« LIEH-TZU

John Russells Besessenheit

Wirf einen Stein in die Mitte eines Teiches, und die Störung breitet sich aus und verschwindet. Versuche, aus dem Wasser in deiner Badewanne einen kleinen Hügel zu formen, und es wird ebenso schnell auseinanderlaufen, wie du es zusammenbekamst. Vergänglichkeit ist die Natur der Wellen.

Das machte die Erfahrung so bemerkenswert, die eines Tages im August 1834 dem schottischen Ingenieur John Scott Russell zustieß. Russell ritt sein Pferd entlang dem Union Canal in der Nähe von Edinburgh, als folgendes geschah:

»Ich beobachtete die Bewegung eines Bootes, das von einem Pferdegespann ziemlich rasch einen engen Kanal entlang gezogen wurde, als das Boot plötzlich anhielt – nicht jedoch die Wassermasse im Kanal, die das Boot in Bewegung gesetzt hatte; sie sammelte sich rund um den Schiffsbug in einem Zustand wilder Erregung, ließ das Schiff dann plötzlich hinter sich, rollte mit hoher Geschwindigkeit vorwärts, nahm dabei die Form einer großen einzelnen Erhöhung an, ein abgerundeter, glatter, wohldefinierter Haufen Wasser, der entlang dem Kanal anscheinend

173

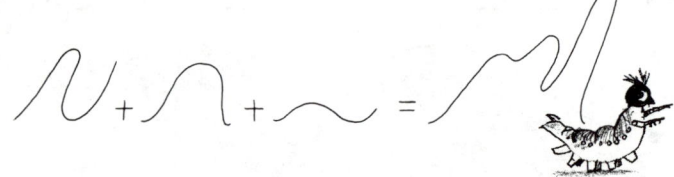

ohne Formveränderung oder Geschwindigkeitsabnahme seinen Lauf nahm. Ich begleitete diese Welle auf meinem Pferd und überholte sie, während sie sich immer noch mit einer Geschwindigkeit von etwa acht oder neun Meilen pro Stunde bewegte, wobei sie ihre ursprüngliche Gestalt von etwa 30 Fuß Länge und ein bis eineinhalb Fuß Höhe beibehielt. Die Höhe nahm allmählich ab, und nachdem ich das Ganze für etwa ein oder zwei Meilen beobachtet hatte, verlor ich es in den Windungen des Kanals aus dem Auge.«

Russell war ein erfahrener Ingenieur und Schiffsbauer. Er wußte, wie ungewöhnlich es war, eine Welle mit konstanter Geschwindigkeit und Form ihren Weg verfolgen zu sehen, ohne daß sie sich schäumend überschlug und ohne daß sie sich in viele kleinere Wellen teilte, ohne ihre Energie zu verlieren, immer weiter laufend, bis er sie nicht weiter verfolgen konnte.

Diese unnatürliche Welle, die man heutzutage als »Soliton« oder solitäre Welle bezeichnet, machte Russell zum Besessenen und verfolgte ihn für den Rest seines Lebens. Sie sollte zum Ausgangspunkt seiner revolutionären Entwürfe von Schiffsrümpfen werden. In unseren Tagen fegt sie als eines der wichtigsten neuen Konzepte durch alle Wissenschaften.

Um zu verstehen, was an der Soliton-Welle so bemerkenswert ist, müssen wir ein wenig ins Detail gehen und untersuchen, was einer gewöhnlichen Welle in einem sehr tiefen Kanal zustößt.

Die Physiker haben eine Technik entwickelt, die es ihnen erlaubt, sich eine beliebig komplizierte Wellenform als Kombination von lauter Sinuswellen vorzustellen. Eine Sinuswelle ist die einfachste Form, die eine Welle oder Schwingung annehmen kann. Jede Sinuswelle ist durch ihre Frequenz, das ist die Zahl der Schwingungen pro Sekunde, charakterisiert. Fügt man mehrere einfache Sinuswellen zusammen, so erzeugen sie eine komplexere Gestalt. Ein elektronischer Musiksynthesizer arbeitet nach diesem Prinzip. Der Synthesizer kann den Klang eines beliebigen Musikinstruments nachahmen, indem er die Ausgangssignale verschiedener reiner Sinuswellenschwingungen zusammenfügt, die alle verschiedene Frequenzen haben.

Der Wasserhügel, der eine Welle auf der Oberfläche eines Kanals ausmacht, läßt sich als Zusammensetzung einer Menge von Sinuswellen beschreiben, die alle verschiedene Frequenzen haben. In Wasser pflanzen sich aber Wellen verschiedener Frequenz mit verschiedenen Geschwindigkeiten fort. Weil es nichts gibt, was diese verschiedenen Frequenzen zusammenhalten könnte, verändert der Hügel dieser komplexen Welle seine Form; der Gipfel beginnt sich aufzuteilen und die Hauptmasse zu überholen. Die Auflösung von Wellen in viele kleinere Störungen und schließlich das Brechen im Chaos bezeichnet man als Dispersion. Wellen erleiden Dispersion, weil in einer linearen Welt die individuellen Sinuswellen unabhängig voneinander sind. Offensichtlich aber trat in der von John Russell beobachteten Welle keine Dispersion auf. Warum?

Die Wissenschaftler wissen heute, daß die Welle, die Russell sah, ihre Stabilität nichtlinearen Wechselwirkungen verdankte, die die individuellen Sinuswellen aneinanderkoppelten. Diese Nichtlinearitäten wurden in der Nähe des Kanalbodens wirksam und brachten die einzelnen Sinuswellen dazu, sich aneinander zurückzukoppeln, so daß sie gewissermaßen das Gegenteil von Turbulenz erzeugten. Die ruhigen Wasserschwingungen schaukelten sich nicht bis zum Brechen auf, sondern statt dessen koppelten sich bei einem kritischen Wert die Sinuswellen aneinander. Wenn eine Sinuswelle versuchte, schneller zu werden und aus dem Soliton zu entwischen, so wurde sie durch ihre Wechselwirkung mit den anderen zurückgehalten.

Stellen wir uns einen Marathonlauf vor, in dem Tausende von Läufern am Start einen großen Haufen bilden. Wenn das Rennen beginnt, fangen die Läufer an, sich voneinander zu trennen, und nach kurzer Zeit ist der Haufen weit verteilt. Dies ist genau das, was einer gewöhnlichen Welle zustößt. Eine solitäre Welle jedoch ähnelt der Gruppe der besten Läufer in diesem Rennen. Meile um Meile bleiben sie durch Rückkoppelung miteinander verbunden. Sobald einer versucht, sich nach vorne zu schieben, holen die anderen dies auf, und die Gruppe hält zusammen.

Solitonen werden in einem Grenzbereich geboren. Ist an der anfänglichen Wechselwirkung zuviel Energie beteiligt, so bricht die Welle in Turbulenz. Ist zuwenig Energie vorhanden, so löst sich die Welle in nichts auf. Auf der Seite des Spiegels, auf der wir uns nun befinden, erzeugen nichtlineare Wechselwirkungen bei kritischen Werten nicht Chaos, sondern sie führen zur spontanen Selbstorganisation von Gestalt.

Russell wußte nicht, warum sich seine solitäre Welle bildete, aber er machte sich bald daran, in seinem Garten einen Wellentank für Experimente aufzubauen und auf dem Kanal allerlei Versuche mit Schleppkähnen anzustellen. Er entdeckte dabei rasch, wie er ganz nach Wunsch das erzeugen konnte, was er »Translationswellen« nannte, und er bemerkte, daß deren Geschwindigkeit immer mit ihrer Höhe zusammenhing. Das bedeutete, daß eine hohe, dünne Welle eine kurze, dicke verfolgen und sie einholen konnte. Er fand auch heraus, daß die Existenz dieser Wellen mit der Tiefe des Kanals zu tun hatte. Wäre der Union Canal viel tiefer gewesen, so hätte er sein Soliton wohl nie gesehen.

Russell war vorausblickend genug, um klar zu sehen, daß die Bedeutung seiner Translationswelle weit über den Union Canal hinausreichen würde. Es gelang ihm, durch Anwendung der Prinzipien dieser Welle zu beweisen, daß man den Knall einer fernen Kanone stets *vor* dem Abschußbefehl hört, weil der Kanonenschall sich als solitäre Welle ausbreitet, die eine höhere Fortpflanzungsgeschwindigkeit besitzt. Indem er das Solitonenprinzip anwandte, konnte er auch die Dicke der Atmosphäre richtig berechnen, und er versuchte sogar, damit die Ausdehnung des Universums zu bestimmen. In seinem Todesjahr 1882 arbeitete Russell an einem Buch, *Die Translationswelle*, das postum von seinem Sohn herausgegeben wurde.

Russells Zeitgenossen konnten mit all diesen Arbeiten wenig anfangen. Sie glaubten, seine Besessenheit durch die Translationswelle hätte ihn, wie ein Kritiker bemerkte, in »viele außergewöhnliche und bodenlose Spekulationen« geführt. Lehrbücher über Wellenausbreitung, die im vorigen Jahrhundert erschienen, erwähnten Russells Kuriositäten höchstens am Rande.

Zehn Jahre nach Russells Tod jedoch schrieben die holländischen Mathematiker D.J. Korteweg und C. de Vries eine nichtlineare Gleichung nieder, die »KdV-Gleichung«, die Russells Welle als eine ihrer Lösungen besitzt. Auch dies aber hatte kaum Folgen. Zwar wurde es als ein interessantes Stück Mathematik angesehen, man glaubte aber nicht, daß es viel Bedeutung für die übrige Physik haben würde.

Abb. 4.2 Ein kleines Soliton durchquert ein großes.

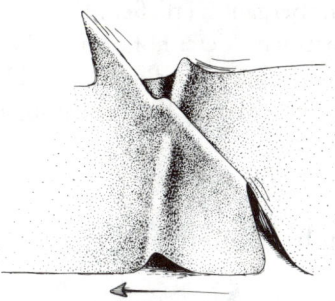

Die KdV-Gleichung bestätigte Russells Beobachtungen der Vorgänge bei der Begegnung zweier Soliton-Wellen. Moderne Wassertankuntersuchungen und Computermodelle stützen dies ebenfalls. Ein hoher, dünner Solitonenbuckel holt seinen dickeren Verwandten ein, und die beiden Wellen vereinigen sich für eine kurze Zeit. Was aber dann geschieht, ist höchst erstaunlich. Das momentan wie eine einzige Welle aussehende Soliton teilt sich wieder, so daß das schnellere, höhere mit seiner ursprünglichen Geschwindigkeit davonläuft und das kurze, dickere hinter sich läßt. Läßt man den Film schneller laufen, so sieht das aus, als liefe die schnellere Welle einfach durch die langsamere hindurch – wie in einem Trickfilm.

Wo die beiden Solitonwellen sich kreuzen, da ist keine Trennung der einen von der anderen sichtbar, und doch gehen die beiden wieder völlig unversehrt auseinander hervor. Könnte dies darauf hinweisen, daß es in der nichtlinearen Koppelung eine Art Gedächtnis gibt, daß sich die Wellen an ihre frühere Form erinnern? Ein nichtlineares Gedächtnis war uns ja schon in der Intermittenz begegnet.

Die KdV-Gleichung beschreibt auch einen Verwandten des Russellschen Solitons, nämlich die Flutwelle in Flußmündungen – etwa im Severn im Westen Englands. Dort gibt es ungewöhnlich hohe Flutwellen, die eine große Wassermasse durch die trichterförmige Flußmündung drücken und dann die allmählich ansteigende Mündungsbucht hinauftreiben. Wenn der Unterschied zwischen Ebbe und Flut etwa sechs Meter erreicht, so wird eine gewaltige Wassermasse in den Fluß hineingedrückt, und das ansteigende Flußbett bündelt das hinauflaufende Wasser in ein

Soliton. Infolge dieser Flutwelle kehrt sich die Richtung des Flusses um und das Wasser beginnt bergauf zu fließen.

Im Amazonas hat man acht Meter hohe Flutwellen beobachtet, die fast 1000 Kilometer weit den Fluß hinaufliefen. Mit Höhen zwischen zehn Zentimetern und über zehn Metern findet man solche Flutwellen auf der ganzen Erde.

Noch mehr Wellen und ein roter Fleck

Als in den siebziger Jahren die Solitonen aus der wissenschaftlichen Rumpelkammer hervorgekramt wurden und ein Renner wurden, erforschten die Wissenschaftler auch andere nichtlineare Phänomene im Wasser. Henry Yuen und Bruce Lake von der TRW-Gruppe für Verteidigungs- und Raumfahrtsysteme bemerkten, daß schon 1890 der berühmte Mathematiker und Physiker Sir George Stokes einen wertvollen Beitrag zu diesem Thema geleistet hatte. Stokes' theoretische Untersuchungen wiesen darauf hin, daß man es sich zu einfach gemacht hatte, wenn man in sehr tiefem Wasser das Prinzip der linearen Dispersion anwandte. Auch im Ozean müssen Nichtlinearitäten berücksichtigt werden, z. B. die Schwerkraftwirkungen in verschiedenen Tiefen. Indem sie Stokes' nichtlineare Glieder benützten, leiteten Yuen und Lake eine Verwandte der KdV-Gleichung ab; man kann ihr entnehmen, daß zwar Solitonen in tiefem Wasser nicht die einfache Beziehung zwischen Höhe und Geschwindigkeit zeigen, die man an Russells Soliton beobachtet, daß sie aber doch erhebliche Entfernungen ohne Formänderung zurücklegen und Zusammenstöße überleben können. Photographien dieser Solitonen wurden von Satelliten aufgenommen (siehe Abb. 4.8. Erinnern Sie sich, auf welcher Seite des Spiegels wir uns befinden; die gesuchte Abbildung steht auf S. 196.)

Das gewaltigste im Wasser vorkommende Soliton ist zweifellos der Tsunami, die seismische Wasserwelle, die oft auch fälschlicherweise als »Flutwelle« bezeichnet wird, jedoch nichts mit den Gezeiten zu tun hat. Obwohl der Tsunami im Ozean auftritt, wird er mathematisch ebenso behandelt wie eine Welle im seichten Wasser, die Welle in Russells Kanal. Das liegt daran, daß die enorme Wellenlänge (also der Abstand zwischen den Wellenbergen) des Tsunami Hunderte von Kilometern betragen kann, eine Dimension weit jenseits der Tiefe des Ozeans.

Tsunamis bilden sich, wenn ein starkes Erdbeben den Ozeanboden erschüttert. Die Welle, die nur einige Zentimeter oder Dezimeter hoch ist, kann den Ozean viele Tausende von Kilometern weit unversehrt überqueren. Wegen ihrer gewaltigen Wellenlänge kann es über eine Stunde dauern, bis die ganze Welle an einem bestimmten Punkt vorübergelaufen ist. Ein Schiff wird beim Durchgang eines Tsunami vielleicht eine viertel oder halbe Stunde lang ein wenig angehoben – aber dies ist höchstens mit sehr empfindlichen Instrumenten überhaupt feststellbar.

Das Problem für die Menschen beginnt, wenn der Tsunami den Festlandsockel erreicht. Im seichten Wasser sorgen die nichtlinearen Effekte am Meeresboden dafür, daß die Wellenlänge sich verkürzt und die Welle sich erhöht. Das Ergebnis ist grauenhaft. Aus einem Soliton von wenigen Zentimetern oder Dezimetern Höhe kann der Tsunami zu einem dreißig Meter hohen Wasserberg werden, der über Küsten und Häfen hereinbricht. Der Tsunami, der 1775 in Lissabon Tausende von Menschen tötete, ließ manche Denker der Aufklärung die Frage stellen, ob es wohl einen gütigen Gott gäbe. Im Jahre 1702 ertranken in Japan 100 000 Menschen in einem Tsunami, und das Soliton, das durch die Erdbeben im

Abb. 4.3 Entstehung einer Flutwelle.

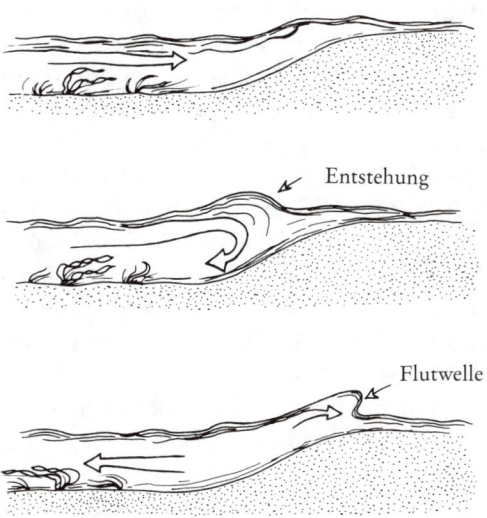

Entstehung

Flutwelle

Zusammenhang mit der Vulkanexplosion der Krakatau-Insel im Jahre 1882 entstand, kostete Tausende das Leben.

Wenn Solitonen im Wasser erzeugt werden, warum nicht auch in Luft? Könnte es stabile Stoßwellen in der Atmosphäre geben, die sich ungestört über große Entfernungen fortpflanzen?

Das erste nachgewiesene atmosphärische Soliton war vielleicht jene kalte Luftmasse, die sich am 19. Juni 1951 über Kansas bewegte. Ein plötzlicher Luftdruckwechsel pflanzte sich entlang einer Temperaturinversion in etwa zwei Kilometern Höhe fort. Die Aufzeichnungen zeigen, daß die Front des Solitons fast 200 Kilometer lang war und mit einer Geschwindigkeit von knapp 20 km/h viele hundert Kilometer weit wanderte. Eine derart stabile und konstante Stoßwelle ist nur als Ergebnis von Nichtlinearitäten zu verstehen, also von Rückkoppelungen zwischen verschiedenen atmosphärischen Störungen, die deren eigene Auflösung verhinderten.

In den letzten Jahren haben die Meteorologen atmosphärische Solitonen gründlich untersucht und dabei gelernt, daß sie in zweierlei Form auftreten. Die eine nennt man das E-Soliton oder eine »Elevationswelle«, analog der Russellschen Wasserwelle. Die andere heißt das D-Soliton oder »Depressionswelle«, die eine Art *Anti*-Soliton darstellt.

Diese Solitonen-Wellen wurden nicht nur in unserer eigenen Atmosphäre beobachtet, sondern auch in den Atmosphären unserer Nachbarplaneten. In der Nähe des Tharisgebirges auf dem Mars ändern sich in den Morgenstunden im späten Frühling und im Frühsommer die Atmosphärenbedingungen ein wenig. In der Folge tritt eine flutwellenartige Störung auf, die das ganze Gebirge entlangläuft.

Vielleicht das bekannteste aller Solitonen findet man auf Jupiter.

Im Jahre 1664 beobachtete der englische Forscher Robert Hooke einen rötlichen Fleck auf der Oberfläche dieses Riesenplaneten. Er wurde in den nächsten 50 Jahren mehrmals wieder beobachtet, aber zwischen 1713 und 1831 sah ihn offenbar niemand. Während der zweiten Hälfte des 19. Jahrhunderts jedoch trat diese Erscheinung in der Planetenatmosphäre immer deutlicher hervor.

Der Fleck liegt auf der südlichen Halbkugel knapp unterhalb des Äquators und ist so groß, daß die ganze Erde sich leicht in ihm einbetten ließe. Vorstellungen, daß der riesige rote Fleck ein Berggipfel oder ein Plateau sein könnte, wurden von den Wissenschaftlern aufgegeben, als

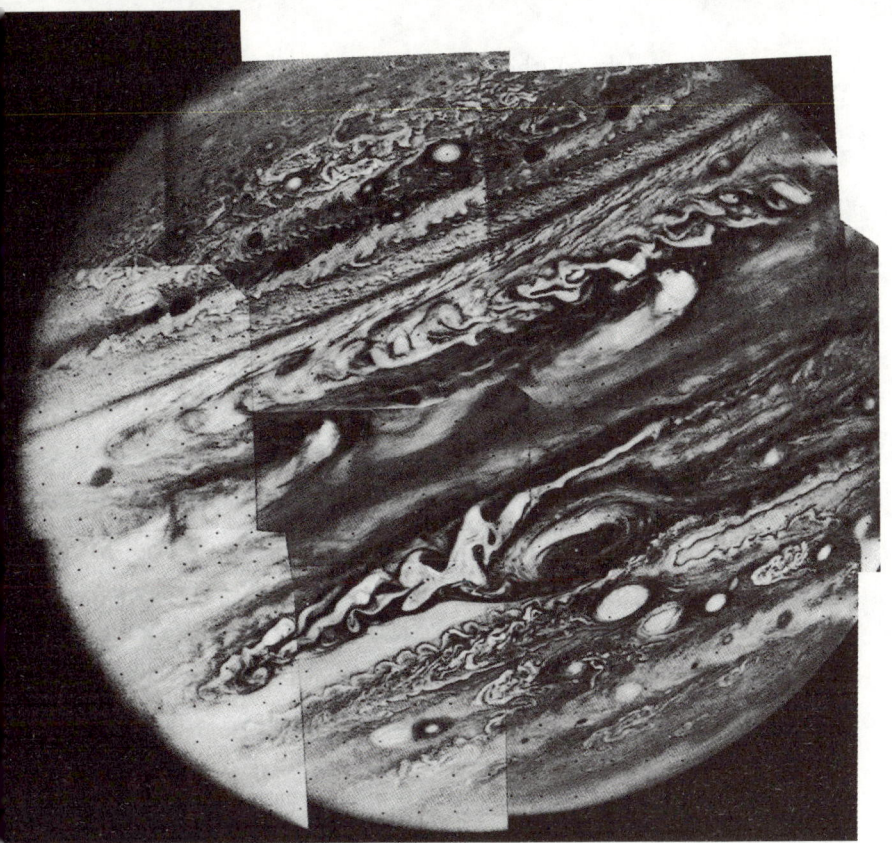

Abb. 4.4 Das »Auge Jupiters« – der
»große rote Fleck« – ein riesenhaftes Soliton zwischen zwei anderen Solitonen.

sie feststellten, daß die Oberfläche des Jupiter nicht fest ist; sie besteht
aus komprimierten flüssigen Gasen. Auch eine andere Theorie, nach der
der Fleck eine Art Floß aus Eis sein könnte, mußte aufgegeben werden.
Der Große Rote Fleck, wie man ihn heute nennt, muß atmosphärischer
Natur sein, denn er behält zwar seine geographische Breite bei, ändert jedoch allmählich seine geographische Länge, wandert also um den Planeten herum. Eine derart langlebige große Störung stellte die Planetenfor-
scher vor ein Rätsel. Auch andere Flecke sind entdeckt worden, einige auf
Jupiter und einer auf Saturn, der etwa ein Viertel der Größe des Jupiter-
flecks besitzt.

Wie kann ein solcher Wirbel in der Atmosphäre jahrhundertelang stabil bleiben? Die vorherrschenden Winde nördlich und südlich des Roten Flecks wehen mit einigen hundert Metern pro Sekunde in entgegengesetzte Richtungen, doch der Fleck bewegt sich nur mit wenigen Metern pro Sekunde. Der Fleck ist also zwischen zwei Luftströmungen hoher Geschwindigkeit gefangen, wie eine Kugel, die man zwischen zwei Händen hin- und herrollt.

Im Jahre 1976 schlugen zwei Wissenschaftler von der University of California vor, der Rote Fleck könnte ein riesiges E-Soliton sein, eine nichtlineare Elevationswelle, die zwischen zwei D-Solitonen gefangen sei.

Nach diesem Modell wäre der Große Rote Fleck nicht sehr tief; er schwämme in der Jupiteratmosphäre ziemlich obenauf. Diese Theorie von der Solitonnatur des Roten Fleckes erhielt Auftrieb, als man die »südliche tropische Depression« beobachtete, ein weiteres hervorstechendes Merkmal der Jupiteratmosphäre, das seit einigen Jahrzehnten bekannt ist und ein D-Soliton zu sein scheint. Zur Überraschung der Astronomen näherte sich in den fünfziger Jahren diese Störung dem Großen Roten Fleck, schien in ihn einzutreten und darin zu verschwinden, kam jedoch dann auf der anderen Seite unversehrt wieder heraus. In der linearen Welt wäre ein solches Verhalten absolut unerwartet, doch handelt es sich um ganz alltägliche nichtlineare Zauberei.

Dank ihren immer raffinierteren Computermethoden konnten die Wissenschaftler diesen Zauber zunächst im Rechenmodell nachvollziehen, und schließlich gelang dies sogar im Experiment. 1988 erprobte Philip S. Marcus vom Department of Mechanical Engineering an der University of California eine Theorie der riesigen Solitonenwirbel des Jupiter, indem er einen Computertrickfilm produzierte, der zeigte, wie sich spontan kleine Wirbel bilden und in Gegenwart jener passenden Scherwinde, die sich in der Jupiteratmosphäre finden, zu einem größeren und stabileren Wirbel vereinigen. Andrew P. Ingersoll, einer der Schöpfer dieser Theorie, sagt dazu: Man hat den Eindruck, daß sich hier großräumige Ordnung spontan aus kleinräumigem Chaos entwickelt.

Drei Wissenschaftler der University of Texas in Austin – Joel Sommeria, Steven D. Meyers und Harry L. Swinney – waren von Marcus' anschaulicher Vorführung so beeindruckt, daß sie versuchten, einen »Roten Fleck« auch tatsächlich im Laboratorium herzustellen. Um die

Scherströmung zu erzeugen, die auf dem Jupiter eine Rolle spielt, benutzten die drei einen rasch rotierenden zylindrischen Tank, in den von einem inneren Ring her Flüssigkeit gepumpt werden kann, die von einem äußeren Ring her wieder abgesaugt wird. Bei der richtigen Pumprate und Rotationsgeschwindigkeit des Zylinders begann ein Teil der Flüssigkeit in der entgegengesetzten Richtung zu rotieren, und es bildete sich ein Bereich mit Scherströmungen heraus, in dem sich Wirbel bildeten, zu verschmelzen begannen und schließlich einen viel größeren und stabilen »Roten Fleck« erzeugten. Auf dem Riesenplaneten selbst entzieht zwar die Reibung dem Roten Fleck ständig Energie, doch Konvektionsströme sorgen dafür, daß dauernd neue Flüssigkeit in den Roten Fleck gelangt und wieder herausbefördert wird. Obendrein nimmt der Fleck alle kleineren Wirbel in sich auf, die in seiner Nachbarschaft entstehen.

Feste Solitonen

Man wird meinen, das Innere eines metallischen Festkörpers wäre ein recht unwahrscheinlicher Ort, um Solitonen zu finden, aber es war gerade eine Arbeit über die Elektronenbewegung in schwingenden Metallgittern, die im Jahre 1955 das gesamte Solitonenthema in den Mittelpunkt des wissenschaftlichen Interesses rückte.

Das Interesse an Gittersolitonen ergab sich zunächst aus einem ziemlich akademischen Problem, nämlich der Frage nach der »Gleichverteilung der Energie«.

Einer der Eckpfeiler der Physik ist das Gebiet der statistischen Mechanik, die sich auf molekularem und atomarem Niveau mit der Rolle der Energie in dynamischen Prozessen beschäftigt. Die statistische Mechanik ist der Schlüssel zur Thermodynamik und beschreibt fast alle Veränderungen in der Natur, von jenen in einer lebendigen Zelle bis zu denen im Automotor. Eine zentrale Annahme der statistischen Mechanik ist das Prinzip von der Gleichverteilung der Energie.

Gleichverteilung bezeichnet das, was geschieht, wenn einem System ein bißchen zusätzliche Energie zugeführt wird, z. B. etwas Wärme. Wissenschaftler nahmen stets an, daß diese Energie sich schnell über das ganze System ausbreiten würde. Das ist etwa, als begebe sich ein Mann mit den Taschen voller Geld in eine Menge von Taschendieben. Früher oder später werden sie sich alle gegenseitig in die Taschen gelangt haben und das Geld wird gleichmäßig über die ganze Menge verteilt sein. Dieses Prinzip erklärt, warum alles aufs Gleichgewicht zustrebt, warum sich die Wärme vom Ende eines Feuerhakens ausbreitet und warum die Antriebskraft jedes zunächst aktiven Systems sich schließlich erschöpfen muß.

Immer wenn an einer Stelle eines Systems Energie lokalisiert oder stärker konzentriert ist oder wenn eine besondere Aktivität nur an einer Stelle stattfindet, dann hat das System die Möglichkeit, sich zu verwandeln und dabei Arbeit zu leisten. Nach dem Prinzip der Gleichverteilung aber muß diese Energie auch die Tendenz haben, sich zu zerstreuen. Vom Standpunkt der Energie aus gibt es keine privilegierten Stellen – alle sind gleichberechtigt. Da Arbeit und Aktivität einen Energiefluß von einer Stelle zur anderen erfordern, wird also alle Aktivität absterben, wenn die Energie sich gleichmäßig verteilt hat.

Die Idee, daß die Energie sich in allen Systemen schließlich gleich verteilen muß, wurde in der Mitte des letzten Jahrhunderts vorgeschlagen und allgemein akzeptiert. Da es aber zu schwierig war, das Verhalten einer großen Anzahl von Molekülen in einem System wirklich auszurechnen, konnte man die feineren Details der Gleichverteilung nicht verfolgen, um etwa zu sehen, wie die Energie vom einen Molekül zum anderen übergeht. Die Wissenschaftler mußten das Prinzip also eher als eine Art Glaubenssatz akzeptieren.

Die Entwicklung der Computer jedoch führte dazu, daß Forscher die Ausbreitung von Energie in einer Menge von Molekülen direkt untersuchten. Schon Mitte der fünfziger Jahre machte sich der berühmte Physiker Enrico Fermi, unterstützt von den Mathematikern Stanislaw Ulam und J. Pasta, daran, mit Hilfe des damals modernsten Computers, Maniac I, die Schwingungen in einem Metall zu untersuchen.

Der innere Aufbau eines Metalls zeigt ein stabiles Muster von Atomen, das Gitter genannt. Wenn Energie in Form von Wärme auf das Metall übertragen wird, dann beginnen die Atome zu vibrieren. Weil aber alle diese Atome durch das Gitter aneinandergebunden sind, schwingen sie gemeinsam, also »kollektiv«, und erzeugen dabei eine einzige »Note«. Es gibt allerdings viele mögliche Noten, also viele verschiedene Schwingungsmoden in einem Gitter, und zu jedem gehört eine charakteristische Energie.

Wenn man alle Wärmeenergie einer einzelnen Note zuteilen könnte – also einer ganz bestimmten Gitterschwingung –, dann sollte sich nach dem Gleichverteilungsprinzip die Energie bald ausbreiten und auf alle anderen »Noten« des Gitters verteilen. Dies war die Grundannahme der Thermodynamik, und weil ja niemand in ein Gitter hineinschauen und sehen konnte, was dort geschah, war es nie direkt beobachtet worden. Aber mit der Ankunft des Computers konnte man mit Hilfe mathematischer Modelle solche Gitter doch indirekt beobachten.

Um zu beobachten, wie sich Energie zwischen den Schwingungszuständen des Gitters verteilt, konstruierten Fermi, Pasta und Ulam ein Modell mit fünf Schwingungsmoden. Die Absicht war, einem davon Energie zuzuführen und zu warten, wie diese Energie den Zwängen der Thermodynamik folgen und sich auf die anderen Moden verteilen würde. Um mathematisch für diese Aufteilung der Energie zu sorgen, mußte man entsprechend der Wechselwirkung zwischen den Moden einen kleinen nichtlinearen Term einführen. Wenn dieser fehlte, so konnte die »Energie« in dem Modell nicht von der einen zur anderen »Note« übergehen. Es stellte sich heraus, daß dieser winzige Zusatzterm das ganze System beherrschte und es von einem linearen, sich »anständig« verhaltenden Gitter in eine Arena für Solitonen verwandelte.

In den fünfziger Jahren, als die Rechnung von Fermi, Ulam und Pasta durchgeführt wurde, dachte niemand ernsthaft über Solitonen nach, und die drei Wissenschaftler fühlten sich daher ganz sicher, daß das System die anfängliche Energiezugabe bald verdauen und sich in einem Zustand zur Ruhe setzen würde, in dem die Energie auf alle Schwingungsmoden gleichmäßig verteilt wäre.

Wie erwartet, begann nach wenigen hundert Rechenschritten der Schwingungsmodus 1 rasch an Energie zu verlieren, während die Moden 2, 3, 4 und 5 diese hinzugewannen. Und auch nach 2 500 Iterationen der Gleichung lief alles noch nach Plan. Dann jedoch geschah etwas wie aus Alices Wunderland. Während der Schwingungsmodus 1 weiterhin Energie verlor, begann der Modus 4 auf Kosten aller anderen, Energie zu gewinnen. Nach 3 500 Schritten erreichte dieser Modus einen Spitzenwert, und nun begann der Modus 3, Energie zu sammeln. Zur vollständigen Überraschung der Forscher verteilte sich die Energie nicht gleichmäßig auf die Moden, sondern ballte sich abwechselnd im einen oder im anderen zusammen. Nach 30 000 Schritten war die Energie keineswegs gleich verteilt, sondern sie war zurückgekehrt und hatte sich wieder im ersten Modus versammelt!

Das Ergebnis war deshalb so schockierend, weil diese Konzentration der Energie nicht von der Stärke der nichtlinearen Wechselwirkung abhing; sogar mit äußerst schwacher Koppelung wird das System sich in dieser Weise verhalten.

Die Computerrechnung deutete darauf hin, daß das nichtlineare Gitter eine Art »Erinnerungsvermögen« besitzt, die sein lineares Gegenstück nicht hat. Wartet man lange genug, so wird das System wieder und wieder in den Zustand zurückkehren, in dem es seine anfängliche Energiezufuhr erhalten hatte – eine »Poincarésche Wiederkehr«. Die Analyse des Fermi-Pasta-Ulam-Modells zeigt, daß das Phänomen etwas mit der Bildung eines Solitons zu tun hat – nicht aus Wasser oder Luft, sondern aus Energie –, das sich in Form einer kohärenten Welle durch das Gitter bewegt.

Das Modell ist aufschlußreich, weil es auf die Ganzheitlichkeit der nichtlinearen Welt hinweist; das ist eine Welt, in der alles miteinander zusammenhängt, so daß immer irgendeine subtile Ordnung gegenwärtig sein muß. Sogar was oberflächlich gesehen als Unordnung erscheint, besitzt einen hohen Grad inneren Zusammenhanges. Manchmal kommen diese verborgenen Korrelationen durch einen Anstoß an die Oberfläche und bestimmen die sichtbare Gestalt des Systems. Das Solitonenverhalten ist deshalb ein Spiegel des Chaos. Auf der einen Seite des Spiegels fällt das geordnete System der Anziehungskraft des Chaos zum Opfer; auf der anderen Seite entdeckt das chaotische System das Potential attraktiver Ordnung in seinen eigenen Wechselwirkungen. Auf der einen Seite offenbart ein simples reguläres System seine implizite Komplexität. Auf der anderen Seite offenbart Komplexität ihre implizite Kohärenz.

Das Soliton auf dem Ozean ist ein gutes Beispiel für diesen inneren Zusammenhang. Die Wissenschaftler haben stets angenommen, daß Wellen weit draußen auf See in Form und Verteilung völlig zufällig sind. Sie glaubten, die See sei so unordentlich, daß das Erscheinen jeder Welle nichts als die Folge von reinem Zufall sein könnte. Da aber nichtlineare Wechselwirkungen überall gegenwärtig sind, verbirgt das höchst komplexe Antlitz des Ozeans eine subtile Form der Ordnung, die durch einen Anstoß zu einer Flutwelle werden kann. Mit den Worten von Yuan und Lake ist die Meeresoberfläche »stark moduliert«, so daß sie genaugenommen die Erinnerung an alle ihre früheren Strukturen in sich trägt. Die gelegentlichen Riesenwellen, die im Ozean vorkommen, hält man nun nicht mehr für Zufallsereignisse infolge des Zusammentreffens verschiedener Strömungen. Man kann sagen, daß in diesen riesigen Wellen die Erinnerung des Ozeans in Form eines Solitons sich selbst fokussiert oder an die Oberfläche tritt.

Vor den Ergebnissen von Fermi, Ulam und Pasta wären solche Überlegungen absurd und phantastisch erschienen. In einem Vortrag, den Yuan und Lake 1977 auf einer Konferenz über Nichtlinearität in der University of Miami hielten, lenkten sie die Aufmerksamkeit des Publikums auf ein Zitat aus Lewis Carrolls *Alice hinter den Spiegeln*:

»›Das kann ich nicht glauben!‹ sagte Alice.

›Nein?‹ sagte die Königin mitleidig. ›Versuch es noch einmal: tief Luft holen, Augen zu –‹ Alice lachte. ›Ich brauche es gar nicht zu versuchen‹, sagte sie. ›Etwas Unmögliches kann man nicht glauben.‹

›Du wirst darin eben noch nicht die rechte Übung haben‹, sagte die Königin.«

Solitonenforscher, die im nichtlinearen Universum arbeiten, scheinen nun mehr und mehr Übung zu kriegen.

Veranlaßt durch die Arbeiten Fermis und seiner Kollegen, verstärkten die Forscher ihre Bemühungen um ein Verständnis der Ausbreitung von Schwingungen in den atomaren Gittern von Festkörpern. Sie entdeckten dabei, daß ein heftiger Schlag aufs Ende eines Metallstabes die mechanische Energie in Form eines Solitons ungestört zum anderen Ende des Stabes laufen lassen wird. Selbst ein Hitzestoß wird sich als kohärente Welle fortpflanzen. Taucht man das Ende einer eisernen Grillgabel in eine Tasse mit warmem Kaffee, so wird die Wärme nur allmählich zum Griff hin diffundieren. Steckt man die Gabel aber ins weißglühende Zentrum eines Grillfeuers, so wird ein ballistischer Wärmepuls in Form eines Solitons den Metallstab hinauflaufen.

So viel haben die Wissenschaftler nun eingesehen: Wo immer dynamische Stabilität dauerhaft überlebt, da sollte man nach Solitonen Ausschau halten. Dies läßt uns eine Art von Soliton ins Auge fassen, das die Menschen schon seit sehr langer Zeit beobachtet haben.

Wie viele Wisssenschaftler hatten wohl schon in eine Kerzenflamme gestarrt und sich gefragt, warum deren ätherische Form nicht abstirbt oder in einem plötzlichen Lichtausbruch aufflammt. Michael Faraday hatte einst gesagt: »Alle Physik und Chemie ist in einer Kerzenflamme enthalten.« Das Wunder liegt darin, daß die Flamme trotz der in ihr ablaufenden intensiven Verbrennung mehr oder weniger die gleiche Form und Helligkeit beibehält. Während Russells Soliton ein empfindliches Gleichgewicht der Nichtlinearitäten im Reich der Dispersion darstellte, ist die Kerzenflamme Ausdruck für das Gleichgewicht nichtlinearer Reaktionen im Reich der Diffusion.

Damit die Flamme sich erhält, muß neue Energie ebenso schnell hineinfließen, wie Wärme und Licht herausströmen. Das bedeutet, daß Wachs schmilzt, durch Kapillarwirkung den Docht hinaufgesaugt wird, verdampft und ins Herz der Flamme gelangt; gleichzeitig muß Sauerstoff in genau der richtigen Menge in die Flamme hineindiffundieren. Das Soliton als ein Gleichgewicht zwischen den nach innen und außen gerichteten Diffusionsströmen ist eines der größten Zauberkunststücke der Natur.

Biologische Solitonen

Diffusions-Solitonen sind auch in biologischen Systemen sehr wichtig. Bis zur Entwicklung der Solitonentheorie sprach man von einer »Krise der Bioenergetik«, weil man nicht verstand, wie Energiepäckchen durch lange Moleküle transportiert werden. In der Welt linearer Moleküle scheint sich ja die Energie so auszubreiten, daß die richtige Konzentration niemals an die richtige Stelle kommen könnte. Der russische Wissenschaftler A. S. Davidow fragte sich, ob *nicht*lineare Wechselwirkungen helfen könnten, entlang der Spiralform eines Eiweißmoleküls Energie zu transportieren.

Davidow schlug vor, daß Energiemengen unterhalb einer gewissen Schwelle durch die normalen Schwingungen des »Skeletts« der Spirale transportiert werden und sich dabei allmählich im ganzen Molekül zerstreuen. Oberhalb der Schwelle aber soll Nichtlinearität die Diffusionskräfte im Gleichgewicht halten und es einem Energiepäckchen erlauben, die Spirale mit einer Geschwindigkeit von mehr als 1000 m/sec entlang zu laufen. Auf diese Weise kann Energie, die an einer Stelle des Moleküls eintrifft, zu einer anderen Stelle transportiert werden, wo sie für die biologischen Prozesse der Zelle gebraucht wird.

Auch die Signalleitung in Nerven geschieht durch Solitonen. Wenn wir am Meeresstrand auf sehr heißen Sand treten, so muß das Schmerzgefühl einen fast zwei Meter langen Nervenweg bis zum Gehirn zurücklegen. Und die Information über den Schmerz an der Fußsohle muß nicht nur eine weite Strecke zurücklegen, sie muß auch unversehrt ankommen – es hilft nichts, wenn die Schmerzbotschaft im Fuß losläuft und im Hirn als Nachricht über ein Kitzeln anlangt.

Schon die Pioniere in der Erforschung der Nervenleitung wußten, daß an diesen Signalen irgendeine Art von elektrischer Aktivität beteiligt ist. Ihre Modellvorstellungen lehnten sich an Telegraf oder Telefon an, wo die Botschaften durch Drähte laufen. Eine schwache Stelle dieser Theorie war, daß elektrische Impulse in Drähten nahezu mit Lichtgeschwindigkeit laufen, Nervenimpulse aber viel langsamer, nämlich mit etwa 10 m/sec.

Während des Zweiten Weltkrieges wurden große Fortschritte in der Elektronik gemacht und man entwickelte Methoden für sehr schnelle und empfindliche Messungen. Alan Hodgkin war während des Krieges in der Radarforschung beschäftigt, kehrte aber 1945 in sein Laboratorium in Cambridge zurück. Unterstützt von seinem Studenten Andrew Huxley, einem Halbbruder des berühmten Schriftstellers, begann Hodgkin die elektrischen Veränderungen zu untersuchen, die in der riesigen Nervenfaser des Tintenfisches stattfinden. Ihre Forschungen stellten klar, daß die Nerventransmission keineswegs dem Transport von Nachrichten in einer Telefonleitung gleicht; vielmehr handelt es sich hier um einen eng begrenzten Puls, der die Nervenfaser mit konstanter Geschwindigkeit und ohne Formänderung entlang läuft. Es kommt hinzu, daß der Puls nur entstehen kann, wenn eine gewissse kritische Energieschwelle erreicht ist.

Für diese Forschungen erhielten Hodgkin, Huxley und John Eccles den Nobelpreis. Sie zeigten, daß Nervenimpulse in einer Form transportiert werden, die wir heute als Solitonen bezeichnen – mit konstanter Geschwindigkeit und ohne Dissipation. Die Mathematik der Hodgkin-Huxley-Theorie offenbarte, daß nach dem »Feuern« von Nervenzellen, die ihre Schwelle erreicht hatten, eine Ruheperiode eintritt, bevor ein weiteres Soliton erzeugt werden kann. Zur Fortpflanzung und Wechselwirkung neuraler Solitonen gehört auch ein »Gedächtnis«. Das Neuron behält eine Empfindlichkeit für Nachrichten, die es früher weitergegeben hat. Dadurch hat ein Netzwerk von Nerven ein ganzheitliches Gedächtnis für das Nachrichtenmuster – eine Tatsache, die sicherlich bei der Entwicklung einer allgemeinen Theorie des Gedächtnisses Bedeutung gewinnen wird. Ein ganz neues Forschungsgebiet ist entstanden, in dem man erforscht, wie Solitonen kollidieren, über Unregelmäßigkeiten einer Nervenfaser hinweglaufen und an den Verbindungsstellen miteinander wechselwirken. Einige Theoretiker haben das Nervensoliton als »Elementarteilchen des Denkens« bezeichnet.

Solitonentunnel

Selbst ein Magnetfeld kann Solitonenverhalten zeigen, und hier offenbaren die Solitonen eine weitere bemerkenswerte Fähigkeit – sie können »tunneln«.

Normalerweise kann ein Magnetfeld leicht ein Stück Metall durchdringen. Deshalb kann man einen Nagel an den Pol eines Magneten hängen und ihn dann benutzen, um einen weiteren Nagel damit aufzuheben. In einem supraleitenden Metall aber wird die magnetische »Durchlässigkeit« plötzlich abgeschaltet. Bei der kritischen Temperatur, das ist der Punkt, an dem sich das Metall in einen Supraleiter verwandelt (der selbst eine Art Soliton darstellt), wird das Magnetfeld plötzlich am Eindringen gehindert.

Wird das Magnetfeld jedoch stärker und weiter ausgedehnt, so entstehen plötzlich solitonenartige magnetische Wirbel, die geradewegs in den Supraleiter eindringen oder »tunneln«. Man kann sagen, hier dringt ein Soliton in ein anderes ein.

Solitonenwirbel findet man auch in Supraflüssigkeiten, das sind Flüssigkeiten, die ohne jede innere Reibung fließen, also auch keine Turbulenz entwickeln. In diesem Falle bilden sich nicht Wirbel aus magnetischem Fluß, sondern lange dünne Zylinder oder Fäden aus rotierender Supraflüssigkeit, die dem supraflüssigem Zustand eine merkwürdige Struktur verleihen. Einige Forscher glauben, daß sich in den ersten Sekunden nach dem Urknall Solitonenwirbel oder »strings« bildeten und als Keime für die Entstehung von Galaxien und Galaxienhaufen wirkten.

Eine andere Art von Solitonendurchdringung, die man »selbstinduzierte Transparenz« nennt, zeigt, was geschehen kann, wenn Licht und Materie sich in nichtlineare Wechselwirkungen begeben.

Während Kristalle wie Diamant, Quarz und Steinsalz lichtdurchlässig sind, reflektieren und absorbieren andere Festkörper alles auf sie fallende Licht. In solchen absorbierenden Systemen wird alles Licht, dem es gelingt, in den Festkörper einzudringen, sogleich von dessen Atomen absorbiert. Die aufgenommene Energie geht dabei in atomare Schwingungen über, d. h. in Wärme. Will man also Licht durch einen undurchlässigen Stoff hindurch zwingen, so heizt man nur dessen Oberfläche auf.

Wird jedoch das auf den Festkörper auffallende Licht besonders intensiv, wie in einem Laserpuls hoher Energie, dann wird der Körper plötzlich transparent und der Lichtimpuls läuft ohne Absorption hindurch.

Sieht das nicht wie Zauberei aus? Wie soll man sich das vorstellen? Ein scharfer Laserpuls pumpt alle Gitteratome in einen angeregten Zustand hoch. Diese angeregten Atome treten in nichtlineare Wechselwirkung mit dem Licht ein, so daß die Atome und das Licht einen Moment lang ein gemeinsames Gesamtsystem bilden, das sich entlang seiner Wellenfront als Kollektiv verhält. Das Soliton, das sich durch das zuvor undurchlässige System bewegt, kann man nicht als echtes Licht bezeichnen, aber auch nicht als bloße atomare Anregung. Es ist vielmehr eine komplexe nichtlineare Kombination aus beidem, ein neues Wesen, das die Theoretiker »Polariton« getauft haben.

Das Tunneln von Solitonen spielt auch eine Rolle beim Versuch, die

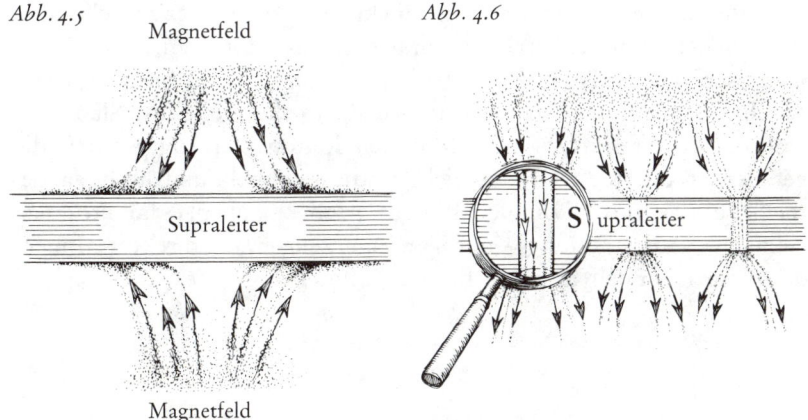

Abb. 4.5   Magnetfeld

Abb. 4.6

Supraleiter

S upraleiter

Magnetfeld

thermonukleare Energie zu zähmen. Die gegenwärtig benutzte Form der Kernenergie, die Fission oder Kernspaltung, benutzt die Energie, die bei der Spaltung des Urankerns frei wird. Dagegen handelt es sich bei der Fusion darum, Kerne miteinander zu verschmelzen, statt sie zu spalten.

In einem Fusionsreaktor werden die Kerne von Wasserstoff oder einem seiner Isotope auf so hohe Temperatur geheizt, daß ihre Geschwindigkeiten ausreichen, um sie beim Zusammenstoß aneinander zu binden. Der Stoß erzeugt dann Helium und setzt eine große Menge Energie frei. Um die Kernfusion zu erreichen, braucht man ein Plasma (ein »Meer« frei beweglicher Kerne) extrem hoher Temperatur und eine Methode, dieses Plasma bei Temperaturen von mehreren Millionen Grad zusammenzuhalten.

Die Plasmaphysiker haben schon eine Menge Anstrengung und Genialität auf die Lösung des Problems verwandt, wie man das Plasma zusammenhalten kann, aber auch die Erhitzung des Wasserstoffplasmas auf die notwendige Temperatur macht ihnen noch Sorgen. Einer der hierbei versuchten Wege besteht darin, Radiowellen ins Innere des Plasmas zu strahlen. Dann tritt allerdings das Problem auf, daß diese Wellen zwar die äußeren Schichten des Plasmas aufheizen, jedoch nicht weit genug eindringen, um in der Mitte die hohen Temperaturen zu erzeugen, die man braucht. An dieser Stelle werden die tunnelnden Solitonen wichtig.

In Computerrechnungen haben die Wissenschaftler entdeckt, daß Solitonen sich beim Auftreffen auf eine Grenze sehr seltsam verhalten können. Normale lineare Wellen, wie Radiowellen, werden an der Grenze eines Plasmas reflektiert, wobei nur ein kleiner Prozentsatz zwischen den Atomen der Grenzschicht hindurchdringt. Da man also an einer solchen Grenzschicht viel Energie bräuchte, um wenigstens ein bißchen davon durchzubringen, wäre ein solcher Versuch sehr ineffektiv. Sind aber nichtlineare Effekte beteiligt, so können Solitonen erzeugt werden, die geradewegs durch die Grenzschicht hindurchtunneln und auf der anderen Seite verlustlos ankommen. Einige Forscher glauben, es könnte ihnen gelingen, Radiostrahlungs-Solitonen zu erzeugen, die direkt ins Innere des Plasmas tunneln und es aufheizen könnten.

Die Verdampfung des Universums

Solitonen gibt es auch im Reich des Kleinsten. Es fiel den Forschern auf, daß die Ergebnisse von Computerexperimenten, in denen man Solitonen zusammenstoßen und wechselwirken ließ, verdächtig den Ergebnissen von Stoßexperimenten mit Elementarteilchen ähnelten, wie man sie in den großen Teilchenbeschleunigern gewinnt. Z. B. erlaubt eine Solitonengleichung Lösungen, die als »Kinks« und »Antikinks« bekannt sind. Wenn zwei Kinksolitonen sich begegnen, so stoßen sie einander ab, ebenso zwei Antikinks. Ein Kink und ein Antikink jedoch ziehen sich an. In dieser Beziehung verhalten sich Kink und Antikink wie entgegengesetzt geladene Elementarteilchen.

Die Idee, Elementarteilchen als Solitonen zu betrachten, war bei den Elementarteilchenphysikern ein heißes Thema. Theoretiker, die die Solitonenidee in die Quantentheorie einführten, dachten sich auch etwas aus, was sie das »Vakuum-Blasen-Instanton« tauften. Vielleicht ist dies das tödlichste und exotischste Objekt im Universum.

Dies nichtlineare Quantenobjekt ist eine Zumutung für unsere Vorstellungskraft, aber noch fürchterlicher wären seine Folgen. Da das Instanton der Verschmelzung der Solitonenidee mit einer besonders abstrakten Facette der Quantenfeldtheorie entspringt, wollen wir versuchen, seine Geschichte in einigen Gleichnissen zu veranschaulichen.

Stellen Sie sich vor, Sie sind ein Energiequant und sind auf einer Wanderung im Gebirge am Ende eines langen Tages ins Tal abgestiegen. Unten angekommen, geht es in alle Richtungen nur noch bergauf. Ihre poten-

Abb. 4.7 Ein Kink und ein Antikink stoßen mit hoher Energie zusammen.

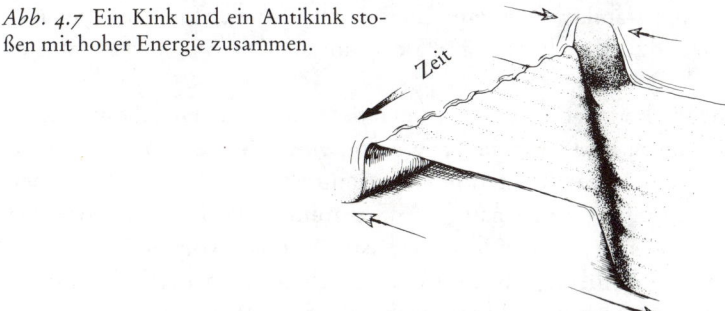

tielle Energie hat ihren minimalen Wert, läßt sich also nicht weiter erniedrigen. Das Tal, in dem Sie nun rasten, nennen die Physiker Ihren Grundzustand.

Nehmen Sie nun an, Sie hören davon, daß es auf der anderen Seite des Berges ein tieferes Tal gibt. Plötzlich wird Ihnen klar, daß Ihre potentielle Energie keineswegs ein Minimum erreicht hat, denn jenes andere Tal liegt tiefer.

Natürlich müßte man bergauf steigen, um in dieses Tal zu gelangen; um hinunterzukommen, muß man erst hinauf. Aber Sie sind ja ein müdes kleines Quant und haben am Ende dieses Wandertages keine Energie mehr, um weiterzuklettern.

Nun stellen Sie sich vor, Sie seien das Universum. Die Quantenfeldtheorie beschreibt Elementarteilchen als Anregungszustände, die aus einem Grundzustand des Feldes hervorgehen – den man auch den Vakuumzustand des Universums nennt. Wird diesem Vakuumzustand ein bißchen zusätzliche Energie hinzugefügt, so entstehen Elementarteilchen; fehlt diese Energie, so bleibt nur der Vakuumzustand. Es gibt einfach keine Stelle, zu der hin der Vakuumzustand noch Energie verlieren könnte. Er ist der Talboden.

Wie aber wäre das, wenn hinter den Energiebergen, die das Universum umgeben, ein *anderer* Vakuumzustand existierte, ein potentielles Universum mit niedrigerer Energie? Was dann? Dann gäbe es natürlich keine Möglichkeit, diesen niedrigeren Vakuumzustand von dort aus, wo Sie sind, zu erreichen. Die Energieberge sind zu hoch. In einem gewissen Sinne wäre daher Ihr Universum vollkommen stabil, denn es kann nicht über die Berge gelangen, um in jenen tieferen Vakuumzustand auf der anderen Seite hinunterzufallen. In einem absoluten Sinn wäre Ihr Universum jedoch instabil, weil ja seine Energie im Vergleich zu jenem benachbarten Grundzustand hoch wäre. Sie könnten noch immer irgendwohin fallen.

Wir haben bereits einige Situationen betrachtet, in denen Solitonen es schaffen, durch eine Energiebarriere von einem System ins nächste zu »tunneln«. Auch die Quantentheorie erlaubt solches Tunneln. Solitonen können von außen ins Plasmainnere hineintunneln. Wäre es denkbar, daß Solitonen, die sich aus dem Vakuumzustand bilden, vom einen Vakuum in ein anderes tunneln? Das hierfür vorgeschlagene theoretische Modell muß mit einem anderen Bild veranschaulicht werden:

Wenn man Wasser auf 100° Celsius erwärmt, so werden bei dieser Temperatur kleine Blasen am Boden des Topfes erscheinen und sich ausdehnen. Das Wasser hat zu sieden begonnen. Die ersten Blasen, die sich zeigen, bilden sich um winzige Staubteilchen im Wasser oder an kleinen Sprüngen und Unvollkommenheiten in der Oberfläche des Topfes. Wenn aber das Wasser absolut rein und staubfrei ist und wenn das Gefäß vollkommen glatt ist, so entsteht »überhitztes Wasser«, Wasser mit zuviel Energie.

Auch mehrere Grad über dem Siedepunkt sieht überhitztes Wasser ganz normal aus; keinerlei Blasen kommen zur Oberfläche. Und doch ist es instabil. Fügt man ein paar Staubkörnchen hinzu, so wirken diese als Keime für die Blasenbildung, und plötzlich setzt heftiges Sieden ein.

Um die Analogie weiterzutreiben – könnte es sein, daß das Vakuum, der Grundzustand unseres Universums, dem überhitzten Wasser ähnelt? Daß es zwar stabil erscheint, aber nur eines einzigen Kondensationskeimes bedarf, damit die ganze Sache in einem gewaltigen Ausbruch der Elementarteilchenentstehung ins »Kochen« gerät? Wenn Physiker vom »Vakuum-Blasen-Instanton« reden, so meinen sie die Theorie, daß eine Solitonenblase von einem Grundzustand in einen anderen, d. h. von einem Universum in ein anderes tunneln könnte. Diese hypothetische Blase wäre eine recht bizarre Angelegenheit, denn sie würde zwar mit ihrer Oberfläche zu unserem Universum gehören, ihr Inneres aber wäre fremdartig – es enthielte den tieferen Vakuumzustand eines anderen Universums.

Wenn in unserem Universum eine solche Blase aufträte, würde sie nach dieser Theorie als eine heftige Störung erscheinen, die sich wie eine Art explodierenden Schaumes mit Lichtgeschwindigkeit in alle Richtungen ausbreiten würde.

P. H. Frampton von der University of California meint, man könne sich eine »Weltuntergangsmaschine« vorstellen, die durch Vereinigung von Laserpulsen extrem hoher Energie ein einziges solches Instanton erzeugte. In der Größe eines einzigen Elementarteilchens erschaffen, würde dieses nach nur einer Sekunde sich 300000 km weit ausgedehnt haben und in seinem Inneren einen »Dampf« von Elementarteilchen enthalten. Das Ergebnis wäre das gleiche, als würfe man ein Staubkörnchen in überhitztes Wasser. Unser Universum begänne zu kochen.

Es bleibt zu hoffen, daß das solitäre Instanton rein hypothetisch ist.

Abb. 4.8 Ein Satelliten-Photo paralleler Solitonenwellen in knapp 200 km Abstand voneinander. Was wird aus all diesen Solitonen?

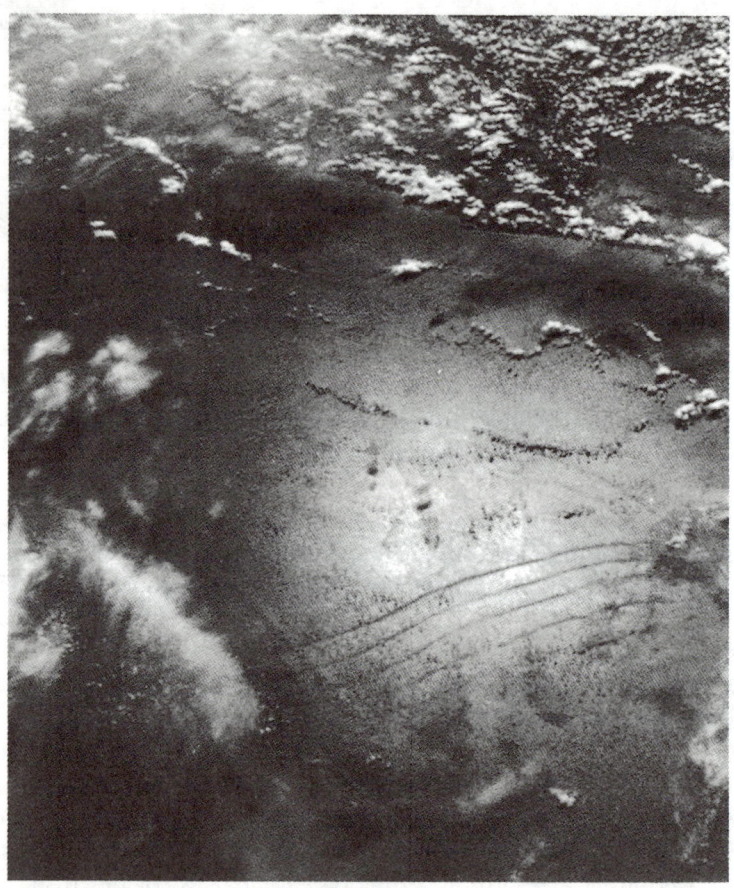

Andere Solitonen aber sind zweifellos wirklich. Und deshalb mag sich der Leser fragen, was denn aus all diesen Solitonen der wirklichen Welt wird. Wohin gehen sie?

Die Antwort ist, daß auch sie schließlich doch sterben müssen. Zwar erinnert ihre Entstehung an Magie, denn sie entstehen aus eben den Kräften, die sie auflösen wollen, wie durch Zauberei, aber schließlich wird ihre Energie doch dissipiert. Wasser z. B. besitzt eine innere Reibung oder Zähigkeit, die allmählich an ihrer Gestalt nagt. So kehren die Solitonen schließlich doch in das Chaos zurück, aus dem sie entstanden. Die Zeit ist das endgültige Lösungsmittel, könnte man sagen.

Und so wollen wir uns nun den Geheimnissen der Zeit zuwenden, um vielleicht den Schlüssel zum Rätsel der Entstehung von Solitonen zu finden.

Kapitel 3

Der Pfeil der Zeit

Der Gelbe Kaiser sagte: »Tu-nichts-sag-nichts ist der einzige, der wirklich recht hat – weil er es nicht weiß. Wild-und-einfältig scheint recht zu haben, weil er vergißt. Du und ich aber kommen nicht einmal in die Nähe – weil wir wissen.« Wild-und-einfältig hörte davon und schloß daraus, daß der Gelbe Kaiser wüßte, wovon er sprach.

CHUANG-TZU

Chaoskenner

Das Solitonenverhalten erscheint erstaunlich, aber nach Ansicht von Ilya Prigogine ist das plötzliche Erscheinen von Ordnung aus dem Chaos eher die Regel als die Ausnahme. Grund zum Erstaunen, betont er, gibt es überall.

Auf dem ganzen Gelände der University of Texas in Austin sind neue Gebäude im Entstehen. Pfähle rammen sich in den moosachatfarbenen Kalkstein, der sich hier vor 100 Millionen Jahren ablagerte, als dieser Teil von Texas zum Kontinentalschelf gehörte. In den Blöcken, aus denen die Wände der umliegenden modernen Gebäude bestehen, finden sich die Abdrücke vorweltlicher Muscheln. Nahe einer der Baustellen, gegenüber dem Texas Memorial Museum, zeigt eine Kalksteinplatte die Fußabdrücke und die Spuren von Schwanzschlägen eines Riesendinosauriers.

Mitten unter diesen Bildern des Wandels und der Zeit finden wir in einem glitzernden Hochhaus das Physik-Department. Hier, in einem Eckbüro des siebten Stockwerks, sinnt der Nobelpreisträger für Chemie des Jahres 1977 über die Details seiner Theorie nach, in der die Zeit die Achse der Welt darstellt.

Während andere gerade erst entdeckten, daß es auf dem Weg ins Chaos allerlei Ordnung gibt, war Prigogine, wie ein alter Argonaut, seit 30 Jahren auf der Suche nach dem Geheimnis, das Ordnung aus dem Chaos entspringen läßt. Zusammen mit Poincaré ist er vielleicht das Urbild eines Chaoskenners.

Auf die Frage nach dem Hintergrund, vor dem er seinen revolutionären Weg fand, sagt er: »Wissen Sie, ich glaube an die Rolle des Zufalls auch im Leben. Deshalb liegt keine Logik darin, ob man den einen oder den anderen Weg nimmt.« Geboren 1917, in einem turbulenten Augenblick der russischen Geschichte, war er erst vier Jahre alt, als seine Familie sich der Flut von Flüchtlingen anschloß, die nach der Revolution aus Rußland emigrierten. Die Familie wanderte durch Europa, bevor sie sich schließlich 1929 in Belgien niederließ.

Er erklärt, daß seine ersten Leidenschaften in der Schule Geschichte, Archäologie und Kunst waren, »also mehr die Wissenschaften vom Menschen als die harten Naturwissenschaften«. Durch Zufall aber, »wegen der Bedingungen in Belgien vor dem Krieg, entschloß ich mich, an der Universität Naturwissenschaften zu studieren«. Nach Prigogines Erinnerung führte sein Interesse an den Geisteswissenschaften dazu, »daß es für mich sehr natürlich war, mich für das Problem der Zeit zu interessieren«, und daß er überrascht war, wie wenig die Wissenschaft über diesen Gegenstand zu sagen hatte. Doch hatten seine Eltern ihn wieder, durch Zufall oder Schicksal, Chaos oder Ordnung, in eine Stadt gebracht, die ein Mittelpunkt der thermodynamischen Forschung war, also jener einzigen Wissenschaft, die ernstlich versucht hatte, die wirkliche Bedeutung der Zeit zu erforschen.

Die Zeit des Optimisten und des Pessimisten

Thermodynamik, die Untersuchung der Wärmeleitung und der gegenseitigen Umwandlung von Energie und Arbeit, ist eine äußerst nützliche Wissenschaft für Ingenieure, aber auch höchst komplex. Den meisten

Leuten ist das Wort Thermodynamik vertraut, weil sie vom berühmten »zweiten Hauptsatz« gehört haben, der vorhersagt, daß das Universum sich abnutzt und schließlich dem »Wärmetod« durch Entropievermehrung erliegen wird.

Der zweite Hauptsatz, der erstmals durch den deutschen Wissenschaftler Rudolf Clausius formuliert wurde, führte Zeit und Geschichtlichkeit in ein Universum ein, das Newton und die klassischen Physiker sich als ewig vorgestellt hatten. Weil die Gleichungen der Newtonschen Mechanik »zeitumkehrbar« sind, bildete sich in den Physikern die Überzeugung heraus, daß es auf der fundamentalen Ebene, also für die Grundgesetze der Materie, gar keine Zeitrichtung gäbe. Eine jedermann verständliche moderne Veranschaulichung dieses Gedankens bietet der Film. Einen Film, der die Zusammenstöße von Atomen zeigt, könnte man vorwärts oder rückwärts laufen lassen, ohne den Unterschied zu bemerken. In der Welt der Atome gibt es keine bevorzugte Zeitrichtung. Die Zeitumkehrbarkeit oder Reversibilität gilt auch für die Gleichungen der Quantenmechanik, wenigstens in deren üblicher Interpretation. So hat also das Prinzip der Reversibilität mehrere Revolutionen der Physik überlebt und ist als Begriff so tief verankert, daß Einstein der Witwe eines nahen Freundes, des Physikers Michele Besso, schrieb: Michele habe diese seltsame Welt nur kurz vor ihm verlassen. Das sei nicht wichtig. Für sie als überzeugte Physiker sei die Unterscheidung zwischen Vergangenheit, Gegenwart und Zukunft eine Illusion, wenn auch eine recht dauerhafte.

Die Wissenschaft der Thermodynamik entdeckte jedoch eine durch die Zeit verzauberte Welt. Thermodynamisch läuft alles nur in einer Richtung. Die Zeit ist irreversibel, nicht umkehrbar; sie besitzt einen Pfeil. Einsteins Freund Besso wurde geboren, alterte und starb. Sein Leben konnte niemals stillstehen oder in der Zeit rückwärts laufen. Ein Auto zerfällt zu einem Rosthaufen; ein Rosthaufen wird sich nie in ein Auto zurückverwandeln. Mit der Entdeckung der Thermodynamik konzentrierten sich die Physiker auf das, was man eine pessimistische Zeit nennen könnte, die Zeit des Zerfalls und der Auflösung.

Dieser Aspekt der Zeit war für den jungen Prigogine faszinierend, aber er fühlte sich auch zu einer anderen, optimistischeren Erscheinungsform der Zeit hingezogen, zur Evolution. Er erinnert sich: »In jenen Jahren beeinflußte mich das schöne Buch Erwin Schrödingers *Was ist Leben?*

Am Ende dieses Buches fragte er, wo die Organisation des Lebens herstamme. Wie kommt es dazu, daß Leben fortpflanzungsfähig ist? Daß es eine Art Stabilität im Lebendigen gibt? Schrödinger sagte: ›Nun gut, ich wußte es nicht. Vielleicht hat das Leben einen Weg gefunden, wie ein reibungsloses Pendel zu funktionieren.‹ Aber mir kam vor 40 Jahren ein anderer Gedanke. Meine Idee war genau das Gegenteil. Ich dachte, daß es vielleicht gerade an der Reibung und am Energieaustausch mit der Umwelt liegt, daß Struktur entstehen kann.«

Angespornt durch diese Intuition, verfolgte Prigogine seine Studien an der Universität Brüssel unter Théophile de Donder, einem der wenigen Wissenschaftler, die die sogenannte Nichtgleichgewichts-Thermodynamik erforschten. Gleichgewicht ist der Zustand maximaler Entropie, in dem die Moleküle gelähmt sind oder sich nur zufällig herumbewegen. Es ist jene strukturlose Suppe, auf die Rudolf Clausius das Universum zustreben sah. Eine wesentliche Entdeckung lag schon darin, sich überhaupt dem Studium der Gesetze von Nichtgleichgewichtszuständen zuzuwenden.

Füllen wir ein Gefäß mit Wasserstoff und ein anderes mit Stickstoff und schaffen wir zwischen beiden eine Öffnung, so werden sich die beiden Gase so gründlich mischen, daß zwischen den beiden Gefäßen kein Konzentrationsunterschied übrigbleibt. Die Wissenschaftler sagen, das System ist ins Gleichgewicht geraten und hat maximale Entropie erreicht. Bringen wir jedoch die beiden Gefäße auf verschiedene Temperaturen, so werden sich die Gase zwar auch mischen, aber nicht so gleichmäßig. Es wird auf der einen Seite etwas mehr Wasserstoff und auf der anderen etwas mehr Stickstoff bleiben. Der Wärmestrom hat also eine gewisse Ordnung geschaffen, d.h. es ist ein System in der Nähe des Gleichgewichts entstanden.

Gleichgewichtsnähe bedeutet, daß ein System sich sozusagen in einem Wärmebad befindet. Wärme kann dort bezogen und wieder abgegeben werden. Dieses Bad wirkt wie ein Anziehungspunkt. Prigogine sah bald ein, daß auch Systeme in der Nähe des Gleichgewichts nicht wirklich einen Zeitsinn besitzen, da sie ja immer wieder zu diesem Attraktor zurückkehren. Er verglich solche Systeme mit Schlafwandlern oder Hypnotisierten, die keine Vergangenheit besitzen. Das Geheimnis der Zeit, nach dem Prigogine Ausschau hielt, war hier nicht zu finden. •

So begann er, nachdem er eine Zeitlang Systeme in der Nähe des

Gleichgewichts studiert hatte, zu erforschen, was in großer Entfernung vom Gleichgewicht geschieht – in Situationen mit einem beträchtlichen Energiestrom von außen. Und hier war es, daß Prigogine »die Ordnung aus dem Chaos« entdeckte und dabei ins Herzland der Zeit vorstieß.

Prigogine benutzt das Wort *Chaos* in zwei verschiedenen, wenn auch manchmal austauschbaren Bedeutungen. Einmal ist da das passive Chaos des Gleichgewichts und der maximalen Entropie, wo alle Elemente so intim vermischt sind, daß keine Organisation existiert. Dies ist das »Gleichgewicht des thermischen Chaos« wie in dem Endzustand des »lauwarmen Universums«, den Clausius vorhersagte. Die zweite Art von Chaos aber ist aktiv, heiß und energetisch – ein »turbulentes Chaos weit entfernt vom Gleichgewicht«. Dies ist das Chaos, das die Aufmerksamkeit von Feigenbaum, Lorenz, May, Ford und anderen anzog, die wir auf der Vorderseite des Spiegels diskutierten. Prigogine war einer der ersten zeitgenössischen Wissenschaftler, der erkannte, welch seltsame Dinge in diesem weit vom Gleichgewicht entfernten Chaos geschehen können. Er entdeckte, daß in weit vom Gleichgewicht entfernten Zuständen Systeme nicht nur untergehen, sondern auch neu geboren werden.

Stellen wir uns ein Rohr vor, aus dem in einer Industrieanlage Öl in ein großes Becken fließt. Das Öl fließt gleichmäßig und hinterläßt dort, wo es die Oberfläche des Öls im Becken trifft, eine Delle. Lassen wir nun jemanden einen Hahn drehen, so daß mehr Öl durch das Rohr fließt. Die erste Wirkung des neuen Schwungs Öl wird verstärkte Turbulenz sein. Die damit verbundenen Schwankungen wachsen zufällig an und folgen dabei einem Weg ins totale Chaos, bis sie an einen Bifurkationspunkt kommen. Hier aber, an dieser kritischen Verzweigungsstelle, wird eine der vielen zufälligen Schwankungen verstärkt, breitet sich aus und beeinflußt und beherrscht das ganze System. Ein Muster von Wirbeln bildet sich. Ordnung ist dem Chaos entsprungen. Diese Wirbel bleiben stabil, solange die Strömung aus dem Rohr aufrechterhalten wird. Selbst wenn die Strömung ein wenig zunimmt oder nachläßt, bleibt die Stabilität des Wirbelmusters erhalten. Zuviel Veränderung, gleich in welcher Richtung, wird allerdings eine neue chaotische Situation und neue Ordnungsmuster schaffen.

Prigogine veranschaulicht diese Entstehung von Ordnung aus dem Chaos gern durch die Bénard-Instabilität, die wir auf der Vorderseite des Spiegels studiert haben (s. S. 71 f.). Auf jener Seite betrachteten wir den

Weg, entlang dem sich die Konvektionszellen in Chaos auflösten. Auf der Seite, auf der wir uns jetzt befinden, interessieren wir uns dafür, wie die Bénard-Zellen das Chaos in Ordnung verwandeln.

Wenn ein Topf mit Flüssigkeit von unten geheizt wird, so daß also die Unterseite heißer ist als die Oberfläche, so wird zunächst durch Wärmeleitung Energie von unten nach oben transportiert. Die Flüssigkeit bleibt dabei ruhig und glatt. Dies ist ein Zustand nahe dem Gleichgewicht. Verstärkt man jedoch die Heizung, so wächst die Temperaturdifferenz zwischen den beiden Grenzschichten, der Zustand ist nun weit vom Gleichgewicht entfernt und die Schwerkraft beginnt stärker an der oberen Schicht zu ziehen, die kühler und daher dichter ist. In der ganzen Flüssigkeit erscheinen Strudel und Wirbel, die immer turbulenter aussehen, bis das System in völlige Unordnung umkippt. Der kritische Verzweigungspunkt wird erreicht, wenn die Wärme nicht mehr ohne großräumige Konvektionsströme transportiert werden kann. An dieser Stelle verläßt das System seinen chaotischen Zustand und die vorher ungeordneten Wirbel ordnen sich in einem wabenförmigen Strömungsmuster an, in den sogenannten Bénard-Zellen.

Dreht man die Heizung noch weiter auf, so lösen sich die Bénard-Zellen wieder im Chaos auf.

In seinem Buch *Ordnung aus dem Chaos*, das er mit Isabelle Stengers schrieb, sagt Prigogine, daß »in der Chemie die Beziehung zwischen Ordnung und Chaos höchst komplex erscheint: Bereiche geordnet schwingender Zustände wechseln sich mit Bereichen chaotischen Verhaltens ab.« Er bemerkt, die Bénard-Zellen seien ein »spektakuläres Phänomen«, das durch Millionen und Millionen von Molekülen hervorgerufen wird, die sich plötzlich wie aufeinander abgestimmt bewegen.

Offenbar ist eine Eigenschaft des Chaos in großem Abstand vom Gleichgewicht, daß hier die Möglichkeit von Selbstorganisation gegeben ist. Ein anderes überraschendes Beispiel von Selbstorganisation wurde in einer ganzen Gruppe chemischer Reaktionen entdeckt. Wird die Konzentration eines der Reagenzien bis zu einem kritischen Punkt erhöht, so schlägt die Reaktion plötzlich in einen neuen Zustand um, in dem die chemischen Konzentrationen regelmäßig zu fluktuieren beginnen wie eine chemische Uhr. Prigogine und Stengers sagen dazu in ihrem Buch:

»Halten wir einen Moment inne und betonen, wie unerwartet eine solche Erscheinung ist. Nehmen wir an, wir haben zwei Arten von Molekü-

A

Abb. 3.1

(A) Das sechseckige Wabenmuster von Bénard-Zellen am Boden eines von unten erhitzten Wassergefäßes.

B

(B) Auch in der Atmosphäre kann sich dieses Muster von Bénard-Zellen einstellen. Das Bild veranschaulicht die zugehörigen Luftströmungen.

C

(C) Eine Luftaufnahme der Sahara zeigt die Spuren, die diese Windströmungen im Wüstensand hinterlassen haben. Solche Abdrücke atmosphärischer Bénard-Konvektion finden sich auch in Schneeflächen und Treibeis.

len, ›rot‹ und ›blau‹. Wegen der chaotischen molekularen Bewegung würden wir erwarten, daß wir in einem bestimmten Augenblick in der linken Hälfte eines Gefäßes z. B. etwas mehr rote als blaue Moleküle haben. Ein bißchen später dann würden wir mehr blaue erwarten usw. Das Gefäß würde uns als ›violett‹ erscheinen, wobei gelegentlich unregelmäßige Abweichungen ins Rote oder ins Blaue auftauchen. Dies geschieht jedoch in einer chemischen Uhr nicht; hier ist das ganze System blau, wird dann abrupt rot und dann wieder blau. Da alle diese Veränderungen in regelmäßigen Zeitintervallen eintreten, handelt es sich hier um einen kohärenten Prozeß.

Daß ein solcher Grad von Ordnung der Aktivität Millionen von Molekülen entspringt, scheint unglaublich, und tatsächlich, wenn solche chemischen Uhren nicht beobachtet worden wären, würde noch immer niemand glauben, daß ein solcher Prozeß möglich ist. Um alle auf einmal ihre Farbe zu ändern, müssen ja die Moleküle miteinander ›kommunizieren‹ können. Das System muß als Ganzes handeln können.«

Das ist, so sagen die Autoren, als wäre jedes Molekül über den gesamten Zustand des Systems »informiert«. Es ist kein Anthropomorphismus, wenn Prigogine so spricht. Für ihn hängt die Idee der Kommunikation und Information ganz eng damit zusammen, wie zufälliges Verhalten zu komplexen Rückkoppelungen und zu spontaner Ordnung führt. Nehmen wir als Beispiel den Nestbau der Termiten.

Es gibt bei den Termiten keine zentrale Bürokratie, die die Arbeit leitet. Zunächst streifen die Termiten zufällig in der Gegend herum, sammeln hier und da ein Krümchen Erde auf und schleppen es von einem Ort zum anderen. Während sie dies tun, imprägnieren sie ihr Bündelchen mit einem Tropfen eines Geruchsstoffs, der andere Termiten anzieht. Zufällig kommt es irgendwo zu etwas höherer Konzentration, und so entsteht dort ein Anziehungspunkt für andere Termiten, die ebenfalls ihre Päckchen dorthin schleppen. Säulen wachsen in die Höhe und die Aktivitäten der Termiten werden korreliert, aufeinander abgestimmt, bis das Nest fertig ist.

Jeder von uns kennt solches Zusammenwirken, die Entstehung von Korrelationen, aus eigener Erfahrung. Wenn wir zwischen den Stoßzeiten auf der Autobahn fahren, werden wir von den anderen Fahrzeugen nur geringfügig beeinflußt. Gegen vier Uhr aber wird der Verkehr dichter, und wir fangen an, zu reagieren und mit den anderen Fahrern in

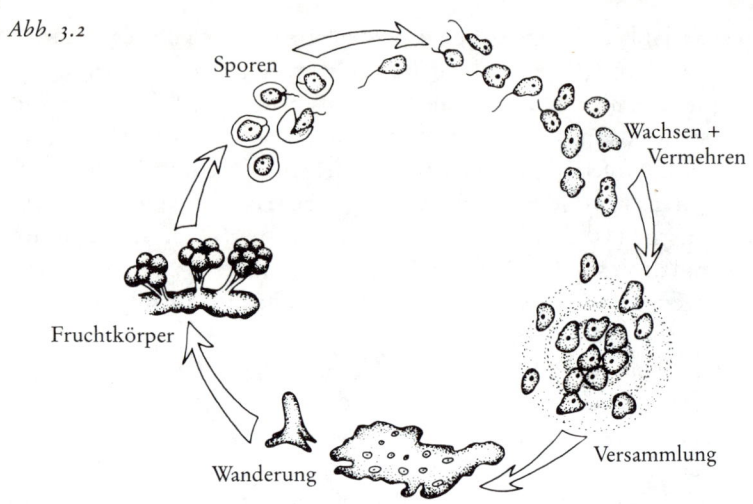

Abb. 3.2

Sporen

Wachsen +
Vermehren

Fruchtkörper

Wanderung

Versammlung

Wechselwirkung zu treten. Dann wird ein gewisser kritischer Punkt erreicht, von dem ab wir in dem gesamten Verkehrsmuster sozusagen »gefahren werden«. Der Verkehr ist zu einem selbstorganisierten System geworden.

Eine andere Art von Selbstorganisation, die aus chaotischen Schwankungen hervorgeht, ist an einer gewissen Amöbenart zu beobachten, die man Schleimpilze nennt. Schleimpilze (Abb. 3.2) verbringen einen Teil ihres Lebens als Einzelzellen, doch wenn die Nahrung knapp wird, scheiden sie eine Chemikalie aus, die den anderen Amöben ein Signal gibt. Tausende dieser Amöben versammeln sich und verstärken ihre zufälligen Bewegungen, bis ein kritischer Punkt erreicht wird. Dann bilden sie durch Selbstorganisation eine Marschkolonne, ein zusammenhängendes Wesen, das sich über den Waldboden fortbewegt. Schließlich bildet dieser Zug von Schleimpilzen an einer neuen Stelle aus ihren Leibern einen Stiel und auf diesem einen Fruchtkörper, in dem einige der Amöben zu Sporen werden. Aus diesem können später, wenn das Wetter es wieder zuläßt, neue individuelle Amöben geboren werden. Dieser Schleimpilz verkörpert also zugleich individuelles und kollektives Verhalten, wobei jeder der beiden Aspekte im anderen enthalten ist.

Wie diese Beispiele zeigen, sehen Prigogine und seine Kollegen überall selbstorganisierende Strukturen auftauchen: in der Biologie, in Wirbeln, im Wachstum von Städten und politischen Bewegungen, in der Entwicklung von Sternen. Er nennt diese Fälle von Nichtgleichgewicht und Selbstorganisation »dissipative Strukturen«.

Der Name leitet sich davon her, daß Städte und Wirbel und Schleimpilze, um sich zu entwickeln und ihre Gestalt zu behalten, Energie und Materie verbrauchen. Es sind offene Systeme, die Energie aus der Außenwelt beziehen und Entropie produzieren, d. h. Abfallenergie, die sie in die Umgebung zerstreuen oder »dissipieren«. Natürlich kann die Entropie des einen Systems die Nahrung des anderen sein; denken wir nur an den Mistkäfer oder an die Mitochondrien in unseren eigenen Zellen, die den Abfall vergorener Nahrungsmoleküle in Adenosintriphosphat (ATP) verwandeln, ein Molekül, das der Energiespeicherung dient. Der zweite Hauptsatz (daß nämlich die Entropie im Ganzen immer anwachsen muß) ist durch die Erscheinung solcher Systeme nicht verletzt, so wenig, wie das Gesetz der Schwerkraft durch einen umlaufenden Mond verletzt wird. Wie der Mond die Schwerkraft benutzt, um in seiner Bahn zu bleiben, so benutzen dissipative Strukturen das Anwachsen der Entropie.

Der Name *dissipative Struktur* drückt ein Paradox aus, das im Mittelpunkt von Prigogines Vision steht. Dissipation läßt an Chaos und Auseinanderfallen denken; Struktur ist das Gegenteil davon. Dissipative Strukturen sind Systeme, die ihre Identität nur dadurch behalten können, daß sie ständig für die Strömungen und Einflüsse ihrer Umgebung offen sind. Denken wir an die Solitonen, die wir im vorigen Kapitel kennenlernten. Solitonen, wie die Translationswelle oder die Kerzenflamme, sind ebenfalls dissipative Strukturen, die sich aus einem weit vom Gleichgewicht entfernten Fluß erheben und sich von diesem weitertragen lassen.

Radikal neue Eigenschaften

Prigogine brauchte lange Zeit, bis er beim Verständnis weit vom Gleichgewicht entfernter dissipativer Strukturen Durchbrüche erreichte. »Ich war gewissermaßen ein Gefangener der linearen Nichtgleichgewichtstheorie«, sagt er, weil die Systeme in der Nähe des Gleichgewichts, die er mit de Donder studiert hatte, mathematisch mit Hilfe linearer Näherungen beschrieben wurden. Dissipative Strukturen aber sind Wesen aus einer nichtlinearen Welt, und zu der Zeit, als er sie untersuchte, gab es noch nicht viel wissenschaftliches Interesse an Nichtlinearität.

»Heutzutage scheint das eine sehr, sehr einfache Sache zu sein, geradezu eine Trivialität. Heute ist es ein Gesetz, daß weit vom Gleichgewicht entfernte Zustände im nichtlinearen Bereich Strukturen hervorbringen, Ordnung aus dem Chaos schaffen. Weit vom Gleichgewicht entfernt hat die Materie radikal neue Eigenschaften.«

Was sind diese radikal neuen Eigenschaften, die Selbstorganisation ermöglichen? Wie erschafft die dissipative Struktur sich selbst aus ihrem chaotischen Untergrund – wie organisiert sie den Raum, wie gibt sie der Zeit ihre unerbittliche Richtung?

In einer gewöhnlichen Reaktion begegnen sich die Moleküle zweier Chemikalien durch Zufallsbewegungen. Bei einigen derartigen Stößen haben die Moleküle zufällig die richtige Energie und räumliche Orientierung, so daß sie aneinander hängenbleiben und sich zu einem neuen Molekül verbinden, dem »Reaktionsprodukt«. Die Stöße gehen weiter, bis alle anfänglich vorhandenen Moleküle sich in dieses Produkt verwandelt haben. Das System endet in einer homogenen, unstrukturierten Mischung von Chemikalien.

In einigen Reaktionen aber kann ein bestimmter Molekültyp nicht entstehen, wenn er nicht schon in der Nachbarschaft ein anderes Molekül des eigenen Typs vorfindet. So eine Chemikalie wird ihr eigener Katalysator. Sie iteriert sich selbst. Chemiker sprechen dann von »Autokatalyse«. Auch andere Arten von Rückkoppelung kommen vor, bei denen Reaktionsprodukte ihre eigene Entstehung oder die Entstehung anderer Reaktionspartner fördern oder behindern. Man spricht von »gegenseitiger Katalyse« oder von »Autoinhibition«, d.h. »Selbsthemmung«. Systeme, die durch solche chemischen Iterationen hervorgebracht werden, lassen vom Gleichgewicht und Grenzzykelverhalten bis zu Periodenverdoppelung, Chaos, Intermittenz und Selbstorganisation all das wiederfinden, was wir früher beschrieben haben. Solche Systeme strukturieren den Raum, indem sie die reagierenden Moleküle in Mustern bestimmter Form und Größe anordnen, und sie zeigen die Zeit an, indem sie sich ständig entwickeln und verändern. Selbst wenn dieselbe Grundorganisation beibehalten wird, bleiben sie sich doch nie genau gleich.

Eine der farbenfreudigsten und abwechslungsreichsten dieser Reaktionen ist ein rein chemisches »Lebewesen«, das man nach seinen Entdeckern Belusow und Zhabotinsky benannt hat (Abb. 3.3 und 3.4).

Kürzlich ist es Wissenschaftlern gelungen, die Strukturentstehung in »Belusow-Zhabotinsky« mittels iterativer nichtlinearer Gleichungen auf dem Computer nachzuahmen. Im wirklichen Leben kommt die Reaktion zustande, wenn Malonsäure, Bromat und Cer-Ionen in einer flachen Schale mit Schwefelsäure vermischt werden. Die Konzentrationen und die Temperatur müssen die richtigen Werte haben, damit die Schnörkel sich entwickeln, und zunächst durchläuft die Reaktion eine Periode des Chaos. Die dann auftauchende Gestalt besitzt komplexe Details auf verschiedenen Stufen und kann ihre Struktur wie ein Lebewesen selbst reproduzieren.

Die Natur hätte viel länger als das Weltalter gebraucht, um eine sich selbst reproduzierende Sequenz von Aminosäuren wie den Träger der genetischen Information, die DNS hervorzubringen, wenn der Prozeß allein dem Zufall überlassen geblieben wäre. Wenn aber schon chemische

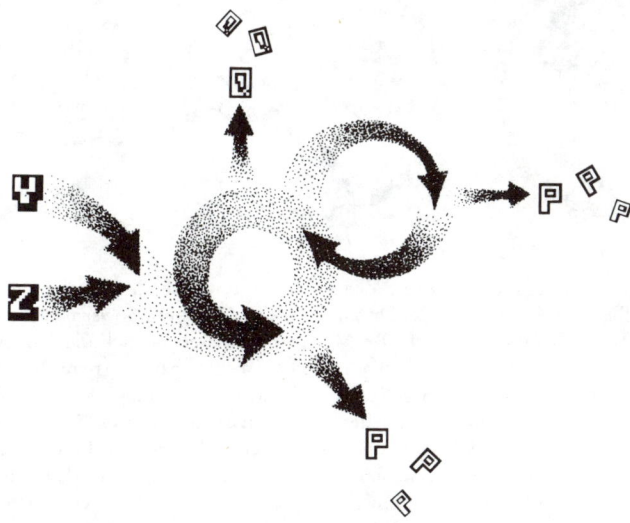

Abb. 3.3 Die Belusow-Zhabotinsky-Reaktion. Y und Z sind die Ausgangsstoffe, P und Q Endprodukte der Reaktion. In der Mitte ist die sich iterierende autokatalytische Rückkoppelung angedeutet, die die Reaktion aufrechterhält.

Abb. 3.4 Entwicklung der Belusow-Zhabotinsky-Reaktion in einer Schale. Durch die nichtlineare Iteration in dieser Reaktion organisieren sich die zunächst zufälligen chaotischen Bewegungen der gelösten Moleküle spontan in räumlich-zeitlichen Strukturen. Die geringste Schwankung in einem Teil der Lösung kann dabei verstärkt werden. Bildlich ausgedrückt: Kommt es an einer Stelle zu einer zufälligen Anhäufung »roter« Moleküle, so fördern diese durch Katalyse die Erzeugung weiterer »roter« Moleküle. So vermehren sich in einem gewissen Bereich die »roten«, in einem benachbarten Bereich aber die »blauen« Moleküle stärker. Dadurch kommt es zu einer großräumigen und zeitlich veränderlichen Strukturierung der verschiedenen Chemikalien. Dank der in der Reaktion ständig freiwerdenden Energie entspringt Ordnung aus dem Chaos.

Reaktionen von der Art der Belusow-Zhabotinsky-Reaktion die Fähigkeit zur Selbstorganisation zeigen und wenn solche Reaktionen auch schon in der Frühzeit der Erde vorkamen, so liegt es nahe, daß die Ordnung, die wir Leben nennen, nicht einem Zufallsereignis zu verdanken ist, sondern daß es sich hier um eine Variation über ein uraltes Thema handelt.

Astronomen, die sich mit der Galaxienentstehung beschäftigen, haben vermutet, daß dieses Thema wirklich sehr alt ist. Sie kamen nämlich zu dem Schluß, daß das autokatalytische (iterative) Modell, das die Schnörkel in der Belusow-Zhabotinsky-Reaktion erzeugt, auch die Schnörkelbildung in diesen uralten, Millionen von Lichtjahren großen Strukturen bestimmt.

Vergessen wir aber nicht das andere Gesicht dieser Geburt schnörkelreicher Ordnung – das Wachsen des Chaos. Die normalen Herzmuskelkontraktionen breiten sich von einem auslösenden Zentrum in kreisför-

Abb. 3.5 Eine astronomische Version der
Belusow-Zhabotinsky-Reaktion?

migen Wellenfronten über die Oberfläche des Herzens aus. Wird diese Welle irgendwo gebrochen, so führt das zu komplexen spiralförmigen Störungen, die sich fortpflanzen und sehr anpassungsfähig sind. Die Reaktion des Herzens auf solche elektrischen Spiralen bringt die fraktalen Erscheinungen und die Periodenverdoppelung des Herzanfalls hervor. Ein ähnlicher Effekt verursacht vermutlich einige Arten epileptischer Anfälle.

Die gleichen Prozesse der Bifurkation, Verstärkung und Rückkoppelung können uns also auf die eine oder die andere Seite des Spiegels führen.

Vor 4 000 bis 6 000 Jahren bauten die alten Völker Europas Steinkreise und schmückten sie mit ineinander verschlungenen schnörkeligen Schleifen. Ähnliche Motive erscheinen überall in der Welt. Der Psychologe Carl Gustav Jung hielt solche Bilder für Archetypen, d. h. für universelle Strukturen im kollektiven Unbewußten der Menschheit. Äußert hier vielleicht eine kollektive Weisheit ihre intuitive Erkenntnis der Ganzheit der Natur, der Ordnung und Einfachheit, des Zufalls und der Vorhersagbarkeit, die in der Verflechtung und Entfaltung aller Dinge liegen?

Bifurkation: Fenster der Weggabelungen

An jeder Verzweigungsstelle öffnet sich für einen flüchtigen Moment ein Fenster aufs Ganze, und die Verstärkung führt zur Ordnung oder zum Chaos. In Prigogines Weltbild ist die Bifurkation oder Verzweigungsstelle ein zentraler Begriff. Eine Bifurkation ist in der Systementwicklung ein entscheidender Moment, in dem etwas so Winziges wie ein einzelnes Photon, eine kleine Schwankung der äußeren Temperatur, eine Dichteveränderung oder der Flügelschlag eines Schmetterlings in Hong Kong durch Iteration so weit aufgebläht wird, daß eine Abzweigung vom Weg entsteht und das System in einer neuen Richtung davonläuft. Im Lauf der Zeit bringen ganze Kaskaden von Bifurkationsstellen ein System entweder dazu, sich entlang dem Periodenverdoppelungsweg ins Chaos zu zersplittern oder durch eine Reihe von Rückkoppelungsschleifen (wie Autokatalyse, gegenseitige Katalyse und Selbsthemmung), die die jüngsten Änderungen jeweils mit der Umgebung verknüpfen, ein neues Verhalten zu stabilisieren.

Abb. 3.6 Spiralen schmücken ein steinzeitliches Grab in Irland.

Hat sich ein System nach Durchgang durch eine Bifurkation durch Rückkoppelung stabilisiert, so kann es unter Umständen für Millionen von Jahren allen weiteren Änderungen widerstehen, bis eine weitere kritische Störung die Rückkoppelung verstärkt und zu einem neuen Bifurkationspunkt führt.

Wird ein System von Energie oder Materie durchströmt, so bietet sich ihm an jedem seiner Bifurkationspunkte eine ganze »Auswahl« von Ordnungen. Die inneren Rückkoppelungen einiger dieser Wahlmöglichkeiten sind so komplex, daß es praktisch unendlich viele Freiheitsgrade gibt. Die Ordnung ist dann so raffiniert, daß es sich praktisch schon um Chaos handelt. Andere Bifurkationspunkte bieten Wahlmöglichkeiten, in denen die Rückkoppelung weniger Freiheitsgrade erzeugt. Solche Möglichkeiten scheinen dann das System zu vereinfachen und regelmäßiger zu machen. Das täuscht aber, denn auch in einfach erscheinenden Ordnungen wie einem Soliton ist die Rückkoppelung schon so komplex, daß sie sich nicht analysieren läßt.

Insgesamt haben die Bifurkationen in der Evolution lebendiger Zellen dazu geführt, daß organisch-chemische Reaktionsmuster geschaffen wurden, die die Zelle ungeheuer raffiniert und stabil mit ihrer Umgebung verflechten. Diese Verknüpfung von Rückkoppelungsschleifen meint Prigogine, wenn er »Kommunikation« sagt. Durch diese Art von Kommunikation erhält das System sich selbst.

Bifurkationspunkte sind die Meilensteine in der Evolution des Systems; in ihnen kristallisiert die Geschichte des Systems. Die historischen Urkunden über unsere eigenen Bifurkationen sind in den Formen unserer Lunge mit ihren »Fibonacci-fraktalen« Maßstabsverschiebungen aufbewahrt (siehe S. 157). Ein Dokument unserer einstigen Bifurkationen wird auch in unserem Embryonalstadium sichtbar, wenn wir all die

Lösungen

Nichtgleichgewichtsfluß

Abb. 3.7 Die gestrichelten Linien kennzeichnen instabile Zustände (Chaos). Die durchgezogenen Linien sind stabile Lösungen der Gleichungen, die zu »Fließgleichgewichts«-Zuständen des Systems gehören, also Zuständen, die trotz der ständigen Strömungs- und Austauschprozesse aufrechterhalten werden können. Die Abbildung skizziert das Verhalten vieler verschiedener Arten von Systemen, z.B. auch chemischer oder biologischer.

Wird der »Fluß« verstärkt (also im Bild nach rechts fortgeschritten), so macht das System Instabilitäten durch, die es mit verschiedenen Auswahlmöglichkeiten konfrontieren. Die meisten führen ins Chaos, manche aber zu neuer Ordnung. Die zur Ordnung führenden stabilisieren sich durch iterative Rückkoppelung und erzeugen so ein Netzwerk aufeinander eingespielter Zustände.

Stufen durchlaufen, in denen wir erst Fischen, dann Amphibien und dann Reptilien ähneln.

In all den Gestalten und Abläufen, die uns einmalig machen – in den chemischen Reaktionen unserer Zellen und in den Formen unseres Nervennetzes –, sind Tausende und Abertausende von Bifurkationspunkten aufbewahrt, die eine lebendige Chronologie der Wahlentscheidungen zeigen, in denen wir uns als System von der Urzelle bis zu unserer gegenwärigen Gestalt entwickelt haben.

An jeder Bifurkationsstelle in der Vergangenheit unseres Systems gab es für den Fluß der Zeit viele verschiedene Zukünfte. Durch die Iteration und Verstärkung wurde jeweils *eine* Zukunft gewählt, und all die anderen Möglichkeiten verschwanden für immer. So stellen unsere Bifurkationspunkte ein Abbild der Irreversibilität der Zeit dar.

Die Zeit läuft unerbittlich weiter, und doch wird an den Bifurkationsstellen die Vergangenheit ständig recycliert, gewissermaßen zeitlos aufbewahrt – denn indem ein System durch Rückkoppelung an den Bifurkationen den gewählten Weg stabilisiert, gibt es genau den Umweltbedingungen körperliche Gestalt, die im Moment der Bifurkation vorhanden waren. Eine Spur des Urmeeres lebt in den chemischen Reaktionen weiter, die unsere Mitochondrien mit dem sie umgebenden Zytoplasma unserer Zellen verbinden; die Landschaft des Zeitalters der Reptilien lauert in der Struktur des retikulären Aktivierungssystems in unserem Gehirn, das den Grad unserer Aufmerksamkeit steuert.

In der Dynamik der Bifurkationen wird offenbar, daß die Zeit irreversibel ist und doch stets die Vergangenheit rekapituliert. Dabei erweist sich der Fortgang der Zeit als unmeßbar. Zu jeder an einem Verzweigungspunkt getroffenen Entscheidung gehört die Verstärkung von etwas winzig kleinem. Obwohl also die Kausalität in jedem Moment wirksam ist, geht die Verzweigung unvorhersagbar vor sich.

Prigogine sagt: »Diese Mischung von Notwendigkeit und Zufall bestimmt die Geschichte des Systems.« Auch die Kreativität des Systems liegt genau darin. Die Fähigkeit des Systems, eine kleine Schwankung zu verstärken, ist der Hebel der Kreativität.

Biologische Systeme bewahren ihre Stabilität, indem sie die meisten kleinen Effekte wegdämpfen, außer in jenen Bereichen des Verhaltens, wo ein hoher Grad von Flexibilität und Kreativiät erwünscht ist. Hier bleibt das System höchst empfindlich für alle Einflüsse, nahe einem

Zustand des Chaos. Eine einzige Honigbiene kann bei ihrem Einflug in den Stock, in dem Tausende ihrer Genossen miteinander kommunizieren, durch ein bißchen Tanzen die Lage von pollenreichen Blumen anzeigen und damit das ganze Bienenvolk in die Luft abheben lassen.

In der Nähe jener Stellen, in denen sich das »Gedächtnis« vergangener Bifurkationen kristallisiert hat, bleiben Systeme meist sehr empfindlich. Gewöhnlich haben sich Nationen durch Bifurkationen hindurch entwikkelt, in denen heftige Konflikte stattfanden. Deshalb bleiben sie für alle Arten von Information höchst empfindlich, die an solche früheren Bifurkationen erinnern. Eine einzige Zeitungsüberschrift kann ein ganzes Volk in Kriegsstimmung versetzen.

Die Empfindlichkeit der Bifurkationen wird auch herangezogen, um das merkwürdige Phänomen der *Chiralität* zu erklären.

Chiralität bedeutet »Händigkeit«, die Tatsache, daß wir in einer unsymmetrischen Welt leben. Die Spiralmuster auf Seeschnecken drehen sich häufiger in die eine Richtung als in die andere. Die meisten für das Leben wichtigen Moleküle sind linkshändig. Im Laboratorium kann man gleich wahrscheinlich links- und rechtshändige Moleküle erzeugen; es ist sogar ziemlich schwierig, im Laboratorium asymmetrische chemische Reaktionen zu erhalten, wenn man nicht gewissermaßen Samenkörner der Händigkeit von außen hereinbringt. Dies ist aber in der Natur nicht so. Louis Pasteur, einer der ersten, der sich mit dem Problem beschäftigte, kam zu dem Schluß, daß es in der Natur eine grundsätzliche Asymmetrie geben müsse, jedoch konnte er niemals die Ursache dafür finden. Seit Pasteur hat es eine ganze Menge anderer Theorien zur Erklärung der Chiralität gegeben, aber keine von ihnen war ganz zufriedenstellend.

Kürzlich schlugen Mitglieder von Prigogines Arbeitsgruppe eine mögliche Lösung vor und veröffentlichten sie in der Wissenschaftszeitschrift *Nature*. In den siebziger Jahren machten die Physiker die überraschende Entdeckung, daß die Welt der atomaren Teilchen selbst nicht ganz symmetrisch ist. Bei bestimmten radioaktiven Zerfällen findet man, daß die herausfliegenden Elektronen sich etwas häufiger in der einen als in der anderen Richtung drehen (in Bewegungsrichtung betrachtet). Die Physiker sagen heute, Gott sei Linkshänder. Die Energieunterschiede bei der Auswahl der Händigkeit von Elementarteilchen sind jedoch im Vergleich zu den Energien in lebendigen Molekülen vernachlässigbar winzig. Die Wissenschaftler glaubten daher, die Händigkeit auf der Stufe der Elementarteilchen könnte absolut nichts mit der Linkshändigkeit biologischer Moleküle zu tun haben.

Wir haben aber gesehen, daß in großer Entfernung vom Gleichgewicht sehr kleine Effekte verstärkt werden. Beispielsweise wäre der winzige Schwerkraftunterschied über ein paar Zentimeter einer Flüssigkeitsschicht normalerweise vernachlässigbar. Im Fall der Bénard-Instabilität jedoch verstärkt die weit aus dem Gleichgewicht geratene Turbulenz diesen Schwerkrafteffekt ganz gewaltig, und es ergibt sich das sechseckige Wabenmuster der Bénard-Zellen.

Prigogines Kollege, D. K. Konepudi, meint, etwas ähnliches könnte durch die winzige Bevorzugung eines bestimmten Elektronenspins geschehen sein. In dem weit vom Gleichgewicht entfernten Chaos, in dem neue Moleküle geschaffen werden, könnte ein dissipatives System den winzigen, mit dem Spin zusammenhängenden Energieunterschied schnell verstärken und so Gottes subatomare Linkshändigkeit auf die Ebene der organischen Moleküle hinaufheben.

Welche Richtung nimmt die Zeit?

Trotz der hypothetischen Verbindung zwischen dem Spin subatomarer Teilchen und der Entstehung von Händigkeit in großen Molekülen bleiben die meisten Wissenschaftler bei dem Glauben, es gebe einen wesentlichen Unterschied zwischen der mikroskopischen Quantenwelt und der makroskopischen, »klassischen« Welt der Newtonschen Physik. Die Entdeckung der Irreversibilität der Zeit im 19. Jahrhundert – in ihrer optimistischen und pessimistischen Form, in Entropie und Evolution – konnte die Physiker nicht von ihrer Überzeugung abbringen, daß an der tiefsten Grundlage der Materie die Zeit reversibel ist und daß die in unserer Umgebung sichtbare Irreversibilität – wie Einstein Bessos Witwe schrieb – eine Art Illusion ist. Diese Überzeugung stammt aus der Zeitumkehrbarkeit der linearen Gleichungen, die die Bewegung von Atomen und Elementarteilchen beschreiben. In den siebziger Jahren des vorigen Jahrhunderts hatte Boltzmann das scheinbare Paradox beim Übergang von der Welt des Kleinen zur Welt des Großen durch das Argument überwinden wollen, daß die Atome wegen ihrer großen Zahl und ihrer vielen Stöße die Wiederherstellung einer anfänglichen Ordnung beliebig unwahrscheinlich machen. Er argumentierte, die Irreversibilität komme in die Welt, weil die reversiblen Stöße in allen Systemen so komplex sind, daß die Teilchen, wie Schlafwandler, »ihre Anfangsbedingungen vergessen müssen« und auf diese Weise ihre Ordnung verlieren. Boltzmanns brillante Lösung, die die klassische Newtonsche Wisssenschaft von der Teilchenbewegung mit der thermodynamischen Wissenschaft der Systemveränderung verband, führte zur Entwicklung des Forschungsgebiets der statistischen Mechanik.

Gegen Ende des 19. Jahrhunderts kam durch Boltzmanns Bemühungen die Thermodynamik in Mode. Sie gab der von den »logischen Positivisten« vertretenen Form des Reduktionismus reichlich Nahrung. Die Positivisten glaubten, alle Erscheinungen ließen sich auf eine Beschreibung durch mechanische Dynamik reduzieren, letztlich also auf die Bewegungen von Körpern. Auch die Thermodynamik und die Umwandlungen von Energie sollten also hierauf zurückzuführen sein.

Sogar Sigmund Freud war durch diesen Denkansatz des positivistischen Reduktionismus tief beeinflußt, und die Freudschen Ideen wurden ursprünglich in der Terminologie der Thermodynamik formuliert. Freud sprach von der Psychoanalyse als einer dynamischen Auffassung, die das Seelenleben auf das Zusammenspiel sich gegenseitig bedrängender und kontrollierender Kräfte reduziert.

Dennoch sah es für den thermodynamischen Reduktionismus nicht allzu rosig aus. Poincaré beanstandete, daß Boltzmanns Auflösung des Dilemmas zwischen Reversibilität und Irreversibilität nur ein Zaubertrick sei, der das Problem nicht wirklich auf einem fundamentalen Niveau löste. Boltzmann war wohl insgeheim der gleichen Meinung; seine Erklärung erschien ihm als Fehlschlag, und Depressionen trieben ihn in den Selbstmord.

Prigogine bemerkt, daß er zunächst Boltzmanns Lösung akzeptierte und glaubte, daß die Grundgesetze der Physik zeitumkehrbar seien. »Ich glaubte wie jedermann, daß es Irreversibilität gibt, daß sie aber von den Näherungsverfahren herrührt, die wir bei der Behandlung der grundlegenden zeitumkehrbaren Gesetze machen müssen; sie stammt aus dem Unwissen, aus unseren Näherungen. Erst die Untersuchungen weit vom Gleichgewicht entfernter Zustände führten mich zu der Überzeugung, daß dies nicht der richtige Gesichtspunkt sein kann. Die Irreversibilität spielt eine *konstruktive* Rolle. Sie schafft Gestalt. Sie bringt menschliche

Wesen hervor. Wie könnte der Grund dafür unsere bloße Unkenntnis der Anfangsbedingungen sein? Unser Unwissen kann nicht unsere Existenz begründen.«

Das kann ja nicht sein, behauptet er: Wenn wir nur unser Wissen erweitern, einen genügend mächtigen Computer schaffen könnten, um die Bewegungsgleichungen für alle individuellen molekularen Systembestandteile zu lösen – sollte dann etwa unsere Unkenntnis verschwinden, die Illusion der Irreversibilität offenbar werden, und damit das Leben, die Evolution, der Tod und die Zeit selbst sich auflösen? »Das ist doch paradox.«

Mittlerweile wird seine Position von der Chaostheorie gestützt, denn es läßt sich, wie wir gesehen haben, kein genügend großer Computer bauen, um ein irreversibles System zu verfolgen. Unsere Unkenntnis ist ein Ausdruck der Ganzheitlichkeit, der Tatsache, daß im Universum der dynamischen Kräfte, die Galaxien und Zellen hervorbringen, alles miteinander verflochten ist. Dies ist die wahre Bedeutung der Irreversibilität.

Aber immerhin sind doch da jene linearen Gleichungen, die den Physikern sagen, daß Reversibilität regiert, wenn man bis zu den nackten kleinsten Teilchen hinuntersteigt – nicht wahr? Prigogine verwahrt sich gegen diese angeblich gesicherte »Tatsache«. In den letzten Jahren hat er immer mehr Anstrengungen darauf gerichtet, einen verwegenen Angriff gegen diese »Grundlagen« zu reiten – und dies gerade in dem geschichtlichen Augenblick, in dem manche hervorragenden Physiker das Gefühl haben, die zeitumkehrbaren Gleichungen seien nun kurz davor, endlich praktisch alles zu erklären, was wir je über das Funktionieren der atomaren Welt wissen wollten.

Dieser Zuversicht setzt Prigogine mit gesundem Menschenverstand einen nörglerischen Einwand entgegen, der auch bei Poincaré schon anklang. Sogar auf dem mikroskopischen Niveau, sagt er, ist die Reversibilität die Illusion. »Mit einem aus atomaren Teilchen bestehenden, instabilen dynamischen System können Sie niemals ein Experiment machen, in dem die Vergangenheit und die Zukunft gleich sind. Wenn wir mit Teilchen der gleichen Geschwindigkeit anfangen und dann Stöße geschehen lassen, so wird die Sache mit zufälligen Geschwindigkeiten enden. Aber wir können das umgekehrte Experiment gar nicht machen. Es gibt keine reversiblen Experimente. Deshalb ist unsere Welt zeitlich organisiert.« Die Zeit hat also immer einen Pfeil. Prigogine weist darauf hin, daß ja gerade die Relativitätstheorie, die Einstein selbst als Nachweis der Reversibilität und der Austauschbarkeit von Raum und Zeit betrachtete, zur Formulierung der Urknalltheorie geführt hat, die dem Universum eine unumkehrbare Geschichte gibt. Und auch in der heutigen Quantenphysik, behauptet er, zeigt sich überall Irreversibilität.

Betraf die erste Herausforderung an seine Zeitgenossen die Zeitumkehrbarkeit, so richtet sich die zweite gegen den Begriff der Einfachheit. Seit Demokrit und Aristoteles haben die Wissenschaftler geglaubt, unter der Komplexität unserer Welt müßten simple Gegenstände und Kräfte zu finden sein. Zunächst meinten die Wissenschaftler, diese einfachen Bausteine seien die Atome. Später, als man herausfand, daß auch die Atome wieder Teile haben, wurden die einfacheren Teilchen wie Protonen und Elektronen zu den Bausteinen erklärt. Dann aber, als die Quantenmechanik zur unerwarteten Entdeckung eines überwältigend vielfältigen »Teilchenzoos« auf subatomarem Niveau führte, entwarfen die Physiker die »große vereinheitlichte Theorie« und begannen nach der einzigen einfachen Kraft – der »Superkraft« – zu suchen, die dieses Labyrinth von Wechselwirkungen winziger Teilchen hervorgebracht haben soll. Die Superkraft ist allerdings noch nicht gefunden worden, und zumindest bisher hat die Forschung ergeben, daß es für jede Vereinfachung mindestens zwei neue Komplizierungen gibt. Prigogine sagt: »Die Idee der Einfachheit fällt in Stücke. In welche Richtung auch immer Sie gehen, Sie werden auf Komplexität stoßen.«

Wie soll dann alles funktionieren? Prigogine kleidet seinen revolutionären Vorschlag in modische Worte: die Vereinigung von Dynamik und Thermodynamik, von mikroskopischer und makroskopischer Welt, von Reversibilität und Irreversibilität, von Sein und Werden – all dies will er mit dem Argument erklären, daß die Zeit eine Form der »Symmetriebrechung« sei.

Die Wissenschaftler stellen sich den leeren Raum als rotationssymmetrisch vor, was heißen soll, daß alle Richtungen gleichberechtigt sind. Bringt man jedoch einen Magneten, wie etwa die Erde, in diesen Raum, so ist die Symmetrie gebrochen. Der Magnet zeichnet die Nordrichtung als eine besondere Richtung aus, und die Richtung anderer Magneten im Raum läßt sich nun in bezug auf diese messen.

In ähnlicher Weise, so argumentiert Prigogine, brechen komplexe Systeme die Symmetrie, die es der Zeit erlauben würde, rückwärts genausogut wie vorwärts zu laufen. Komplexe Systeme verleihen der Zeit eine Richtung. Wie tun sie das?

Komplexe Systeme – sowohl chaotische als auch geordnete – sind letzten Endes nicht analysierbar, nicht auf Teile reduzierbar, weil die Teile durch Iteration und Rückkoppppelung ständig aufeinander zurückwirken. Deshalb ist es eine Illusion, davon zu reden, daß man eine einzelne Wechselwirkung zwischen zwei Teilchen herausgreifen und behaupten könnte, sie könnte auch in der Zeit rückwärts ablaufen. Jede Wechselwirkung ereignet sich in dem größeren System, und das System als Ganzes ist in ständiger Veränderung, Bifurkation, Iteration begriffen. Daher hat sowohl das System wie auch jedes seiner »Teile« eine Zeitrichtung.

So wird die Zeit zum Ausdruck der ganzheitlichen Wechselwirkungen des Systems, und diese Wechselwirkung reicht auch nach draußen. Jedes komplexe System ist ein sich wandelnder Teil eines noch größeren Ganzen, eine Verschachtelung von immer größeren Ganzen, die schließlich auf das allerkomplexeste aller dynamischen Systeme hinführen, das System, das schließlich alles umfaßt, was wir unter Ordnung und Chaos verstehen – das Universum selbst.

Wenn irgendein komplexes System in Erscheinung tritt, so sagt Prigogine, trennt es sich von der reversiblen Zeit durch etwas, was er eine »unendliche Entropiebarriere« nennt. Vorgänge, die in der umgekehrten Zeitrichtung ablaufen, werden nicht nur astronomisch unwahrscheinlich, wie Boltzmann gemeint hatte, sondern *unendlich* unwahrscheinlich. Das läßt sich an einem ins Wasser geworfenen Stein illustrieren. Um die auslaufenden, sich kräuselnden Wellen zeitlich umzukehren, müßte man all die winzigen Störungen am Rande des Teiches räumlich und zeitlich exakt aufeinander abstimmen, so daß sie zur Mitte hin laufen würden, dabei ihre Amplitude vergrößerten und schließlich in einer einzigen Welle konvergierten. Erscheint uns die nichtlineare Koppelung der Kräfte, die zur Erzeugung einer Solitonenwelle führten, als phantastisch, so wäre die Koordination der Kräfte in diesem Falle *unendlich* phantastisch.

Letzten Endes ist eine derart genaue Kontrolle der Ereignisse am Teichrand deshalb unmöglich, weil alle Systeme dem übrigen Universum gegenüber offen sind. Die Natur ist einem ständigen Fluß von Schwerkraft, Elektrizität und Magnetismus ausgesetzt wie auch kleinen Temperaturänderungen und anderen Kräften. Sogar die Bewegung ferner Sterne wird auf der Erde winzige Veränderungen des Gravitationsfeldes hervorrufen. Zwar kann man nicht hoffen, solche Schwankungen jemals auf der Erde messen zu können, und doch werden sie stets die anfänglichen Korrelationen zerstören. Selbst wenn es also gelänge, die gewünschten Anfangsbedingungen am Teichrand zu schaffen, würden sie doch durch solche winzigen Zufälligkeiten zunichte gemacht, lange bevor die zur Mitte hin laufenden Kräuselungen sich vereinigten. In idealen isolierten Systemen könnte die Zeit umkehrbar sein, aber in jedem *wirklichen* System ist die Symmetrie der Zeit gebrochen.

Prigogine glaubt, die Symmetriebrechung der Zeit ist auf allen Ebenen der Natur vorhanden, von den Quanten bis zum Elefanten und zum Milchstraßensystem. Es gibt die eine Zeit und unendlich viele Zeiten. Zeit ist der große Pfeil, der alle Systeme aneinanderkoppelt, aber auch die Menge von Pfeilen, die all die Bifurkationen und Veränderungen individueller Systeme ausmachen. Jeder von uns hat seinen eigenen autonomen, unumkehrbaren Pfeil, aber dieser ist eng verknüpft mit dem unumkehrbaren Pfeil des Universums.

Mit solchen Argumenten revidiert Prigogine die Urknalltheorie. Er sagt: »Das Universum beginnt mit einem Ausbruch von Entropie (Chaos), der die Materie in einem geordneten Zustand zurückläßt. Und danach dissipiert die Materie allmählich diese anfängliche Ordnung und erschafft dabei als Nebenprodukt die Strukturen im Kosmos, das Leben und schließlich uns selbst. Soviel Entropie wird dabei dissipiert, daß Sie diese nutzen können, um etwas zu bauen.« So ist die Entropie, die Clausius als eine rein zufällige Suppe betrachtete, für Prigogine eine unendlich nahrhafte Suppe, aus der die dissipativen Strukturen hervorgehen. Prigogine revidiert das klassische Entropiekonzept, das passive Chaos, indem er es aktiv macht. Die Entropie, sagt er, »hat sowohl positive als auch negative Macht. Die positive Macht dient dazu, die negative Macht derart zu kompensieren, daß insgesamt doch etwas Positives herauskommt.«

Prigogine glaubt, die klassische und die Quantendynamik, die auf der Zeitumkehrbarkeit und Zeitlosigkeit bestehen, seien eine Idealisierung der Natur. Wie wir auf der anderen Seite des Spiegels entdeckten, kann kein System jemals in eine Schachtel eingeschweißt werden. Das »Äußere«, das Ganze, wird sich schließlich doch durch das unvermeidliche Abbrechen der Dezimalbrüche, durch die »Informationslücke« hereinschmuggeln. Die wirkliche Natur ist deshalb immer entropisch, turbulent und irreversibel. Prigogine sieht die Irreversibilität bis hinunter zum Grunde der Dinge am Werk, und er möchte dadurch die traditionelle wissenschaftliche Trennung zwischen dem Großen und dem Kleinen abschaffen. »Wenn unsere Welt nicht im Mikroskopischen verwurzelt ist, wo sollte sie dann herkommen? Wo kommt unsere Zeit her? ... Es ist eine sehr bemerkenswerte Tatsache: Wenn Sie viele der bedeutendsten Menschen der letzten zwei Jahrhunderte ansehen – Bergson, Heidegger, Einstein – dann würden diese alle sagen, daß die Irreversibilität nicht durch die Physik gefunden werden kann. Sie muß entweder durch Metaphysik gefunden werden, oder sie ist etwas, was wir selbst zur Natur hinzufügen. Wenn Sie diesen Standpunkt einnehmen, dann trennt uns die Zeit vom Universum. Glauben wir aber, daß die Irreversibilität ein natürliches Phänomen ist, so trennt uns die Zeit nicht mehr von der Natur.«

Gleich darauf sagt er nachdenklich, fast wehmütig: »Wenn ich die klassischen Begriffe umkehren muß, so doch nicht, weil ich das will, sondern weil ich versuche auszudrücken, wie ich die konstruktive Rolle der irreversiblen Prozesse sehe. ... Ich habe doch meine Arbeit nicht damit begonnen, daß ich mir vornahm, neue Begriffe einzuführen.«

Das mag so sein, aber Prigogines Ansichten sind bei seinen Zeitgenossen nicht gut angekommen. Ein Kritiker seines letzten Buches bemerkte: »Wenn man überhaupt einen Konsens über Prigogines Werk feststellen kann, so liegt er irgendwo im Spektrum zwischen verantwortlicher Wissenschaft und der Technologie des vereinheitlichten Feldes des Maharischi Mahesch Yogi.« Der kürzlich verstorbene Heinz Pagels befand: »Nur Prigogine und ein paar seiner Mitarbeiter verfolgen diese Spekulationen weiter, die trotz aller Anstrengungen weiterhin im Zwielicht am Rande der wissenschaftlichen Glaubwürdigkeit bleiben.«

Pagels, Physiker und wohlbekannter Autor des Buches *The Cosmic Code*, war ein orthodoxer Quantenphysiker. Seine ätzende Kritik spiegelt vielleicht eine Haltung wider, die Physiker manchmal gegenüber der Chemie einnehmen – und Prigogines Hauptarbeitsgebiet ist die Chemie. Die Physik ist die Königin der Wissenschaften, weil sie sich mit den eigentlichen Grundgesetzen der Natur beschäftigt. Die Chemie untersuche abgeleitete Themen, wird dann gesagt. Aber genau diese Haltung wird durch Prigogines dritte Herausforderung des wissenschaftlichen Establishments angegriffen. Traditionell hat man die Natur als eine Hierarchie betrachtet, die bei der atomaren Struktur beginnt und bei den komplexen biologischen Organismen endet. Jedes Niveau wissenschaftlicher Beschreibung soll auf dem vorhergehenden aufbauen, wobei die Beschreibung auf dem fundamentalsten Niveau – der Physik – natürlich Priorität haben soll. Für Prigogine aber ist die Natur nicht von unten nach oben erbaut. Sie besteht aus Rückkoppelungen auf allen Niveaus. Seine Idee einer wissenschaftlichen Naturbeschreibung »setzt nicht irgendeine fundamentale Beschreibungsweise voraus; jedes Niveau der Beschreibung ist durch andere impliziert und impliziert andere. Wir brauchen eine ganze Vielfalt von Niveaus, die alle untereinander verknüpft sind, und keines von diesen hat Anspruch auf Überlegenheit.«

Eine solche Feststellung hat natürlich viele Physiker gewurmt. Aber es kommt eine noch provokativere Aussage hinzu. Prigogine glaubt, daß die Naturgesetze, einschließlich der Gesetze der Physik, nicht etwa alle von Anfang an »gegeben« oder gar logisch notwendig sind. Sie entwickeln sich genauso, wie sich die verschiedenen Arten entwickeln. Während alles immer komplexer wird, treten Bifurkationen und Verstärkung auf und lassen neue Gesetze auftauchen. »Wie können Sie von den Gesetzen der Biologie reden, solange es noch keine lebenden Systeme gibt? Auch Planetenbewegung ist etwas, was erst ziemlich spät auftritt.«

Damit wird der Natur Kreativität zugesprochen. Auf jeder Organisationsebene wird fundamental Neues geschaffen. Etwas, das in den Elementen oder »Teilen«, die die vorherige Ebene ausmachten, noch nicht gegenwärtig war. So ist z. B. in einer Mischung aus Wasserstoff und Sauerstoff noch kein Wasser vorhanden. Es hat ein neues Wesen, das genaugenommen die »Teile« Wasserstoff und Sauerstoff opfert. Der einzige Weg, diese Teile zurückzuerhalten, besteht darin, das Wasser zu zerstören.

Da keine Gesetze oder »Teile« des Universums fundamentaler sind als andere, meint Prigogine, dürfe die Wissenschaft nicht linear und hierarchisch voranschreiten, sondern müsse vielmehr das Netzwerk von Gesetzen und Vorgängen herausarbeiten und beschreiben, das all die verschiedenen Ebenen verbindet. Die Natur sollte als ein sich dynamisch änderndes Gewebe angesehen werden, nicht als eine mechanische, hierarchische Pyramide.

Pagels war ein hingebungsvoller Anwalt des Projekts der »großen Vereinheitlichung«, und er jagte selbst der »Superkraft« nach, die aller Materie zugrunde liegen soll. Kein Wunder, daß Prigogines Betrachtungsweise ihn beunruhigte. Prigogine steht dem Projekt der großen Vereinheitlichung ebenso kritisch gegenüber: »Die große Vereinheitlichung möchte eine Weltbeschreibung erreichen, die einheitlich ist, aber wenn sie einheitlich ist, dann gibt es keinen zweiten Hauptsatz der Thermodynamik (das Gesetz vom Anwachsen der Entropie – also der Zeit). Das Universum ist nicht eine Identität, es ist nicht so, daß alle Teilchen in eines zusammenfallen. Wenn es eine Identität wäre, so gäbe es keinen Pfeil der Zeit. Aber dieser Pfeil existiert.«

Kreatives Chaos

In Prigogines Denken über die Zeit glüht die Seele eines Visionärs, der daran glaubt, daß in den Gesetzen der Unvorhersagbarkeit, des Chaos und der Zeit – nicht aber in den mechanischen Gesetzen der klassischen Dynamik – das Geheimnis der Kreativität der Natur liegt. Als Beispiel für die Kreativität des Chaos und der Irreversibilität führt er deren Rolle beim Aufstieg des Lebens an.

Konepudi und andere Forscher in Prigogines Gruppe arbeiten an Experimenten, die vielleicht zeigen werden, wie sich der komplizierte Code auf dem DNS-Molekül entwickelte. DNS ist ein Polymer oder Kettenmolekül, in dem sich die Abschnitte ständig wiederholen. Das Problem, wie Prigogine es sieht, liegt darin: »Wie kann man auf einem Polymer einen Text unterbringen?« Oder noch richtiger, wie kann man ein Polymer in einen Text verwandeln? »Wenn Sie die Teile des Polymers durch einen Grenzzyklusprozeß aneinander binden, so wird das Polymer ABAB werden. Damit ist nicht viel geschafft. Wenn Sie es aber mit einer chaotischen Reaktion herstellen, so erhalten Sie komplizierte Folgen. Sie erhalten eine symbolische Dynamik« – mit anderen Worten die Geburtsurkunden verschiedener Bifurkationen in dissipativen Strukturen, also Ordnung im Chaos. »Dieser Text enthält viel Information. Und weil er der Irreversibilität zu verdanken ist, gibt es eine Richtung, in der man ihn lesen muß. Das ist das gleiche, das wir bei den wirklichen Nukleotiden finden, die man ja auch in einer Richtung lesen muß.« Das DNS-Molekül ist also die Aufzeichnung einer fern vom Gleichgewicht abgelaufenen Umweltdynamik, und beim Lesen läßt sich diese Dynamik wieder reproduzieren. »Da sehen Sie, daß das Chaos gar kein so negatives Element ist«, sagt Prigogine triumphierend.

Indem er die Rolle des Zufalls und des Chaos in der Strukturentstehung betont, beschwört Prigogine ein Universum, in dem die Objekte weniger gut definiert sind als in der klassischen oder auch in der Quantenphysik. In Prigogines Kosmos ist die Zukunft unbestimmbar, weil sie der Zufälligkeit, der Schwankung, der Verstärkung unterworfen ist. Prigogine nennt dies ein neues »Unbestimmtheitsprinzip«.

Das berühmte von Werner Heisenberg für die Quantenmechanik formulierte Unbestimmtheitsprinzip, auch »Unschärfeprinzip« genannt, stellte fest, daß es unmöglich ist, sowohl den Ort als auch den Impuls eines beliebigen subatomaren Teilchens gleichzeitig genau zu kennen. Wegen der Unschärferelation mußte man den Begriff der Wahrscheinlichkeit in die Beschreibung des Verhaltens von Teilchen einführen. Prigogines neues Unbestimmtheitsprinzip sagt aus, daß Systeme jenseits gewisser Schwellen der Komplexität in unvorhersagbare Richtungen laufen; sie verlieren ihre Anfangsbedingungen, und diese lassen sich nicht durch Umkehrung wiederfinden. Diese Unfähigkeit, in der Zeit rückwärts zu laufen, stellt eine »Entropiebarriere« dar. Die Entdeckung dieser Entropiebarriere ähnelt Einsteins Entdeckung, daß Menschen oder Botschaften niemals schneller als das Licht reisen können, also niemals die »Lichtbarriere« überwinden können.

Wie Heisenbergs Unbestimmtheitsprinzip ist auch das von Prigogine ein Angriff auf den Reduktionismus. Für Prigogine aber stellt diese Betrachtungsweise der Natur nicht so sehr eine Begrenzung dar als vielmehr die Anerkennung der kreativen Möglichkeiten. Wenn er und Frau Isabelle Stengers beispielsweise über die Idee des Fortschritts sprechen, so bemerken sie, die meisten Fortschrittsdefinitionen gäben »eine beruhigende Darstellung der Natur als eines allmächtigen, rationalen Rechenwerks und einer zusammenhängenden Geschichte des weltweiten Fortschritts. Um sowohl das Beharrungsvermögen wiederzufinden als auch die Möglichkeit unvorhergesehener Ereignisse – d.h. um den offenen Charakter der Geschichte wiederherzustellen –, müssen wir ihre fundamentale Ungewißheit akzeptieren. Ein passendes Symbol hierfür ist der offenbar zufällige Charakter des großen Artensterbens am Übergang von der Kreidezeit zum Tertiär, das den Weg für die Entwicklung der Säugetiere freimachte, damals eine kleine Gruppe rattenartiger Wesen.«

Am Ende ihres Buches beschreiben sie ihren Zugang zur Irreversibilität – den Zugang übers Chaos – als einen Trend, der Neues in der Wissenschaft hervorbringen wird: »Eine Art von ›Undurchsichtigkeit‹ im Gegensatz zur Transparenz des klassischen Denkens«. Man fühlt sich dabei an John Keats' Feststellung erinnert, daß man, um ein Dichter zu sein, in »Zweifel und Ungewißheit« leben müsse. Prigogine schlägt dies als neuen Weg der Wissenschaft vor.

»Ist dies eine Niederlage des menschlichen Geistes? Das ist eine schwierige Frage. Als Wissenschaftler haben wir keine Wahl; wir können nicht die Welt für Sie beschreiben, wie wir sie gerne sähen, sondern nur so, wie wir sie durch die vereinte Wirkung von experimentellen Ergebnissen und neuen theoretischen Begriffen sehen können. Wir glauben auch, daß diese neue Lage die Lage widerspiegelt, die wir in unserer eigenen geistigen Tätigkeit zu finden scheinen. Die klassische Psychologie konzentrierte sich auf die bewußten, transparenten Aktivitäten; die moderne Psychologie legt mehr Gewicht auf das undurchsichtige Funktionieren des Unbewußten. Vielleicht ist dies ein Bild für die grundlegende Existenz. Erinnern wir uns an Ödipus, die leuchtende Klarheit seines Geistes vor der Sphinx und seine Dunkelheit und Undurchsichtigkeit gegenüber den eigenen Ursprüngen. Vielleicht ist das Zusammenkommen unserer Einsichten in die Welt um uns und die Welt in uns ein befriedigender Zug an den jüngsten wissenschaftlichen Entwicklungen, die wir zu beschreiben versucht haben.«

Der reduktionistische Jacques Monod charakterisierte die Wissenschaft, die sich in der ersten Hälfte unseres Jahrhunderts entwickelte, die Quantenmechanik und ihren Abkömmling, die große Vereinheitlichung: Diese Wissenschaft definiert ein Universum, in dem das Leben und die Menschen Zufälle sind, die nicht »aus den Gesetzen der Physik folgen«, aber »mit diesen verträglich sind«. So hat die Wissenschaft dem Menschen gezeigt, daß er allein und isoliert im Kosmos dasteht, ein »Zigeuner«, der »auf der Grenze zu einer fremdartigen Welt lebt, zu einer Welt, die taub ist gegenüber seiner Musik und ebenso gleichgültig gegenüber seinen Hoffnungen wie gegenüber seinen Leiden oder seinen Verbrechen«. Das Universum ist eine riesige Maschine, ein Computer, der Wahrscheinlichkeitsrechnungen ausführt und in dem Leben und Intelligenz nur eine relativ geringe Wahrscheinlichkeit besitzen.

Folgerichtig verwirft Prigogine die reduktionistische Sichtweise. Indem er auf die Anwesenheit der Zeit in allen Dimensionen der Wirklichkeit hinweist, auf die durchdringende Rolle des Chaos in der Erschaffung spontaner Ordnung, drängt Prigogine vorwärts auf dem Weg zu jenem Ziel, das er »die Wiederverzauberung der Natur« nennt. Er möchte zeigen, daß wir, als zeitlich begrenzte, spontan erschaffene Wesen ein integraler Teil der zeitbegrenzten, spontan organisierten Bewegung der ganzen Natur sind und nicht ein Zufall von geringer Wahrscheinlichkeit. Er möchte auch zeigen, daß es darauf ankommt, was wir tun.

»Freiheit und Ethik haben keinen Platz in einem Automaten. Wenn wir aber sehen, daß die Welt hinreichend komplex ist, dann sieht das Wertproblem anders aus... Was wir tun, führt zu einem der Äste der Bifurkation. Unser Handeln baut die Zukunft.« Er glaubt: »Da selbst die kleinsten Schwankungen anwachsen und dadurch die gesamte Struktur verändern können, ist das persönliche Handeln nicht zur Bedeutungslosigkeit verurteilt. Dies ist aber andererseits auch bedrohlich, da nun in unserer Welt die Sicherheit von stabilen, dauerhaften Regeln für immer dahin ist. Wir leben in einer gefährlichen und ungewissen Welt, der wir nicht mit blindem Vertrauen begegnen dürfen.«

Renée Weber stellt in ihrem Buch *Scientists and Sages* (Wissenschaftler und Weise) Prigogine mit traditionellen Mystikern und den neuen wissenschaftlichen Mystikern wie David Bohm in eine Reihe. Aber sie zeigt, daß Prigogine nicht in einem leicht definierbaren Sinn Mystiker ist. Sicherlich erscheint er mystisch, was das Chaos betrifft. Z. B. weigert er sich, dieses zu definieren, obwohl das Wort immer wieder in seinen Unterhaltungen und Schriften auftaucht. Aber er glaubt nicht an die direkte mystische Wahrnehmung des »Einen«.

Um seine Art von Mystik zu definieren, sollte man darauf hinweisen, daß er präkolumbische Kunst sammelt, die voller erdhafter und verschwommener Gestalten ist. Sein Mystizismus scheint eher der Kunst nahezustehen oder einer uralten Wissenschaft, die Neuigkeiten bringt, die dem Gelben Kaiser willkommen wären. Er verkündet, daß der Zauber des Reduktionismus ein Traum war – und die zu ihrer Zeitreise erwachende Wirklichkeit um uns ist ein noch schönerer Traum.

Ein Sprichwort der amerikanischen Indianer sagt, die Zeit sei zeitlos, und die Indianer hätten das immer gewußt, und nur der weiße Mann müsse es noch lernen. Vielleicht ist Prigogine einer der ersten westlichen Wissenschaftler, der dabei ist, es zu lernen oder wiederzuerlernen. Und zur Zeitlosigkeit der Zeit hat er noch etwas hinzugefügt, ebenfalls etwas sehr altes: Das Chaos als Quelle aller Gestalt und allen Lebens.

Kapitel 2

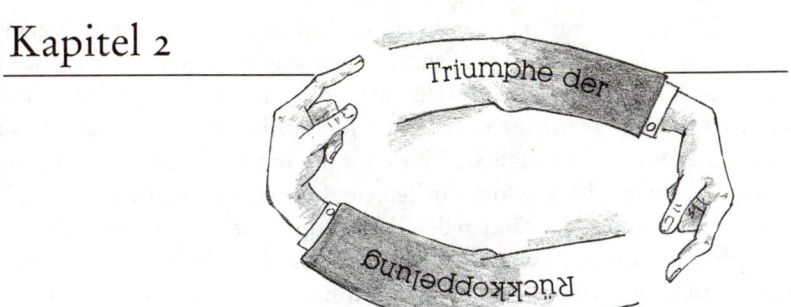

Triumphe der Rückkoppelung

Als der Gelbe Kaiser erwachte, war er froh, sich selbst gefunden zu haben.

LIEH-TZU

Autonomie und Kollektiv

Prigogines Einsichten ins Chaos beleuchten den Unterschied zwischen der mechanistischen und der ganzheitlichen Weltanschauung. Dieser gewaltige Unterschied wird noch klarer werden, wenn wir uns nochmals der Rückkoppelung zuwenden.

Wenn eine Maschine nicht funktioniert, so ist es relativ leicht, die Ursache zu finden. Ein Glied in der Kette von Ursachen und Wirkungen ihrer Teile ist gebrochen. Wir müssen nur dieses Glied finden und es reparieren. Wenn jedoch der menschliche Körper nicht funktioniert, so mag zwar ein Arzt einen speziellen schuldigen Teil finden, aber in Wirklichkeit ist die »Ursache« für jede Gesundheitsstörung immer vielfältig, weil ein lebender Organismus aus einer überwältigenden Anzahl von Rückkoppelungsschleifen besteht. Alles ist in diesen Schleifen lebendiger Strukturen miteinander verknüpft: Die Umwandlung der Nahrung in Energie, die Muskelkontraktion, die Regelung der Körpertemperatur, die Verteilung von Hormonen und Neurotransmittern, die Reflexwirkungen wie z.B. die Pupillenvergrößerung des Auges bei plötzlicher Dunkelheit oder die Beschleunigung des Herzschlags bei Gefahr. Negative Rückkoppelungsschleifen regeln, positive verstärken. Eine Unzahl von Schleifen sind miteinander derart verflochten, daß die innere Organisation eines Organismus sich ständig den Forderungen ihrer Umwelt anpassen kann. Eine Maschine läßt sich völlig in ihre Teile zerlegen und so wieder zusammenbauen, daß sie wie gewöhnlich läuft. Das ist bei einem Lebewesen unmöglich. Fällt ein Maschinenteil aus, so bleibt die Maschine stehen. Fällt jedoch ein Teil eines Organismus aus, so kann der Organismus unter Umständen den Verlust durch seine Rückkoppelungsschleifen kompensieren und weiterleben. Und schließlich verwandelt eine Maschine Treibstoff in Wärme und Bewegung, aber sie kann nicht aus Treibstoff sich selbst bauen, wie das ein Organismus durch seine Rückkoppelungen tut.

Die oben beschriebenen Eigenschaften der Rückkoppelung, vor allem die Eigenschaft der ständigen Selbsterneuerung, verleihen lebenden Systemen eine eigenartige Charakteristik. Diese Charakteristik wird von den Wissenschaftlern mit dem Begriff »Autopoiese« definiert (griechisch »Selbsterschaffung«).

Autopoietische Strukturen liegen am komplexen Ende des Spektrums der »offenen Systeme«, die die Natur hervorbringt. Dieses Spektrum läuft von den simplen selbstorganisierenden Systemen, wie den Wirbeln oder Jupiters Rotem Fleck, zu komplizierteren chemischen dissipativen Strukturen wie der Belusow-Zhabotinsky-Reaktion und schließlich zu den komplexesten autopoietischen Systemen wie uns selbst. Autopoietische Systeme sind bemerkenswert paradoxe Geschöpfe. Beispielsweise sind sie höchst autonom, weil sie sich selbst erneuern und dadurch eine jeweils eigene Identität besitzen, die sie ständig aufrechterhalten. Und doch sind auch die autopoietischen Strukturen wie alle anderen offenen Systeme in ihre Umgebung eingebettet und unentwirrbar mit ihr verflochten – wobei diese Umgebung notwendigerweise weit vom Gleichgewicht entfernt ist und Ströme von Nahrung, Sonnenlicht, verfügbaren Chemikalien und Wärme anbietet. Anders ausgedrückt besagt dieses Paradox: Jede autopoietische Struktur hat eine einzigartige Geschichte, aber ihre Geschichte ist in die Geschichte der weiteren Umgebung und aller anderen autopoietischen Strukturen eingebunden – ein ganzes Bündel verflochtener Zeitpfeile. Autopoietische Strukturen haben wohl bestimmte Grenzen, etwa eine halbdurchlässige Membran, aber die Grenzen sind zugleich offen und verbinden das System in fast unvorstellbarer Komplexität mit der Umwelt.

Zeitlupenfilme, die man von Leuten gemacht hat, die in einer Unterhaltung begriffen sind, machen das autopoietische Paradox anschaulich. Solche Filme zeigen einen subtilen Tanz zwischen Sprecher und Zuhörer, ein rhythmisches Vor und Zurück, als sei eine präzise Choreographie am Werk. Der Betrachter hat den Eindruck, einem einzigen Organismus gegenüberzustehen. Die Konversation enthüllt die raffinierte Verflechtung aller autonomen Strukturen. Ganz ähnlich entstehen auch unsere intimsten Gedanken und Gefühle aus ständiger Rückkoppelung aus dem Durchfluß der Gedanken und Gefühle anderer, die uns beeinflußt haben. Unsere Individualität ist ganz entschieden Teil eines kollektiven Vorgangs. An der Wurzel dieses Vorgangs stehen Rückkoppelungen.

Der nichtlineare Planet

Die Rückkoppelungsnatur autopoietischer Strukturen sollte uns nicht überraschen, denn seit Anbeginn ist das Leben auf der Erde durch Verflechtung und Rückkoppelung aufgebaut. Und diese Verflechtung, auch das sollte uns nicht überraschen, hat ihre Wurzeln im Chaos.

Erinnern wir uns an die phantastische Komplexität am Rande der Mandelbrot-Menge. Und dann stellen Sie sich die spiraligen Formen dieser rein mathematischen Iteration als eine Metapher für die Chemie vor, die einst auf der urtümlichen Erde brodelte und erstarrte.

Sherwood Chang vom Ames Research Center der NASA vermutet, daß die dissipativen Strukturen, die auf unserem Planeten zum Leben führten, wahrscheinlich im chaotischen Zwischenbereich zwischen festen, flüssigen und gasförmigen Oberflächen ihren Ursprung hatten, wo ein starker Energiefluß vorhanden war. Manche Forscher spekulieren, daß an dieser Verbindungsstelle autokatalytische chemische Strukturen ähnlich der Belusow-Zhabotinsky-Reaktion eine Art von Proto-Leben darstellten und daß auf der frühen Erde viele Abwandlungen derartiger Reaktionen erblühten. Indem sie sich auf die weit vom Gleichgewicht befindliche Umgebung einstellten, verwandelten sich die Abkömmlinge dieser ersten autokatalytischen, selbstbezüglichen, selbstähnlichen Strukturen dann zu einer größeren Struktur von Rückkoppelungsschleifen, die man Hyperzyklen nennt. Eine solche Hyperzyklusstruktur war die RNS.

Das Auftauchen der RNS und das ihres wichtigen Abkömmlings, der DNS, waren dramatische neue Schritte im Verlauf der Geburt von Selbstähnlichkeit aus dem Chaos. Durch RNS und DNS wurde die Fähigkeit des Hyperzyklus, sich zu iterieren und fortzupflanzen, erheblich vergrößert. Da der Kopierprozeß der DNS auch Variationen erzeugt, reproduzierten die Wechselwirkungen nicht immer genau die gleichen Formen, sondern auch zahllose neue. Die Mikroben, die aus dem RNS-Hyperzyklus hervorgingen, waren unter den rauhen Bedingungen auf der frühen Erde phantastisch anpassungsfähig.

Die ungeheuer vielen verschiedenen Mikroben, die anfangs unseren Planeten bewohnten und ihn noch immer bewohnen, passen sich an, indem sie DNS-Fragmente austauschen. Eine bakterielle «Abstammungslinie» läßt sich einfach dadurch ändern, daß man in ihr genetisches Material einige neue Stücke von DNS hineinnimmt oder einige alte wegläßt. Indem sie diese Methode anwandten, veränderten die Bakterien die Erde. Die Methode erlaubte es verschiedenen Stämmen von Bakterien, sich aneinander zu koppeln, so daß der Abfall der einen Sorte zur Nahrungsquelle der anderen wurde.

Der Systemtheoretiker Erich Jantsch wies einmal darauf hin, daß der evolutionäre Wandel wohl mit den Bakterien zu Ende gewesen wäre, wenn die Antriebskraft der Evolution nur die Anpassung wäre. Der DNS-Rückkkoppelungs-Mechanismus der Bakterien ermöglicht es ihnen, zu mutieren und sich auch den schwierigsten Bedingungen mit erstaunlicher Geschwindigkeit anzupassen. Doch die Evolution hat offenbar noch andere Antriebe, wie Jantsch vorschlug – und einer von ihnen könnte, wie er es nannte, die reine »Intensivierung des Lebens« sein. Und auf der nächsten Stufe dieser Intensivierung entwickelte sich die biologische Rückkoppelung in eine radikal neue Form.

Unter den Wissenschaftlern wächst die Zustimmung zu einer revolutionären Rückkoppelungstheorie der Evolution, die von der Mikrobiologin Lynn Margulis von der Boston University vorangetrieben wird. Margulis glaubt, daß die »neuartige Zelle«, die vor 2,2 Milliarden Jahren erschien und zum Ausgangspunkt der Zellen aller heute existierenden vielzelligen Pflanzen und Tiere wurde, nicht das Ergebnis einer genetischen Mutation war, sondern das Ergebnis von Symbiose. Sie entstand nicht durch brutale Konkurrenz im Überlebenskampf, sondern durch Kooperation.

In ihrem Buch *Mikrokosmos*, das sie mit ihrem Sohn Dorion Sagan schrieb, sagt sie:

»Der Konkurrenz, in der der Stärkere gewinnt, wurde viel mehr Aufmerksamkeit geschenkt als der Kooperation. Aber einige auf den ersten Blick schwache Organismen haben langfristig dadurch überlebt, daß sie Teile von Kollektiven waren, während die sogenannten starken, die nie den Trick der Kooperation lernten, zum Abfall der Evolution geworfen und ausgelöscht wurden.«

Obwohl die meisten Biologen dieser Idee zunächst skeptisch gegenüberstanden, stimmen sie nun Margulis darin zu, daß die Evolution einen plötzlichen Sprung machte, als sich Mikroben symbiotisch zusammenkoppelten, um damit auf den »Holocaust« zu antworten, den die weltweite Freisetzung eines Abfallprodukts der Zyanobakterien darstellte, das die meisten bakteriellen Lebensformen, einschließlich der Zyanobakterien selbst, zu vergiften begann. Dieses Umweltgift war der Sauerstoff. Dieser »Sauerstoff-Holocaust«, wie man ihn nennt, führte zu einem Bakteriensterben und erzwang Mutationen, die neue Abstammungslinien hervorbrachten. Einige Bakterien gingen in den Untergrund, um sich vor dem tödlichen Gas zu schützen; andere entwickelten die Fähigkeit, den Sauerstoff zu »atmen«; andere ließen sich auf Rückkoppelungsbeziehungen ein, die zu einem ganz neuen evolutionären Schritt führten.

Margulis spekuliert, daß die Symbiose vorbereitet wurde, als eine der Zyanobakterien, die den Sauerstoff-Holocaust hervorriefen, auf der Suche nach Nahrung in ein anderes Bakterium eindrang. Die Gastgeberzelle ging daran, sich vor der plötzlichen Gegenwart von Sauerstoff zu schützen, indem sie eine Kernmembran um ihre DNS bildete – und so entstand die erste Zelle mit einem Zellkern.

Eine zweite Invasion – nun durch das Eindringen stäbchenförmiger sauerstoff*atmender* Bakterien in eine Gastgeberzelle – löste einen typisch symbiotischen Wandlungsprozeß aus. Margulis stellt sich vor, daß die Gastgeberzelle den Abwehrkampf gegen den sauerstoffatmenden Eindringling bestand, indem sie Rückkoppelungen mit diesem anknüpfte. So blieb der Eindringling und machte aus der Rückkoppelung eine Einrichtung, von der er selbst erheblich profitierte. Die Beziehung verlieh dem Gastgeber die Fähigkeit, Sauerstoff als Energiequelle zu nutzen, und zum Ausgleich erhielt von nun an der stäbchenförmige Eindringling eine dauerhaft fürsorgliche Umwelt. Solche Symbiose zeigt, wie autopoietische

Strukturen sich ändern können, um sie selbst zu bleiben. Man sieht hier auch einen der seltsamen Wege, auf denen Rückkoppelungen zustande kommen: Beim Versuch, einen Eindringling abzuweisen, bahnt sich eine Beziehung an, die zur Heirat führt.

Nach Margulis' Theorie wurde die symbiotische Vereinigung zwischen den beiden Bakterienlinien schließlich so vollständig, daß nur noch einige verräterische Kennzeichen auf den getrennten Ursprung des Eindringlings hinweisen. Eines davon ist die Tatsache, daß die heutigen Nachfahren der stäbchenförmigen, damals freilebenden Störer – Mitochondrien genannt – zu einem festen Bestandteil unserer Zellen wurden und doch weiterhin ihre eigene, andersartige DNS besitzen.

Margulis glaubt, daß das Pflanzenreich in einem ähnlichen Prozeß entstand, als Gastgeberzellen mit Zellkernen eine Invasion der sonnenliebenden, sauerstoffproduzierenden Zyanobakterien erlebten. Die sich dabei ergebende Rückkoppelung »überzeugte« die Zyanobakterien, wie vorteilhaft es war, als Chloroplasten weiterzuleben, und so wurde die neue Zelle befähigt, aus Wasser und Sonnenlicht Energie zu erzeugen und dann gemeinsam mit den Mitochondrien der Zelle deren früheren giftigen Abfall zu atmen. Auch Chloroplasten besitzen ihre eigene DNS.

Lynn Margulis vermutet, daß auch die schnellbeweglichen, korkenzieherartigen Bakterien, die man Spirochäten nennt, mit einem Angriff begannen und in einer Heirat endeten. Wenn sie recht hat (viele Biologen folgen diesem Teil ihrer Theorie nicht), ließen sich die Spirochäten auf eine besonders raffinierte Rückkoppelungsbeziehung mit ihren Gastgebern ein. Sie wurden Geißeln und Cilien, die den neuen Zellen Beweglichkeit verliehen. Sie wurden auch zu Mikrotubuli, faserigen Strukturen im Innern der Zellen, die verschiedene Funktionen übernehmen – vom Transport chemischer Botenstoffe und Sekrete durch die ganze Zelle bis zur Organisation der Chromosomenteilung im Kern. Margulis glaubt, daß im Lauf der Evolution die Mikrotubuli sich auch zu Axonen und Dendriten weiterentwickelt haben, also zu den Organen, mit deren Hilfe Neuronen miteinander verkehren. So könnte also die frühe Rückkoppelung zwischen Spirochäten und Gastzellen schließlich zur Entwicklung des Gehirns geführt haben. Ein ironisches Schicksal. Die Spirochäten sind für ihre rasche Beweglichkeit bekannt. In einer Hinsicht zwang sie der Prozeß, der sie in Gehirnzellen umwandelte, diese ihre Identität zu opfern und seßhaft zu werden. Andererseits haben sie ihre frühere Iden-

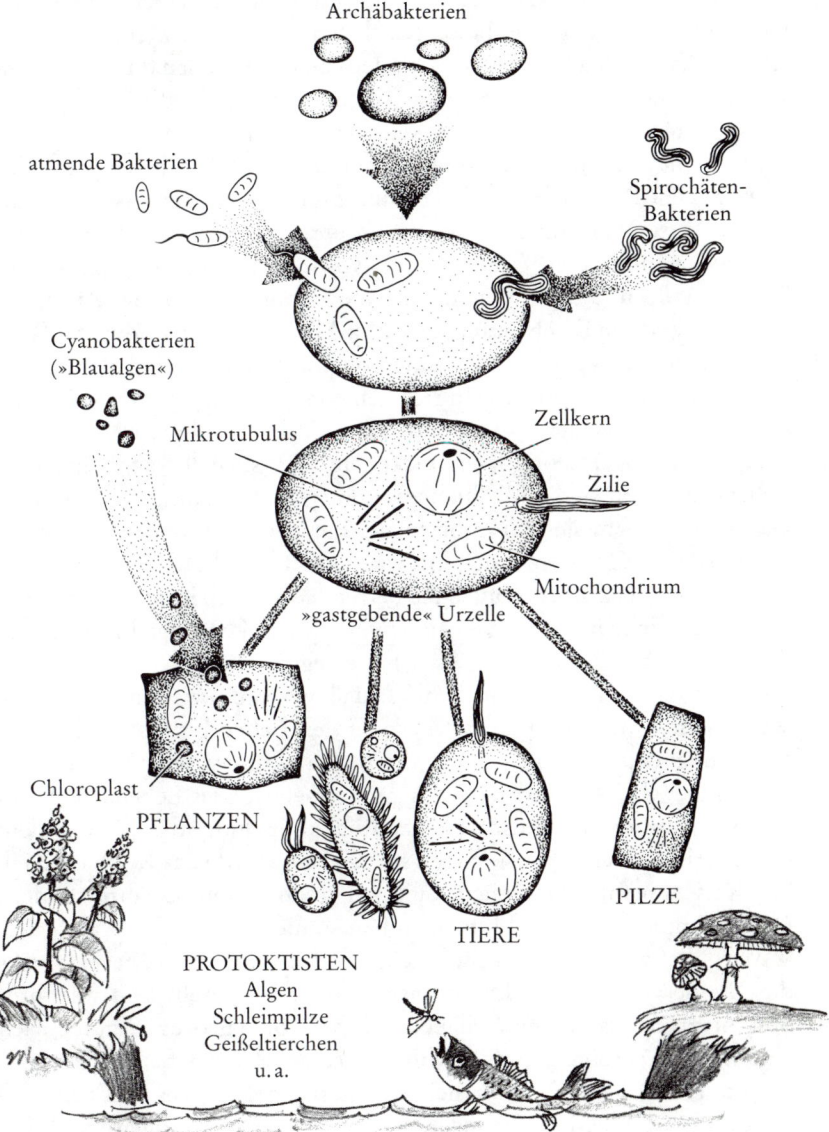

Abb. 2.1 Margulis' Vorstellung der symbiotischen Evolution von den Bakterien zu den vielzelligen Organismen. Sie behauptet, wir entwickelten uns durch die Kooperation von Mikroben.

Archäbakterien

atmende Bakterien

Spirochäten-Bakterien

Cyanobakterien (»Blaualgen«)

Mikrotubulus

Zellkern

Zilie

Mitochondrium

»gastgebende« Urzelle

Chloroplast

PFLANZEN

TIERE

PILZE

PROTOKTISTEN
Algen
Schleimpilze
Geißeltierchen
u. a.

tität doch behalten. Denn sie sind zwar in unserem Schädel eng und praktisch unbeweglich zusammengepackt, wurden aber dafür Instrumente für das schnellste Rückkoppelungsnetzwerk in der Geschichte des Planeten. Heute, inmitten eines bewegten elektrischen Funkenfeldes, wirbeln sie nicht durch den Urschlamm, sondern gewissermaßen durch die fernsten Bereiche von Raum und Zeit – denn durch sie ist die blitzschnelle Beweglichkeit menschlichen Denkens verwirklicht.

Die symbiotischen Rückkoppelungen, die die Zellen befähigten, sich zu bewegen, Photosynthese auszuführen und den Sauerstoff zu benutzen, um ihre Nahrung chemisch zu »kauen«, führten schließlich weiter zu wiederum anderen Arrangements von Rückkoppelung – z. B. zum Sex. Margulis und Sagan sagen: »Wie die Symbiose ist der Sex Ausdruck einer universellen Erscheinung, des ›Mix-Match-Prinzips‹: Zwei voll entwickelte und angepaßte Organismen oder Systeme verbinden sich, reagieren aufeinander, entwickeln sich gemeinsam weiter, grenzen sich neu ab, passen sich wiederum an – und etwas Neues ist geboren.«

Die neuen, symbiotisch entwickelten, sich sexuell fortpflanzenden Zellen schlossen sich schließlich zusammen und begannen, sich zu spezialisieren, indem sie sich immer neue Funktionen schufen. Eine Zelle mit Kern und Cilien mag sich mit einer zweiten Zelle verbunden haben und durch deren Mikrotubuli dazu befreit haben, sich in andere Richtungen zu entwickeln – z. B. in einen Sinnesapparat. Die lange Entwicklung der vielzelligen Pflanzen und Tiere hatte begonnen.

Margulis kommt zu dem Schluß, daß wir uns zwar für autonome Wesen halten mögen, daß wir aber von den Zehen bis ins Gehirn eine Sammlung von Mikroben sind, die durch symbiotische Kooperation zusammengehalten werden. Genaugenommen ist alles Leben eine Form der Kooperation, ein Ausdruck der Rückkoppelung, die sich aus dem Chaos erhob. Wenn wir die Sache so ansehen, wurde das Reich des Gelben Kaisers nicht in tödlichen Kämpfen gestaltet und bewahrt, sondern in einer immer weiter aufblühenden Harmonie.

Margulis weist überzeugend nach, welch machtvollen Mechanismus die Kooperation in der Evolution darstellt. Sie gesellt sich mit ihrer Stimme zu der rasch anschwellenden Schar von Theoretikern, die nach einer neuen Anschauung der Evolution rufen. Zwar ließe sich Darwins ursprüngliche Theorie sicherlich so interpretieren, daß das Bild von zusammenarbeitenden Organismen hineinpaßte; die populäre und wissenschaftliche Betrachtungsweise der Evolution hat aber lange Zeit hindurch genau das Gegenteil betont – daß nämlich das Gleichgewicht der Natur Ergebnis eines heftigen Konkurrenzkampfes zwischen den Organismen sei, der zum »Überleben des Tauglichsten« geführt habe.

Eine geringe Akzentverschiebung kann hier zu einem dramatischen Wandel der Weltanschauung führen. Der Philosoph Robert Augros und der Physiker George Stanciu haben versucht, diese Verschiebung mit einer Reihe von Argumenten und Beispielen sichtbar zu machen, die sie in ihrem Buch *The New Biology* präsentieren.

Ein Beispiel: Das Konkurrenzmodell der Natur sagt vorher, daß zwei Arten ähnlicher Tiere miteinander um die verfügbare Nahrung und das Territorium kämpfen müssen. Die Beobachtungen legen aber nahe, daß solche Kämpfe in Wirklichkeit äußerst selten sind. So haben etwa zwei britische Kormoranarten Wege gefunden, ihre Nahrung und ihre Niststellen so abwechslungsreich zu gestalten, daß sie nicht im geringsten in Konkurrenz zueinander geraten. Obwohl beide Arten ganz ähnlich nisten, richteten die einen ihre Wohnsitze hoch oben in den Klippen oder auf breiten Felsbändern ein, während die andere Art enge Bänder wählt und ihre Nester weiter unten placiert. Statt miteinander zu konkurrieren, haben es also die beiden Arten vorgezogen, mit der gesamten Umwelt und miteinander derart in Wechselwirkung zu treten, daß sie sich verschiedene Nischen schufen.

Ein weiteres Beispiel: Auf den ersten Blick scheint das Dominanzverhalten innerhalb von Arten einen starken Hinweis auf den Konkurrenzgeist der Natur zu bieten. Wölfe, Stiere, Vögel – sie alle haben bekanntlich Dominanzhierarchien oder »Hackordnungen«. Man kann aber solche Strukturen auch anders ansehen, nämlich als ein geniales Mittel, um schmerzhafte Konkurrenz und schädliche Konflikte zu vermeiden. Machtkämpfe zwischen Männchen einer Art werden gewöhnlich beigelegt, sobald klar ist, welches Tier das stärkere ist. Sobald dies feststeht, wird der Kampf abgebrochen. Diese Einrichtung dient also offenbar im wesentlichen nicht der Konkurrenz, sondern sie stellt einen Weg zur Zusammenarbeit dar. So lassen sich Konflikte vermeiden, in denen das stärkere Individuum ohnehin den Schwächeren besiegen würde, jedoch wahrscheinlich mit Verletzungen für beide.

Ein drittes Beispiel: Die Theorie des Darwinschen Konkurrenzkampfes zwischen den Arten beruht auf der Annahme, daß die Population einer Art grenzenlos weiterwächst, wenn sie nicht durch Gefressenwerden und durchs Verhungern von der Natur in Schach gehalten wird. Darwin selbst benutzte »theoretische Berechnungen«, um diese Annahme zu stützen, die er auf Beispiele von verwilderten Haustierpopulationen gestützt hatte (wie die Kaninchen- und Schwammspinnerpopulationen, die wir in Kapitel 3 diskutierten). Wo aber Arten natürlich vorkommen, da scheinen sie in ihre Umgebung derart verflochten zu sein, daß sie selbst ihre Bevölkerungszahl regeln. Von Natur aus folgen die Bevölkerungszahlen Grenzzyklen. Untersuchungen an Hirsch, Elch, Bison, Moschusochse, Dickhornschaf, Steinbock, Nilpferd, Löwe, Grizzlybär, Sattelrobbe, Pottwal und vielen anderen Arten zeigen, daß die Populationen solche Selbstregulierung dadurch erreichen, daß sie die Geburtenrate oder das Alter der ersten Fortpflanzung an die Bevölkerungsdichte anpassen. Wenn Wissenschaftler versuchten, eine Art aus einem Gebiet zu entfernen, so blieb die Population dadurch konstant, daß Tiere aus benachbarten Territorien die Lücken füllten (im nächsten Abschnitt werden wir sehen, wie die Neuronen im Gehirn etwas ähnliches tun). Was Populationen in Grenzen hält, ist also nicht so sehr die »Natur mit ihren blutroten Zähnen und Klauen«. Populationen scheinen vielmehr eine natürliche Größe zu besitzen, geradeso wie individuellen Organismen eine natürliche Größe zukommt. Die Bevölkerungszahl hängt davon ab, wie sie durch Rückkoppelungen mit der ganzen Umwelt der anderen Arten und der ökologischen Ressourcen verknüpft ist. Das ist verständlich, weil Arten sich ja vor allem durch die Rückkoppelung mit der gesamten, sich ebenfalls entwickelnden Umwelt weiterentwickeln. Wenn nicht der Mensch sich einmischt, so sorgt eine weitgehend selbstregelnde und keineswegs gewaltsame Rückkoppelung für die Erhaltung der Populationsgröße.*

---

* Darwin und Wallace stießen beide auf das Prinzip des »survival of the fittest«, also des Konkurrenzkampfes und des Überlebens des Tüchtigsten, nachdem sie Thomas Malthus' Essay über die Bevölkerung gelesen hatten. Malthus sah im Konkurrenzkampf um die Lebensgrundlagen die Methode der Natur, mit der sie die schwachen und faulen von fleißigen und produktiven Menschen trennt. Bertrand Russell wies darauf hin, daß Darwin die Natur vermenschlichte, als er Malthus' wirtschaftliche Laissez-faire-Theorie benutzte, um ein Bild des Lebendigen zu malen, in dem alles mit allem in unbarmherzigem Konkurrenzkampf steht. Könnte es nicht sein, daß diese Ausweitung des Malthusschen Gedankens unbeabsichtigt zu einer schwerwiegenden Verzerrung unseres Verständnisses der Natur geführt hat, unter anderem auch der Natur unserer eigenen Aggressivität und

Zwar sind viele Forscher nicht geneigt, diese Akzentverschiebung durch eine neue Sicht auf Ganzheit und Rückkoppelung hinzunehmen, aber es wird doch zunehmend versucht, eine wissenschaftliche Alternative zum orthodoxen Darwinismus zu finden.

Augros und Stanciu haben einen solchen Versuch einer neuen Biologie vorgelegt. Der bekannte Entwicklungsbiologe Stephen Jay Gould versuchte ähnliches, indem er auf Gedanken des russischen Intellektuellen Peter Kropotkin zurückgriff. Gould weist darauf hin, daß Kropotkin den *Ursprung der Arten* ganz anders interpretiert hatte als die meisten europäischen und amerikanischen Wissenschaftler. Tatsächlich fand Kropotkin bei Darwin vor allem Hinweise auf die Zusammenarbeit in der Natur und nicht so sehr auf die Konkurrenz – eine These, die der Russe in seinem Buch *Gegenseitige Hilfe* ausführte. »Wenn wir ... die Natur fragen«, so schreibt Kropotkin, »›wer sind die Tüchtigsten: jene, die ständig miteinander im Krieg liegen, oder jene, die einander unterstützen?‹, so sehen wir sofort, daß jene Tiere, die die Gewohnheit gegenseitiger Hilfe erworben haben, zweifellos die tüchtigsten, bestangepaßten sind. Sie haben mehr Überlebenschancen und sie bringen es auf ihrer jeweiligen Stufe zum höchsten Entwicklungsgrad der Intelligenz und der Körperorganisation.« Gould bemerkt, daß Kropotkin seine Darwin-Interpretation nach seinen Reisen in Sibirien und der nördlichen Mandschurei entwickelt hatte, wo ihm nirgends ein scharfer Existenzkampf zwischen

Gewalt? Ist es nicht beispielsweise möglich, daß der Trieb, andere Arten auszulöschen, bis zum tödlichen Ausgang um territorialen oder sexuellen Besitz zu kämpfen oder die eigene Art zu bekriegen, nicht so sehr Folge von »natürlichen« tierischen Instinkten ist als vielmehr Folge der unnatürlichen Bedingungen in der menschlichen Kultur? Lassen wir Darwins Zirkelschlußanalogie beiseite – die Natur ist wie der Mensch, also ist der Mensch wie die Natur –, so werden wir frei für die Beobachtung, daß aggressive und anscheinend gewalttätige Handlungen von Tieren nicht unbedingt ein Spiegelbild menschlicher Gewalt darstellen. Ein Löwe, der von der Ökonomie des Hungers bestimmt ist, tötet ein Gnu sehr schnell, und es gibt natürliche Mechanismen, die Beute in einen Schockzustand zu versetzen und dadurch das Leid sehr gering zu halten. Dagegen ist die Art von menschlicher Gewalt, über die wir uns Sorgen machen, selten darauf gerichtet, das aufzuessen, was getötet wurde, und sie erzeugt viel Leid. Ganz anders als tierische Aggression erwächst menschliche Aggression fast immer aus dem Ich, einer Erfindung des menschlichen Bewußtseins und der Kultur. Welche Irrtümer auch immer die neue Biologie noch enthalten mag, sie hat es jedenfalls möglich gemacht, einige der früher unbestrittenen Annahmen im Zusammenhang mit der Darwinschen Theorie in Frage zu stellen.

Tierarten aufgefallen war. Gould sagt: »Vielleicht sind die Gladiatorenbeispiele (tierischen Verhaltens) irrtümlicherweise als vorherrschend dargestellt worden. Vielleicht ergeben sich aus dem Kampf ums Dasein viel häufiger als man denkt Zusammenarbeit und gegenseitige Hilfe. Vielleicht führt unter den meisten Umständen Gemeinschaft zu viel größeren Fortpflanzungserfolgen als Kampf.«

Selbst der Reduktionist Heinz Pagels, der Prigogine so anprangerte, kam zu der Ansicht, daß die Darwinsche Theorie eine begrenzte und vielleicht sehr fehlerhafte Erklärung für die Ordnung liefert, die wir in der Biologie beobachten.

In seinem Buch *Dreams of Reason*, das gerade noch vor seinem Tod im Jahre 1988 erschien, schrieb Pagels, seit Darwin hätten wir »uns daran gewöhnt, die natürliche Selektion, das Aussieben von ein paar seltenen nützlichen Mutationen aus Myriaden von unnützen, als die einzige Quelle von Ordnung in biologischen Systemen anzusehen. Aber ist diese Sichtweise richtig?« Pagels führte Computermodelle genomischer Systeme an, die Stuart Kauffman von der University of Pennsylvania entworfen hatte, die nach Kauffmans Worten nahelegen, daß komplexe, miteinander wechselwirkende Gensysteme »viel mehr *spontane* Ordnung zeigen, als wir annahmen, eine Ordnung, die von der Evolutionstheorie bisher vernachlässigt wurde«. (Hervorhebung von uns) Kauffman glaubt, dieses neuartige Ordnungsprinzip der Evolution stelle eine Herausforderung für die Wissenschaftler dar, »zu verstehen, inwieweit solche ›Selbstordnung‹ mit der natürlichen Auslese in Wechselwirkung tritt, bzw. sie ermöglicht, steuert und begrenzt... Die Biologen sind sich der natürlichen Auslese vollkommen bewußt, aber sie haben niemals gefragt, wie diese Auslese mit den kollektiven Eigenschaften der Selbstorganisation komplexer Systeme wechselwirkt. Wir betreten hier jungfräuliches Gebiet.«

Wenn man sich darauf konzentriert, wie Lebewesen sich selbst organisieren und durch gegenseitige Abhängigkeit entwickeln, so verschiebt sich der Akzent von den traditionellen Begriffen der Evolution zu einem neuen Begriff, den man »Koevolution« genannt hat. Beispiele für Koevolution sind überall zu finden. Beispielsweise begann der Vorfahr der Maispflanze, Teosinte, seinen Weg als ein gewöhnliches genügsames Gras auf der mexikanischen Hochfläche. Die Menschen wählten sie aus und züchteten sie in Richtung auf immer größere Körner. Nun ist sie nicht mehr selbstgenügsam, sondern sie ist für die Entfernung ihrer dicken Ährenhülsen auf menschliche Finger angewiesen. Doch auch die Menschen konnten ohne den Mais, ihr Hauptnahrungsmittel, bald nicht mehr gut leben. In einem Tanz symbiotischer Rückkoppelungen entwickelten sich die beiden Arten gemeinsam – in Koevolution.

Könnte wohl eine Theorie der Koevolution zum wichtigsten Erklärungsmuster der natürlichen Entwicklung werden und so die Darwinsche Betrachtungsweise ablösen? Auch dieser Vorstellung würden die meisten Biologen alter Schule widersprechen. Dabei würden sie vor allem auf unsere wachsende Kenntnis des DNS-Moleküls hinweisen, in dem sie die Bausteine alles Lebens sehen. Alles scheint darauf hinzudeuten, daß die meisten Mutationen durch die Konkurrenz ausgemerzt und nur die vorteilhaftesten Gene weitergegeben werden. Aber selbst dieser Betrachtungsweise erwächst nun durch die Betonung der koevolutionären Rückkoppelung eine Herausforderung.

Die meisten Evolutionsforscher sind überzeugt, daß in der DNS eines Individuums ein deterministischer Plan vorliegt. Wie der genetische Code sich ausdrückt, hängt natürlich von den Rückkoppelungsschleifen zwischen dem sich entwickelnden Organismus und seiner Umgebung ab, aber man nimmt an, daß die Grenzen durch den Code bestimmt sind. Beispielsweise behaupten die Forscher, manche Leute seien durch ihre Gene dazu bestimmt, dick zu werden. Sie mögen Diät essen, soviel sie wollen, ihre erbliche Veranlagung werde doch siegen.

Was soll es bedeuten, wenn man sagt, die Gene seien deterministisch? Gail Fleischaker, eine Wissenschaftsphilosophin, die mit Lynn Margulis zusammenarbeitet, weist darauf hin, daß zwar Biologen üblicherweise behaupten, die Gene steuerten die Ordnung des Organismus, aber diese Behauptung sei »im großen und ganzen ungerechtfertigt«. Die Veränderungen in Organismen können mit genetischen Veränderungen *korreliert sein*, sagt Fleischaker, aber das beweist nur, daß die genetischen Veränderungen die Wirkungsmechanismen des ganzen Systems dieses Organismus beeinflussen oder stören können. Es beweist nicht, daß sie die Funktion des Systems *verursachen* oder es steuern. Von keinem Molekül und von keiner Molekülart kann man sagen, sie bestimmten die Ordnung des Systems.

Wenn Gene nicht deterministisch sind, können sie nicht der Schlüssel zum evolutionären Wandel sein. Dies wird durch eine merkwürdige Tatsache nahegelegt. Jahrzehntelang haben die Forscher die DNS der Fruchtfliege Drosophila mit Röntgenstrahlen und anderen Methoden zu Mutationen angeregt und dadurch Mißbildungen und Abweichungen aller Art erzeugt. Keine dieser Mutationen war jedoch ausreichend, um eine neue Fliegenart zu schaffen. Übrigens wird auch die neodarwinistische Ansicht, die allmähliche Anhäufung von Mutationen und genetischer Variation führe schließlich zu neuen Arten, nicht von Beobachtungen gestützt. Nach Meinung führender Biologen wie Gould erzählen uns die Fossilien im Gestein eine ganz andere Geschichte – nämlich daß neue Arten ziemlich plötzlich erscheinen, offenbar nicht als Folge allmählich akkumulierter Variationen. Augros und Stanciu behaupten, Variation (Mutation in der DNS einer Art) sei »nicht die Quelle des evolutionären Wandels, für die Darwin sie hielt. Ihre Funktion ist es, den Arten zu erlauben, sich ohne Auslöschung, aber auch ohne Fortentwicklung anzupassen.« Das bedeutet, daß die in einem relativ stabilen genetischen Plan angesammelten Mutationen als solche nicht zur Entstehung neuer Arten führen. Neue Arten kommen durch einen anderen Prozeß zustande.

Das reduktionistische Bild eines genetischen Plans wird auch noch durch andere Beobachtungen in Frage gestellt. Eine Baufirma, die ein Kongreßzentrum errichtet, kann sich nach einem Plan richten, dem zu entnehmen ist, wie all das Baumaterial organisiert werden soll. Ist das Gebäude fertig, so kann man diesen Plan dazu benutzen, die elektrische und sanitäre Installation oder eine statische Verstärkung einzubauen. Was aber wäre, wenn sich der Plan aufgrund der täglichen Wetterschwankungen dauernd änderte?

Etwas ähnliches geschieht aber in der DNS in unseren eigenen Körpern – so sah es jedenfalls die Genetikerin Barbara McClintock. Ihre Biographin, die mathematische Biologin Evelyn Fox Keller, ist der Meinung, McClintocks Entdeckungen könnten eine »Revolution des biologischen Denkens« auslösen.

Bei ihrer Arbeit mit Mais beobachtete McClintock, daß die Gene sich tatsächlich auf den Chromosomen herumbewegen, sich »transponieren«; sie scheinen sich sogar im Zusammenhang mit Umweltstreß zu verändern. McClintock machte den bizarr erscheinenden Vorschlag, das genetische Programm sei nicht notwendigerweise in jedem Individuum fixiert. In den späteren siebziger Jahren fanden andere Genetiker etwas,

was dann auf den Namen »springende Gene« getauft wurde und McClintocks frühere Forschungen bestätigte. Keller sagt jedoch, daß die meisten Genetiker in solchen Genverschiebungen nicht den Anfang einer Revolution sehen würden – wenn auch einige nun einzusehen beginnen, daß zwischen »den jetzt sichtbar werdenden dynamischen Eigenschaften des Chromosoms und der früheren statischen (reduktionistischen) Betrachtungsweise« ein fundamentaler Widerspruch besteht. Keller berichtet: »... Noch kann niemand recht sehen, wie dieser Widerspruch aufzulösen wäre. Müssen wir die inneren Beziehungen im Genom neu überdenken, müssen wir untersuchen, wie innere Rückkoppelung Programmänderungen erzeugen könnte? Oder müssen wir die Beziehung zwischen dem Genom und seiner Umgebung neu überdenken, untersuchen, wie die DNS auf Umwelteinflüsse antworten könnte? Oder wird beides notwendig sein? Ohne Frage garantiert der genetische Apparat die fundamentale Stabilität der Erbinformation. Aber ebenso fraglos ist es ein komplexeres System, mit komplexeren Rückkoppelungen, als man sich früher vorgestellt hätte. Vielleicht wird die Zukunft uns zeigen, daß seine innere Komplexität so groß ist, daß damit nicht nur die Lebensfunktionen des Organismus programmiert werden, mit treuer Überlieferung zwischen vergangenen und künftigen Generationen, sondern daß es sich unter hinreichendem Umweltstreß auch selbst neu programmieren kann – so daß das Genom sozusagen aus den Erfahrungen des Organismus ›lernen‹ könnte. Eine solche Vorstellung wäre in der Tat radikal.«

Diese radikale Vorstellung ist offenbar im Begriff, sich weiterzuentwickeln. 1988 zeigten John Cairns und seine Mitarbeiter in der Harvard School of Public Health, als sie Bakterien, denen ein Enzym für den Milchzuckerstoffwechsel fehlte, in einer Milchzuckerlösung wachsen ließen, daß einige von diesen eine Mutation erlitten, die sie anschließend befähigte, das Enzym zu produzieren. Diese Mutation verletzte das lange für wahr gehaltene zentrale Dogma der Molekularbiologie, nämlich die Behauptung, Information fließe in der Zelle nur in einer Richtung – nämlich von den Genen über die RNS zu den Eiweißen und Enzymen. Hier lief die Information offenbar in umgekehrter Richtung. Ein von einem bestimmten Gen codiertes Enzym lieferte Information zurück, um dieses Gen selbst zu ändern. So scheint in mancher Hinsicht der DNS-Code nicht so sehr ein Plan als vielmehr ein subtiles Zentrum zur Vermittlung von Rückkoppelungen zu sein, in dem für das rechte Gleichgewicht zwi-

schen der Fähigkeit zur Stabilitätserhaltung (durch negative Rückkoppelung) und der Fähigkeit zur Verstärkung von Veränderungen (durch positive Rückkoppelung) gesorgt wird. Als echter Bewohner des Grenzbereichs zwischen Ordnung und Chaos ist das interne Beziehungsmuster
der DNS auch mit anderen Rückkoppelungen innerhalb und außerhalb
des individuellen Organismus verknüpft – ein Beispiel für die kooperativen, koevolutionären Prozesse, die das Leben auf unserem Planeten
erhalten und verwandeln.

Für James Lovelock, einen britischen Wissenschaftler und einstigen Mitarbeiter von Lynn Margulis, ist der Planet selbst eine Lebensform, die
durch diese alles verknüpfenden Rückkoppelungen geschaffen wurde.
Lovelock ließ sich durch die Begriffe Rückkoppelung und Koevolution in
schwindelnde Höhen tragen. Nach seiner Gaia-Hypothese sind die etwa
vier Milliarden Arten auf unserer Erde durch Koevolution derart koordiniert, daß unser Planet selbst genaugenommen eine autopoietische Struktur ist, oder was Lewis Thomas einen riesigen »Einzeller« nennt.
   Lovelock arbeitet als unabhängiger Atmosphärenforscher und ist der
Erfinder einer Art Elektronenfalle, die bei der Sammlung jener Daten
nützlich gewesen war, auf die Rachel Carson ihren wie eine Bombe wir-
kenden Umweltbestseller *Der stumme Frühling* stützte.
   In den siebziger Jahren war Lovelock von der NASA aufgefordert worden, Methoden für die Entdeckung von Leben auf dem Mars zu entwikkeln. Der britische Wissenschaftler schlug vor, in der Zusammensetzung
der Marsatmosphäre nach Anzeichen für Leben Ausschau zu halten.
Zunächst aber mußte er dafür einen Planeten studieren, von dem er
wußte, daß es Lebensspuren gibt – unsere Erde. Diese Untersuchung
führte ihn zu bemerkenswerten Einsichten.
   Zunächst staunte Lovelock über die Gaszusammensetzung unserer
Atmosphäre. Ein Beispiel ist die gleichzeitige Anwesenheit von Methan
und Sauerstoff. Unter normalen Umständen reagieren diese beiden Gase
leicht und erzeugen dabei Kohlendioxid und Wasser. Lovelock rechnete
aus, daß jährlich eine Milliarde Tonnen Methan in die Atmosphäre gelangen müssen, damit die ständig vorhandene Methankonzentration erhalten bleibt. Als er weitersuchte, fand er, daß zehnmal mehr Kohlendioxid
vorhanden ist, als man erwarten würde, wenn die atmosphärischen Gase
ins Gleichgewicht kommen könnten. Schwefel, Ammoniak, Methylchlo-

rid und viele andere sind in Mengen vorhanden, die weit oberhalb der Gleichgewichtswerte liegen. Das gleiche gilt für die Salzkonzentration im Meer. Millionen von Tonnen werden jährlich in die Ozeane der Welt gespült, und doch bleibt die Salzkonzentration stabil. Der britische Chemiker schloß daraus, daß der »dauerhafte Nichtgleichgewichtszustand« unseres Planeten einen »klaren Beweis für die Aktivität des Lebens« darstellt. Dagegen fand er, daß die Marsatmosphäre im Gleichgewicht ist. Er sagte deshalb – richtig – vorher, daß man dort mit den Viking-Sonden keine Lebensspuren finden würde.

Nachdem Lovelock den Zusammenhang zwischen dem Leben und dem Nichtgleichgewicht der Erdatmosphäre einmal erfaßt hatte, setzte er seine Untersuchungen fort und stieß dabei auf eine andere merkwürdige Tatsache. In den vier Milliarden Jahren, seit das Leben auf der Erde erschien, ist die Temperatur der Sonne um mindestens 30% angestiegen, was auf eine mittlere Temperatur der frühen Erde unterhalb des Gefrierpunktes hindeuten würde – und doch zeigen die Fossilien, daß die Bedingungen damals nicht derart lebensfeindlich waren. Die Erklärung hierfür und für die anderen erwähnten Tatsachen wurde Lovelock nun klar: Die Erdatmosphäre muß von Anfang an ununterbrochen durch das Leben manipuliert oder geregelt worden sein.

Lovelock geht davon aus, daß die Instrumente für diese Regelung vielfältig sind und sich über die Zeit hinweg in Koevolution entwickelt haben. Über einen der negativen Rückkoppelungsmechanismen unseres Planeten berichtete er in einem Artikel für die Wissenschaftszeitschrift *Nature*.

Das ozeanische Plankton scheidet ein schwefeliges Gas in die Atmosphäre aus. Eine chemische Reaktion wandelt das Gas in Aerosolteilchen um, die als Kondensationskeime für Wasserdampf wirken und so die Wolkenbildung anregen. Die Wolken reflektieren dann Sonnenlicht in den Weltraum zurück, das andernfalls die Erdoberfläche erreicht hätte. Wenn es dadurch aber zu kühl wird, so nimmt die Dichte des Planktons wegen der Kälte ab, es bilden sich nicht so viele Wolken, und die Temperatur steigt wieder. Das Plankton funktioniert also als ein Thermostat, um die Erdtemperatur in einem gewissen Bereich zu halten.

Lovelock glaubt, daß es unzählbar viele biologische Mechanismen dieser Art gibt und daß sie für die Homöostase, also für die Einregelung eines nahezu konstanten Zustandes auf unserem Planeten, verantwort-

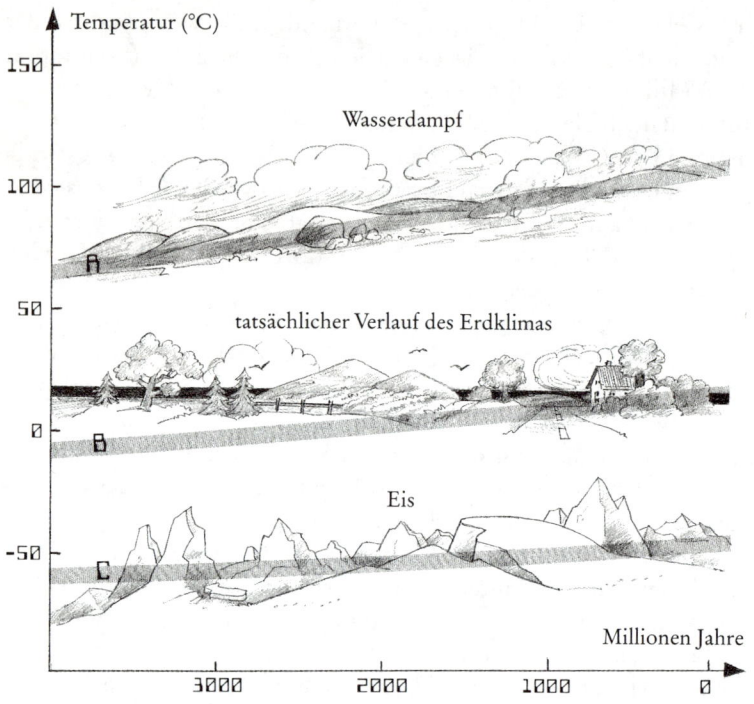

Temperatur (°C)

150

Wasserdampf

100

A

50

tatsächlicher Verlauf des Erdklimas

0

B

Eis

-50

C

Millionen Jahre

3000   2000   1000   0

Abb. 2.2 Die Linien A und C stellen zwei mögliche Gleichgewichtszustände der Erdatmosphäre dar. A bedeutet eine Atmosphäre wie die der Venus: Ein starker Treibhauseffekt hält die Sonnenstrahlung gefangen, so daß der Planet kochend heiß und für jedes Leben ungeeignet ist. C hätte die Erdatmosphäre sich ähnlich der des Mars entwickeln lassen. Chemikalien wie der Sauerstoff hätten miteinander reagiert und sich gegenseitig gebunden, so daß praktisch alle chemische Aktivität zum Erliegen gekommen wäre. Die Sonnenwärme wäre durch die Gase der Atmosphäre nicht festgehalten worden, und die Oberfläche wäre daher kalt. Selbst wenn wir annehmen, das Klima hätte einen mittleren Verlauf genommen, wie in B, wäre doch das Leben wegen der schwächeren Strahlung der jugendlichen Sonne schon anfangs an Kälte eingegangen. Der wirkliche Klimaverlauf aber kam dadurch zustande, daß es dem Leben gelang, gerade die Temperatur zu erzeugen, die es zu seinem Weiterbestand brauchte.

lich sind. Wie unsere DNS, unsere Temperatur, der Hormonspiegel, der Stoffwechsel und die vielen Funktionen unseres eigenen Körpers durch die Verknüpfung einer Reihe von positiven und negativen Rückkoppelungsschleifen im Gleichgewicht gehalten werden, so hält sich das Leben auf der Erde durch Rückkoppelung im Gleichgewicht. Der planetarische Organismus, der »Einzeller Erde«, bleibt lebensfähig, indem er ständig die Elemente seiner eigenen inneren Struktur transformiert.

Aber die Erde ist nicht nur ein homöostatischer Organismus, sie ist auch evolutionsfähig. Die Erdatmosphäre ist nicht nur stets für das Leben geeignet geblieben, sie hat sich auch derart verändert, daß die ununterbrochene Evolution neuer Lebensformen ermöglicht wurde.

In einer Solitonenwelle sind die nichtlinearen Korrelationen zwischen positiver und negativer Rückkoppelung einander so genau entgegengesetzt, daß die Wellen unverändert bleiben, während sie sich durch den Raum fortbewegen. In den Rückkoppelungen der Erde aber schiebt die positive Rückkoppelung gelegentlich das ganze System ein Stückchen vorwärts in einen neuen Bereich, so daß Evolution stattfindet. Ein Moment, in dem positive Rückkoppelung eine neue Verfassung schuf, war beispielsweise die »Sauerstoffverschmutzungskrise« aufgrund der Aktivität der Zyanobakterien. Die Ansammlung des giftigen Sauerstoffs in der Luft hätte alles Leben einschließlich der Zyanobakterien selbst zerstören können; statt dessen förderte sie die Evolution. Lovelock sagt: »Als vor zwei Milliarden Jahren der Sauerstoff in die Luft sickerte, ging es der Biosphäre wie der Mannschaft eines verunglückten Unterseeboots, die alle Hände braucht, um die beschädigten oder zerstörten Systeme zu reparieren, und die gleichzeitig durch das Anwachsen der Konzentration giftiger Gase in der Luft bedroht ist. Die Erfindungskraft triumphierte, und die Gefahr wurde überwunden – nicht durch Wiederherstellung der alten Ordnung, wie bei den Menschen im U-Boot, sondern durch Anpassung an den Wandel und die Bekehrung eines mörderischen Eindringlings zu einem mächtigen Freund.« Eine Bifurkationsstelle war erreicht, und es gelang dem Organismus Erde (mit Prigogines Worten), »in eine höhere Ordnungsform zu entkommen«, indem er eine auf Sauerstoffnutzung gestützte Lebensform entwickelte.

Lovelock gab seiner Theorie der lebenden, sich entwickelnden, sich selbst regelnden, sich selbst organisierenden Lebensform Erde einen Namen. Er nannte sie nach der altgriechischen Erdgöttin »Gaia«.

In den frühen siebziger Jahren pflegte die Gemeinde der Wissenschaftler auf die Idee von Gaia wie auch auf Lynn Margulis' Theorie oder die Gedanken McClintocks, und überhaupt auf alle derartigen Ideen über Rückkoppelung, mit Spott und Hohn zu reagieren. Wenn auch Margulis sagt, sie fürchte, sie werde sterben, bevor ihre Theorie der Symbiose völlig akzeptiert ist, ist sie nun doch immerhin aus den Randbereichen der Wissenschaft in die Hauptströmung vorgedrungen.

Auch Lovelock hat mittlerweile widerwillige Zustimmung gefunden. Seine Vorstellung, daß das Leben sich selbst die Bedingungen für seine Existenz schafft, war radikal. Bevor er auftrat, glaubten die Wissenschaftler im Grunde fest daran, daß das Leben auf unserem Planeten nur ein Passagier sei, der dort zufällig gerade die richtige Umgebung für die biologische Evolution vorgefunden habe. In jüngster Zeit aber sind seine Gedanken ernst genug genommen worden, um als Thema internationaler Konferenzen und Anlaß für Artikel in wissenschaftlichen Zeitschriften zu dienen. Und im Jahr 1983 erhielt McClintock für ihre Forschungen den Nobelpreis.

Lovelock, Margulis und McClintock sind wichtige Figuren in einer Avantgarde, die die wissenschaftliche Aufmerksamkeit vom traditionellen Thema des »Analysierens der Teile« zu neuen Themen hin verschiebt, zu Themen wie »Kooperation« und »Bewegung des Ganzen«.

Gewiß ist ihre Sichtweise noch nicht die ganze Geschichte – vielleicht gibt es gar keine ganze Geschichte –, aber der drastische Wandel in der Perspektive eröffnet neue, erregende Einsichten über das Geschehen in unserem Universum.

Der Systemwissenschaftler Erich Jantsch beispielsweise spekulierte, daß die Arbeiten von Prigogine, Margulis und Lovelock sogar auf kosmische Dimensionen der Koevolution in der Natur hinweisen. Wie wir sahen, ist mit Koevolution jene Art gegenseitiger Beeinflussung gemeint, die zwischen dem Mais und den Menschen oder zwischen den Mitochondrien und der Gastzelle auftraten. Jantsch aber sprach von einer noch umfassenderen Koevolution, in der sich die »Mikro- und Makro«-Skalen, wie er sie nannte, gemeinsam entwickeln. Bakterien entwickeln die Atmosphäre, die Atmosphäre entwickelt Bakterien. Die Koevolution koppelt das Große und das Kleine in einem nahtlosen Zyklus gegenseitiger Kausalität.

Die Auffassung von Erich Jantsch ist ungewöhnlich, weil sie dem alten

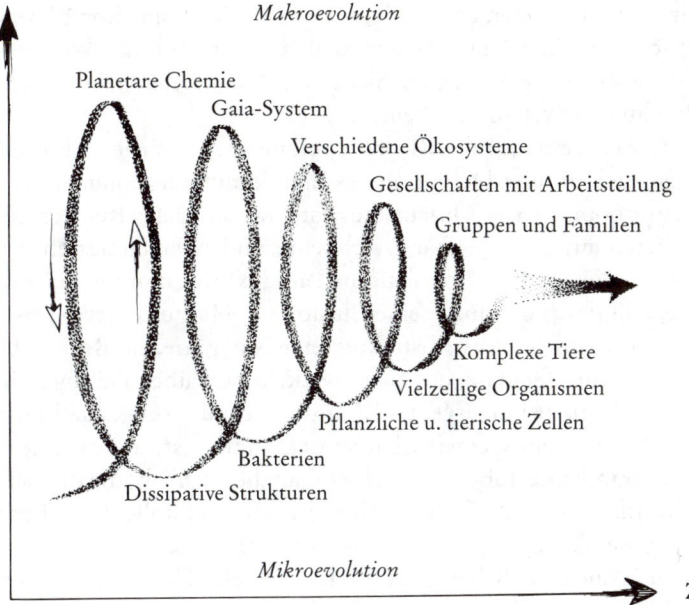

Räumliche Ausdehnung

Makroevolution

Planetare Chemie

Gaia-System

Verschiedene Ökosysteme

Gesellschaften mit Arbeitsteilung

Gruppen und Familien

Komplexe Tiere

Vielzellige Organismen

Pflanzliche u. tierische Zellen

Bakterien

Dissipative Strukturen

Mikroevolution

Zeit

Abb. 2.3 In seinem Buch *Die Selbstorganisation des Universums* sagte der verstorbene Erich Jantsch, die Geschichte des irdischen Lebens bringe die Koevolution selbstorganisierender Makro- und Mikrosysteme mit immer höherem Differenzierungsgrad zum Ausdruck. Das Bild zeigt eine Spirale der Koevolution, in der kleinräumige und großräumige Vorgänge sich gegenseitig hervorrufen und beeinflussen. Mit jeder Windung der Spirale wächst die Autonomie auf dem individuellen wie auf dem kollektiven Niveau. Mehr Autonomie bedeutet aber zugleich immer größere und komplexere gegenseitige Abhängigkeit. Dies ist das autopoietische Paradox. In der Abbildung sieht die Spirale zwischen den großen und kleinen Skalen glatt aus, aber Jantsch dachte sie sich eher fraktal. Koevolution ist voller chaotischer Ordnung, in der die Vorgänge im großen und im kleinen einander widerspiegeln, hin- und herspringen, und dabei einen evolutionären Prozeß in Gang setzen, der unvorhersagbar ist und in dem alles eng miteinander vernetzt ist.

wissenschaftlichen Glauben direkt zuwiderläuft, daß die Natur sich vom Kleinen zum Großen entwickle, vom Einfachen zum Komplexen. Koevolution der Mikro- und Makro-Skalen ist eine fraktale Vorstellung, in der die großen wie die kleinen Skalen als Aspekte des einen völlig in sich verflochtenen Systems erscheinen.

Eine weitere durch die Rückkoppelungsidee inspirierte Einsicht läßt Fragen nach unserer Definition des Individuums aufkommen. Je größer die Autonomie eines Organismus ist, um so mehr Rückkoppelungsschleifen braucht er offenbar in sich selbst und in seinen Beziehungen zur Umwelt. Dies ist das autopoietische Paradox. Aus ihm folgt in gewissem Sinne, daß das Individuum eine Illusion ist. Margulis sagt: »Das Individuum ist wirklich etwas Abstraktes, eine Kategorie, ein Begriff. Und die Natur hat eine Tendenz, das zu entwickeln, was über alle engen Kategorien oder Begriffe hinausgeht.« Könnte die Entdeckung, daß Individualität im Grunde ein Gemeinschaftsunternehmen ist, uns zu einer neuen Art von Holismus führen – zu einer Ganzheitlichkeit, die den scheinbaren Konflikt zwischen individueller Freiheit und kollektiven Bedürfnissen auflösen kann?

Kein Wunder, daß Margulis' und Lovelocks Theorie mit ihrer Betonung der universellen Kooperation als wesentlichen Zug der Evolution von der New-Age-Bewegung aufgenommen wurden. Und ebenso von den Umweltbewegungen, den Grünen in Europa und vielen anderen. Aber die beiden Wissenschaftler reagieren mit ganz verschiedenen Gefühlen auf solche Anhimmelung ihrer Wissenschaft. Lovelock sagt begeistert: »Gaia könnte sich als die erste Religion herausstellen, die einen nachprüfbaren wissenschaftlichen Kern in sich birgt.« Margulis aber klagt: »Von den religiösen Obertönen Gaias wird mir schlecht.«

Solche Obertöne sind freilich schwer vermeidbar. Das Wort *Religion* stammt etymologisch von Wurzeln ab, die »zusammenbinden« bedeuten, und selbst Margulis kann kaum umhin, etwas in diesem Sinne Religiöses mit ihrer Botschaft und mit ihrer Logik der biologischen Kooperation zu verbinden. Ihr und Sagan erscheint es beispielsweise durchaus bedeutungsvoll, wenn sie über Experimente berichten, in denen Mikroben, die in einer Schachtel eingeschlossen und beleuchtet wurden, sich als Ganzes stabiler verhielten, wenn mehr verschiedene Arten und eine höhere Komplexität ihrer Wechselwirkungen vorhanden waren. Wenn aber raffiniertere Verflechtung zwischen autopoietischen Strukturen die

Stabilität des Ganzen erhöhen kann, wie solche Experimente nahelegen, dann könnten wir vielleicht, indem wir andere Arten vor unseren gierigen Eingriffen retten, auch uns selbst retten. Margulis verkündet ganz offen, wenn wir die ökologischen und sozialen Krisen, die wir herbeigeführt haben, überleben wollten, wären wir wohl gezwungen, uns auf völlig neue, dramatische Gemeinschaftsunternehmen einzulassen. Vielleicht werden wir sogar zu einer Art von Einheit gezwungen, die früher nur in religiösem Denken vorstellbar war.

Man mag spekulieren, daß mit der Ankunft der menschlichen Art das autopoietische Paradox der Spirale der planetaren Koevolution eine neue Windung hinzufügte. Die in unseren Körpern und Gehirnen zusammengekoppelten Bakterien haben uns zu unabhängigen, autonomen Individuen gemacht. Aber in diesem Moment, da wir von einer durch uns selbst geschaffenen chaotischen Strömung mitgerissen werden, kommen wir vielleicht zu der Einsicht, daß wir als die Individuen, die wir geworden sind, nur werden weiter bestehen können, wenn wir uns auf einer weltweiten Skala miteinander und mit der Umwelt verbinden. In ihrer Art kamen die frühen Bakterien, die der Sauerstoffkrise gegenüberstanden, zu der gleichen »Einsicht«: Wirkt zusammen oder geht unter! Dieses Mal aber hätte die globale Zusammenarbeit, wenn sie zustande käme, eine zusätzliche Dimension. Sie würde ihrer selbst durch Milliarden autonomer menschlicher Gehirne bewußt. Dazu paßt, daß diese Hirne selbst sublime Schöpfungen aus Rückkoppelung und Chaos sind und daß sie jeden Tag zu ihren Ursprüngen in den ersten kooperativen autokatalytischen Reaktionen zurückhorchen, die da am Rande eines weit vom Gleichgewicht entfernten Stromes brodeln.

Das nichtlineare Gehirn

Prigogine sagt mit Nachdruck: »Es ist wohlbekannt, daß das Herz im Prinzip regelmäßig schlagen muß, weil wir sonst stürben. Das Hirn aber muß im Prinzip unregelmäßig arbeiten, sonst würden wir epileptisch. Dies zeigt, daß Unregelmäßigkeit, Chaos, zu komplexen Systemen führt. Das bedeutet nicht etwa Unordnung, im Gegenteil, ich würde sagen, gerade das Chaos macht das Leben und die Intelligenz möglich. Das Gehirn ist im Verlauf des Selektionsprozesses so instabil geworden, daß die kleinste Einwirkung zum Entstehen von Ordnung führen kann.« So wäre also das Gehirn nichtlineares Ergebnis nichtlinearer Evolution auf einem nichtlinearen Planeten.

1987 faßte ein Artikel im *Scientific American* die neueren Ergebnisse der neurophysiologischen Gedächtnisforschung zusammen. Dort wurde berichtet, daß man das visuelle Gedächtnis durch sechs Gehirnbereiche und ihre entsprechenden Verknüpfungen durch Rückkoppelung verfolgen konnte (visuelles Zentrum, Amygdala, Hippokampus, Zwischenhirn, präfrontaler Kortex und basales Vorderhirn). Damit wird in großen Umrissen die Art von Nichtlinearität schematisch dargestellt, die im gesamten Hirn auf vielen verschiedenen Größenskalen gilt. Die Rückkoppelungsschleifen erhöhen die Wahrscheinlichkeit für das Eintreten von Bifurkation und die Verstärkung irgendeines einlaufenden Signals. Aber ist das Gehirn, wie Prigogine meint, wirklich ein Geschöpf des Chaos, eine fern vom Gleichgewicht auf der unstetigen Flamme des Lebens vor sich hinbrodelnde Suppe?

Eine ganze Reihe von Forschern hat experimentell Beweise dafür gesammelt, daß das Gehirn mit nichtlinearer Rückkoppelung arbeitet, und mehrere neurophysiologische Theoretiker wetteifern nun um den Ruhm, das erste Gesamtbild der nichtlinearen Hirnfunktionen entworfen zu haben.

Beginnen wir bei den Experimenten. Wie in anderen Bereichen der Wissenschaft von Chaos und Entwicklung schließen heutzutage die Experimente auch hier Mathematik und Computermodelle ein.

Die Forscher Don Walter und Alan Garfinkel von der University of California in Los Angeles entwickelten Gleichungen zur Modellierung der zeitlichen Muster, mit denen Neuronen feuern. Als sie in ihrem Modell drei Neuronen miteinander verknüpften, erhielten sie Hinweise auf ein schwaches neurales Chaos und eine darin verborgene Ordnung. Walter sagte über dieses Modell und die von ihm dargestellte Gehirnaktivität, daß es im Detail unvorhersagbar sei, »aber es zeige *Tendenzen*«.

Wie sich dieses chaotische Feuern der Neuronen in Ordnung verwandelt, deutet sich in den Untersuchungen echter Gehirne an, die von Walter Freeman und Christine Skarda an der University of California in Berkeley durchgeführt wurden. Die beiden Wissenschaftler pflanzten bis zu 64 dünne Elektroden in die Riechzentren von Kaninchen ein und zeichneten die Hirnwellenmuster auf, während die Tiere ein paar verschiedene Moleküle zu riechen bekamen. Die Forscher fanden, daß sich bei der Entdeckung eines Geruchs der chaotische Untergrund im Riechzentrum des Gehirns augenblicklich selbst organisierte – das Feuern aller beteiligten individuellen Neuronen verkoppelte sich zu einem kollektiven System. Genaugenommen benahm sich das ganze System wie in einem Grenzzykel, wobei zu jedem Geruch ein verschiedenes Grenzzykelmuster gehörte. Bot man dem Kaninchen einen Geruch an, der ihm nie zuvor begegnet war, so ließ das Riechzentrum Ausbrüche chaotischer Aktivität erkennnen. Erschien der neue Geruch jedoch mehrmals, so wurden diese Ausbrüche allmählich durch erkennbar geordnete Wellenmuster verdrängt.

Möglicherweise wird der vertraute Geruch im fraktalen Muster des schwachen chaotischen Untergrundes im Riechzentrum eingebettet, wo er zur Verfügung steht, um durch neuronale Rückkoppelung wieder »abgerufen« zu werden. Der Grenzzykel, der das »Wiedererkennen« vertrauter Gerüche darstellt, war in diesen Experimenten ein augenblicklich organisiertes Kräuseln, ähnlich jenem um den ins Wasser geworfenen Stein. Hier war der Teich das normal brodelnde Chaos neuronalen Feuerns. Die Ordnung zu schaffen, die sich in solchen momentanen Grenzzyklen ausdrückt – das ist es ja eben, wofür das Gehirn da ist. Wird aber diese Gehirnordnung für allzu lange Zeit allzu regelmäßig, dann gibt es die von Prigogine erwähnten Probleme.

Roy King, ein Neurologe an der Stanford University, ging diesen Problemen nach, indem er die Zusammenhänge zwischen einem Neurotransmitter namens Dopamin und den Symptomen der Schizophrenie (etwa Halluzinationen und Denkstörungen) untersuchte. Man wußte, daß Dopaminblocker solche Symptome lindern, aber die Wissenschaftler hatten bisher keine deutlichen Abweichungen des Dopaminspiegels bei schizophrenen Patienten finden können.

King und seine Kollegen in Stanford packten alle bekannten Daten über die Dopaminaktivität in ein mathematisches Modell und erprobten dieses auf dem Computer. Das Ergebnis legt nahe, daß der Schlüssel zur Schizophrenie die Freisetzungsrate des Dopamins im Gehirn ist. Bei einem gewissen kritischen Dopaminspiegel verzweigt sich das zeitliche Muster des neuronalen Feuerns in zwei verschiedene Rhythmen, und die Folge ist der Ausfall einer Rückkoppelungsschleife. King beschreibt diesen Gehirnzustand durch den Vergleich mit einer Falte in Thoms »Kuspenkatastrophe«. Wir können uns das vorstellen wie die Nadel eines Plattenspielers, die wegen eines Kratzers immer wieder in die gleiche Rille zurückspringt. Das betroffene Gehirngebiet kann seine gerade passenden normalen Grenzzykel nicht wiederfinden, sondern gerät in ein verhängnisvolles Hin- und Herhüpfen zwischen zwei verschiedenen Grenzzykeln. Das Opfer der Schizophrenie leidet also an zuviel Ordnung – die Ordnung wird zur Falle, wie im epileptischen Anfall, wo sie paradoxerweise als massiver Einbruch des Chaos auftritt.

Im Falle der Epilepsie verursacht eine kleine Störung im Feuern einiger Gehirnzellen eine Bifurkation. Die Zellen schwingen bei einer bestimmten Frequenz, und dann gesellt sich eine zweite Frequenz hinzu; darauf scheidet die erste Frequenz aus. Dieses Muster wiederholt sich und erzeugt dabei »wandernde und rotierende Wellen«, im Prinzip ganz ähnlich wie die schnörkelförmigen Wellen der Belusow-Zhabotinsky-Reaktion. Was folgt daraus? Für das Gehirn ist Chaos etwas völlig normales – wird es aber durch zuviel Ordnung induziert, so ist es verheerend. Das erinnert an Wallace Stevens' Zeile: »Eine gewaltsame Ordnung ist Unordnung.«

Einen weiteren Anhaltspunkt für das empfindliche Gleichgewicht zwischen Ordnung und Chaos im Gehirn liefert eine relativ neue Computertechnik, die es erlaubt, die wie Gekritzel aussehenden Elektroenzephalogramme (EEG) viel genauer zu untersuchen. Einige Forscher benutzen diese Techniken, um nach seltsamen Attraktoren zu suchen. A. Babloyantz von der Brüsseler Freien Universität bemerkte, daß diese komplexen, bei der Abtastung des Gehirns gefundenen Muster viel mit Fraktalen gemeinsam haben. Er nahm sich deshalb vor, die fraktale Dimension der seltsamen Attraktoren zu messen, die in den verschiedenen Schlafphasen vom Gehirn erzeugt werden.

Im wachen Gehirn stellt die chaotische Aktivität des neuronalen Feuerns nur einen schwachen Untergrund dar. Je tiefer das Hirn jedoch in den Schlaf sinkt, um so ausgeprägter wird das Chaos. In den REM-Phasen aber, jenen Phasen mit schneller Augenbewegung (rapid eye movement), in denen geträumt wird, nimmt die Intensität des chaotischen Hintergrunds ab. Babloyantz glaubt, die fraktale Dimension der seltsamen Attraktoren des Gehirns könnte ein Maß für die Schlaftiefe in verschiedenen Phasen liefern.

In einer ähnlichen Untersuchung haben Wissenschaftler am Zentrum für nichtlineare Studien in Los Alamos die fraktalen Dimensionen seltsamer Attraktoren bestimmt, die verschieden tiefen Narkosezuständen zugeordnet sind. Diese Gruppe meint auch, es werde möglich sein, eine Computeranalyse der EEG-Aufzeichnungen zu entwickeln, mit der man verschiedene Anfallformen charakterisieren könnte. Wieder andere Wissenschaftler wollen die komplexen Hirnzellen daraufhin untersuchen, ob die Höhe des Denkniveaus oder gar die Kreativität fraktale Anzeichen hinterlassen.

Könnte nicht auch der gesamte Ausdruck des Gehirns, die Persönlichkeit, ein seltsamer Attraktor sein? Ein Psychiater an der University of California in San Diego bringt vor, daß jeder von uns eine einzigartige Identität besitzt, die sich in alles, was wir tun, einschreibt. Arnold Mandell behauptet, er habe solche Muster der individuellen Persönlichkeit studiert, wie sie sich in der Geschwindigkeit des Feuerns von Dopaminrezeptoren, Serotoninrezeptoren und anderen einzelnen Zellen in der EEG-Aktivität und in den Verhaltensschwankungen darstellt – und daß er mit all diesen Faktoren eine fraktale Selbstähnlichkeit gefunden habe.

Die Front der Hirnforschung bietet ein weites Feld, und es haben sich erst wenige Kundschafter in diese Wildnis auf den Weg gemacht. Die Popularität von Gehirnmodellen ändert sich so schnell wie die von Popstars, und vermutlich werden in 100 Jahren die heutigen Landkarten des Reiches der Neurophysiologie so seltsam ausschauen wie für uns die Karten der Neuen Welt aus dem 16. Jahrhundert. Doch eine Landkarte muß irgendwo begonnen werden, und unter den heutigen Kartographen gibt es eine wachsende Anzahl von Wissenschaftlern, die versuchen, das gesamte Bild in nichtlinearen Umrissen darzustellen.

Ein solcher Forscher ist Matti Bergström vom Institut für Physiologie an der Universität Helsinki. Viele Jahre lang hat Bergström an seinem Gehirnmodell gearbeitet, das er den »bipolaren Generator« nennt. Hier gibt es eine Zweiteilung der Hirnfunktion zwischen »Information« und »Zufall« oder Chaos, und für Bergström ist es die Wechselwirkung zwischen diesen beiden Seiten, die das Denken und Verhalten hervorbringt.

Wenn die Netzhaut oder ein anderes Sinnesorgan gereizt wird, so läuft Bergström zufolge das Eingangssignal in zwei Richtungen weiter. Die eine Richtung führt in den Kortex, die Gehirnrinde, die dazu organisiert

Abb. 2.4

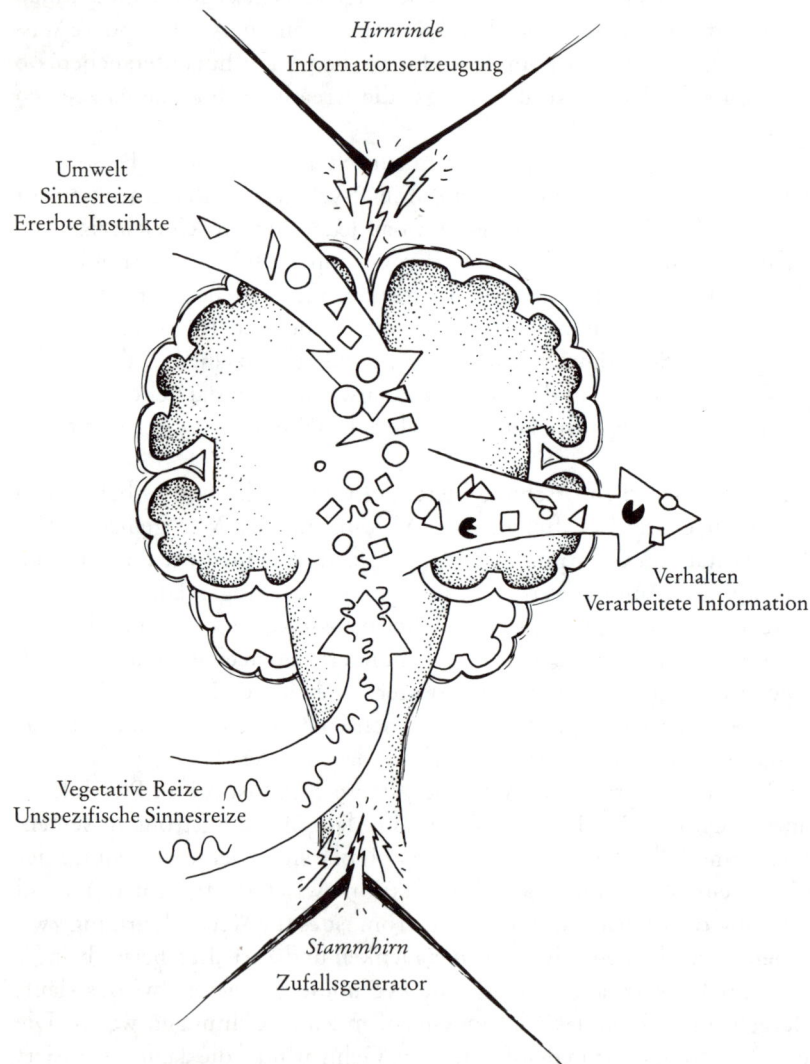

Hirnrinde
Informationserzeugung

Umwelt
Sinnesreize
Ererbte Instinkte

Verhalten
Verarbeitete Information

Vegetative Reize
Unspezifische Sinnesreize

Stammhirn
Zufallsgenerator

ist, den Reiz in Grenzzykelattraktoren umzusetzen – d. h. in eine organisierte Form von Information.

Das Eingangssignal wird aber auch in den »Zufallsgenerator« eingespeist. Dieser zweite Zielpunkt ist im Stammhirn und im limbischen System lokalisiert; der gesamte Input aus den Sinnesorganen und den vegetativen Vorgängen – einschließlich der Regelsysteme für Verdauung und Herzrhythmus – wird dort zusammengefügt. Die Eingangssignale des Zufallsgenerators sind »nichtspezifisch«, unstrukturiert – oder zumindest ist ihre Struktur derart komplex, daß sie keine entzifferbare Information enthält. Bergström meint, wir erfahren von der Existenz dieser zufälligen Seite während der ersten Momente nach dem Aufwachen, bevor uns bewußt wird, wo oder wer wir sind. Einen Augenblick lang haben wir keinerlei Information, sondern nur das »Dasein«. Unsere ganze Existenz und die Gehirnaktivität sind nichtspezifisch. Dann aber schaltet sich der Informationsgenerator ein, und es kehrt uns alles ins Bewußtsein zurück.

Nach Bergströms Vorstellung entsteht aus der Begegnung der elektrischen Aktivitäten des Zufallsgenerators und der vom Informationsgenerator erzeugten Muster eine »Möglichkeitswolke« von Grenzzykelaktivitäten, die durch die Beimischung von Chaos gestört und ungeordnet ist. Deshalb enthält die Möglichkeitswolke »Mutationen« der Information, und diese Mutationen eröffnen eine Art Darwinschen Kampfes ums Überleben mit den gewohnten Formen der Information. Die stärksten der in diesem Augenblick im Gesamtsystem des Gehirns konkurrierenden Signale koppeln sich aneinander und überleben. Das Ergebnis dieses Wettstreits ist ein Strom rückgekoppelten Denkens und Verhaltens.

Ganz anders denken sich die Systemwissenschaftler William Gray und Paul LaViolette die Beschreibung eines nichtlinearen Gehirns. Nach ihrem Vorschlag beginnt das Denken als ein hochkomplexes, ja chaotisches Bündel von Empfindungen, Nuancen und »Gefühlstönen«, die vom limbischen System aus durch den Kortex kreisen. In diesem Rückkoppelungskreis wählt die Gehirnrinde einige dieser Gefühlstöne aus oder »abstrahiert« von ihnen. Diese Abstraktionen werden dann in die Schleife zurückgeschickt. Der fortgesetzte Abstraktionsprozeß führt zur nichtlinearen Verstärkung einiger Nuancen, die dadurch zu Gedanken oder Emotionen werden, die nun ihrerseits wieder die komplexen Bündel nuancenreicher Empfindungen und Gefühle organisieren.

»Gedanken sind Stereotype oder Vereinfachungen von Gefühlstönen«, sagt LaViolette. »Sie sind wie Karikaturen der Wirklichkeit.« Nach diesem Modell verbinden sich die abstrahierten Gedanken oder Emotionen miteinander zu größeren Strukturen, bis diese »oganisatorisch abgeschlossen« sind. Die organisatorische Abgeschlossenheit bedeutet dabei, daß der Reichtum an Nuancen durch Gedanken oder Emotionen zusammengefaßt (vereinfacht) worden ist, die ein Gefühl der Abgeschlossenheit erwecken. Fast alles an unseren Meinungen und an unserem Wissen ist organisatorisch abgeschlossen. Wir haben aufgehört, den vielen Gefühlstönen noch viel Aufmerksamkeit zu schenken, die mit unseren gewohnten Gedanken oder den Nuancen unserer emotionalen Vorlieben und Abneigungen zu tun haben. Doch unterhalb jedes Gedankens oder jeder einfachen Emotion liegen Schichten von Empfindungen und Gefühlen, die weiterhin in den Rückkoppelungsschleifen des Gehirns zirkulieren. Und wegen des weiteren Umlaufens dieser Nuancen bleibt die Möglichkeit, daß in einer chaotischen oder besonders aufgeladenen Situation eine andere Nuance abstrahiert und verstärkt wird, so daß diese nun der organisierende Gedanke wird. Dadurch können sich organisatorisch abgeschlossene Gedanken und emotionale Reaktionen gelegentlich doch ändern.

Für die Wissenschaftler, die am Verständnis eines nichtlinearen Gehirns arbeiten, ist eines der wichtigsten Themen von Forschung und Spekulation die Speicherung und das Wiederauffinden von Erinnerungen im Gedächtnis. Vor einer Reihe von Jahren hatte der berühmte Neurophysiologe Carl Pribram eine Antwort auf das Problem der Gedächtnisspeicherung versucht, indem er vorschlug, das Gehirn als Hologramm zu sehen. Experimente und klinische Beobachtungen hatten ergeben, daß das Langzeitgedächtnis sogar nach der Zerstörung großer Gehirnteile erhalten bleibt. In einem dieser Experimente dressierte der Neurologe Carl Lashley Ratten auf die Durchquerung eines Labyrinths und entfernte dann operativ verschiedene Teile ihrer Gehirne auf der Suche nach dem Sitz des Gedächtnisspeichers. Er fand ihn nie.

Neuere Forschungen zeigen, daß das walnußgroße, Hippokampus oder Ammonshorn genannte Gehirnorgan und die ihm zugeordneten Schläfenlappen etwas mit dem Gedächtnis zu tun haben. Beschädigung des Hippokampus führt zu tiefgreifenden Änderungen im Gedächtnis und beeinträchtigt die Langzeitspeicherung von Erinnerungen. Der Hippokampus sollte aber nicht als *Sitz* des Gedächtnisses mißverstanden werden, er stellt wohl eher eine Art Suchkartei zum Wiederauffinden des Gespeicherten dar. Nach Pribrams Theorie findet die wirkliche Erinnerungsspeicherung nicht lokal, sondern über das ganze Gehirn verteilt statt.

Nach Pribrams Vorschlag wandelt das Gehirn die Sinnesreize in Wellenformen um. Er spekulierte, diese könnten Interferenzmuster hervorbringen, die dann entweder in den Synapsen der Nervenzellen oder in einem »Phasenraum« im gesamten Gehirn gespeichert werden könnten. Das wäre ähnlich der Informationsspeicherung in einem Hologramm durch die Interferenzmuster, die entstehen, wenn die Laserwellen auf der holographischen Platte wieder zusammentreffen. In einem Hologramm läßt sich das Bild dadurch wiedergewinnen, daß man einen Laser der gleichen Wellenlänge die Platte durchleuchten läßt. Selbst wenn hierbei der Laser nur einen Teil der Platte durchleuchtet, läßt sich das gesamte Bild wiederherstellen, wenn auch ein wenig unschärfer. Pribram meinte, dies erinnere an die Fähigkeit des Gehirns, eine Information selbst dann wiederzufinden, wenn große Teile der Hirnrinde, in der sie gespeichert war, entfernt wurden. Pribram meinte deshalb, die Erinnerung werde im Gehirn zurückgerufen, wenn es von einer Wellenform durchlaufen werde, die der holographisch gespeicherten ähnlich ist.

Zwar hat man im Sehzentrum experimentell einige Zellen gefunden, die auf räumliche Muster holographisch antworten, doch konnten die Neurologen Pribrams Mechanismus für die Gedächtnisspeicherung durch holographische Wellenformen nicht bestätigen. Als Metapher allerdings mag Pribrams Bild des hologrammartigen Gehirns mitgeholfen haben, diese Forscher in Richtung auf eine ganzheitlichere Sichtweise gegenüber den Rätseln des Gedächtnisses zu beeinflussen. Vielleicht wird auch der neue Holismus, die Idee nichtlinearer Rückkoppelung, Pribrams Phasenraumvorstellung unter neuem Gesichtswinkel wiederbeleben.

In den Experimenten von Freeman und Skarda reagierten die Riechzentren der Kaninchen auf das Einatmen eines vertrauten Geruchs mit einem Grenzzykel, wobei »jeder lokale Bereich eine Schwingungsamplitude annimmt, die durch das Ganze bestimmt ist. *Jeder lokale Bereich vermittelt das Ganze* mit einer Feinheit der Auflösung, die durch seine Größe im Vergleich zur Größe des ganzen Riechzentrums bestimmt ist«

(Hervorhebung von uns). Das Grenzzykel-»Gedächtnis« für einen bestimmten Geruch ist wohl in dem chaotischen Untergrund, dem fraktalen Muster des gesamten Riechzentrums gespeichert. Und, wie gesagt, holographisch gespeichert, denn jeder lokale Bereich versucht die im Ganzen enthaltene Information darzustellen, die aber selbst erst durch die Zusammenfassung der Informationen in allen Teilbereichen definiert ist.

Die alte Theorie, nach der Erinnerungen in individuellen Neuronen gespeichert sein sollten, wird zunehmend als falsch erkannt. Offensichtlich müssen die Erinnerungen durch Beziehungen innerhalb des gesamten neuralen Netzwerks zustande kommen – also eine Art von Phasenraum der Erinnerungen.

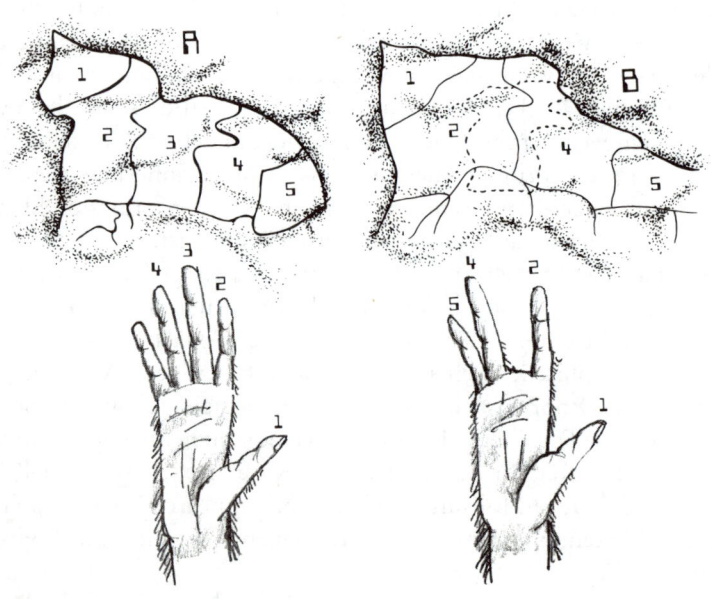

Abb. 2.5 Der dem fehlenden Affenfinger zugeordnete Gehirnbereich wird von den Bereichen her aufgefüllt, die zu den übrigen Fingern gehören. Die Forscher verstehen immer besser, daß die Information im Gehirn im gesamten Beziehungsgeflecht zwischen den Neuronen gespeichert ist, und nicht in einzelnen Neuronen oder an fest bestimmten Stellen des Gehirns.

Michael Merzenich von der University of California in San Francisco hat durch massenhaftes Einpflanzen von Elektroden Affengehirne untersucht. Er weist darauf hin, daß zwischen den Affenarten erhebliche individuelle Unterschiede bezüglich der Gehirngegend bestehen, deren elektrische Aktivität mit den Handbewegungen des Affen korreliert ist. Und bei jedem einzelnen Affen ändern sich auch die Landkartenstellen, die den einzelnen Fingern zugeordnet sind, mit der Zeit. Dies bedeutet, daß die »Stellen« des Gehirns, die den einzelnen Fingern zugeordnet sind, nicht zu bestimmten Neuronen gehören, sondern in Form eines beweglichen Beziehungsmusters gegeben sind. D. h. die für eine Fingerbewegung möglichen Erinnerungen sind nicht in den Synapsen bestimmter Neuronen lokalisiert, sondern durch ein veränderliches Netzwerk hindurch verteilt.

Wenn Merzenich einem Affen den Zeigefinger beschädigte oder amputierte, so verbreiteten sich die zu den anderen Fingern gehörenden Bereiche elektrischer Aktivität und füllten die Lücke aus. Diese Ausbreitung läuft parallel dem Lernprozeß, in dem der Affe seine Behinderung durch den Gebrauch der anderen Finger auszugleichen beginnt. Wir wollen nur hoffen, daß der Affe von den Experimentatoren für seinen Verlust ebenfalls einen Ausgleich erhielt.

Wenn die Gehirnarbeit darin besteht, die Informationen und Funktionen in Beziehungsnetzwerken zwischen Neuronen zu speichern statt in besonders »weisen« Neuronen oder anderen »hardware«-Strukturen, dann kann selbst bei Zerstörung eines Teiles des Netzwerks der übriggebliebene Teil die Information noch in einer gewissen Form »holographisch« enthalten.

Wissenschaftler, die künstliche Intelligenz erforschen, haben diese Vorstellung weiter verstärkt. Ein Computernetzwerk, das auf den Namen NetTalk getauft wurde, wurde in Anlehnung an das neurale Netzwerk des Gehirns modelliert, und man ließ es die Aussprache englischer Wörter lernen. Das Netzwerk besteht aus 300 Computer-»Neuronen«, die durch 1 800 Verbindungsstellen miteinander verknüpft sind, wobei jede dieser Verbindungen einen »Lautstärkeregler« besitzt, der das Signal durch diese Verbindung verstärkt oder abschwächt. Anfangs werden diese Lautstärkeregler zufällig eingestellt, aber nachdem das Netzwerk eine Zeitlang einer Liste von Worten ausgesetzt wurde und diese nach einer geplanten Strategie von Versuch und Irrtum verarbeitet hat, beginnt es, sich selbst zu organisieren und verbessert dabei seine Aussprache mehr und mehr. Obwohl man dem Netzwerk keine Regeln eingegeben hat, wie die Buchstaben in verschiedenen Zusammenhängen auszusprechen seien, beginnt es, solche Regeln zu entwickeln und implizit (oder holographisch) im ganzen Netzwerk zu verankern. Daß die Regeln derart verteilt sind, erkennen die Forscher daran, daß sie mit der zufälligen Auswahl eines »Samenkorns« von zehn Neuronen aus dem Netzwerk das gesamte Kodierungsschema reproduzieren können. Auch nach Beschädigung des Netzwerks durch Entfernen oder durch Abklemmen einiger »Neuronen« behält dieses seine Fähigkeit, englische Worte auszusprechen – wenn auch mit abnehmender Genauigkeit.

Die Arbeitsweise von NetTalk unterscheidet sich offensichtlich erheblich von der normaler Computer. In einem programmgesteuerten Computer führt die Unterbrechung von ein paar Verbindungen sogleich zum totalen Systemzusammenbruch. Als die Gehirnforscher entdeckten, daß die Entfernung ganzer Gehirnteile nicht das Gedächtnis zerstört, mußten sie nach seltsameren Erklärungen für die Kodierung der Informationen suchen. Einige Forscher glauben, das Verhalten von Computernetzwerken wie NetTalk führe uns auf die Spur der holographischen oder holistischen Organisation neuraler Netzwerke in wirklichen Gehirnen.

Wie aber bilden sich die neuralen Netze im wirklichen Gehirn? Gerald Edelman, Nobelpreisträger und Forscher an der Rockefeller University in New York, hat diese Frage mit einer Theorie angepackt, die ständig an Zulauf gewinnt. Seine Theorie beginnt mit dem Rückgriff auf Prozesse, die ursprünglich zur Entstehung des Gehirns geführt haben könnten.

Klarerweise gibt es nicht genügend Gene, um die Lokalisierung von 10^{14} synaptischen Verbindungen im Gehirn zu steuern. Also kann das neuronale Netzwerk im embryonalen Gehirn nicht durch die Gene vorprogrammiert sein. Vor einigen Jahren entdeckten Edelman und seine Kollegen »Adhäsionsmoleküle«, die das zufällige Wachstum der Nervenfasern steuern. Durch Rückkoppelung veranlassen diese Moleküle die herumwandernden Fasern, sich zusammenzukoppeln, um sich in einer Art Bündeln aus kleinen, miteinander verknüpften Neuronengruppen selbst zu organisieren. Die genaue Organisation der Synapsen in diesen neuronalen Bündeln und zwischen ihnen ist jeweils völlig einzigartig; keine zwei von ihnen sind in der gleichen Weise »verdrahtet«.

Nach Edelmans Theorie führt Rückkoppelung zwischen dem Gehirn und einem einlaufendem Reiz zur »Selektion« gewisser Gruppen von solchen Bündeln, die dann die Reaktion des Gehirns auf diesen Reiz darstellen. Selektion soll hier bedeuten, daß zunächst viele der Neuronengruppen auf den Reiz reagieren, daß aber nach einiger Zeit manche der Verbindungen innerhalb der Gruppen und zwischen ihnen durch die Wirkung des Reizes verstärkt werden, während andere absterben.

Um dies auszuprobieren, entwickelte Edelmans Forschungsgruppe eine Computersimulation eines Netzwerks aus zufällig verknüpften Neuronen. Wurde dieses Netzwerk »gereizt«, so veranlaßte dies einige Neuronen dazu, positive Rückkoppelungsschleifen zu entwickeln und eine Gruppe eng verknüpfter Zellen zu bilden. Zellen, die nicht gemeinsam gereizt werden oder die nicht genügend Verbindungen besitzen, schließen sich diesen Gruppen nicht an.

In einem wirklichen Gehirn, wie dem des Affen, findet eine ununterbrochene Rückkoppelung zwischen dem Netzwerk von Neuronengruppen und der Umwelt statt. Also wird zwar heute die zu einer Empfindung oder Bewegung gehörende Information in einer bestimmten Menge neuronaler Beziehungen eingebettet sein, aber schon morgen mögen sich diese Beziehungen ein wenig verschoben haben. Wendet man Edelmans Vorstellungen auf das Gedächtnis an, so könnten sie vielleicht erklären, warum wir uns leichter daran erinnern, wo wir unsere Brieftasche liegenließen, wenn es uns gelingt, den gesamten Kontext unserer Gedanken und Bewegungen zu rekonstruieren. Eine Erinnerung oder eine Empfindung sind keine isolierten Stückchen; sie sind Beziehungsmuster. Edelmans Modell könnte auch erklären, warum sich unsere Erinnerung vergangener Ereignisse mit der Zeit ändert. Das Gedächtnis treibt auf den Wellen eines Meeres von Beziehungen, die sich andauernd auf höchst subtile Weise verändern.

Die nichtlineare Betrachtungsweise des Gehirns hat ganz erheblich die weltweiten Anstrengungen von Computerwissenschaftlern gefördert, sozusagen in Reagenzgläsern voller Mikrochips eine »künstliche Intelligenz« (KI) zu schaffen.

Der Psychologe J. Z. Young meint, Edelmans Gehirnmodell biete die besten Aussichten, eine »Selektionsmaschine« zu erfinden, die ihre Verknüpfungshierarchie durch Wechselwirkung mit der Umwelt und nicht durch Programmierung entwickeln würde. Young schwebt vor, ein solcher Apparat werde »im Laufe seines Lebens allmählich genügend Erfahrung erwerben, um über die Eigenschaften der ganzen Welt nachzudenken und folglich … Anzeichen für Hoffnungen und Glauben hinsichtlich der Zukunft erkennen lassen«.

In der KI-Forschung werden zur Zeit viele verschiedene Ansätze verfolgt, und dabei weist Edelmans Gehirnmodell in die gleiche Richtung wie die zur Zeit populären Strategien der »Konnektionisten«. Diese gehen davon aus, daß Computerschaltkreise wie Neuronen mit synapsenartigen Verbindungen der Microchip-Zellen verdrahtet werden sollten. Die Computerprogramme der Konnektionisten wären also nicht eine Menge logischer Anweisungen, die vorhersagbare Ergebnisse erzeugen sollen; sie sollten vielmehr nur Anweisungen geben, wie sich die Verbindungsstärken zwischen den verschiedenen Prozessoren so verändern sollen, daß die Maschine zur Bildung nichtlinearer Netzwerke veranlaßt wird. Nach der konnektionistischen Theorie sollte der Computer bei richtiger Erfüllung all dieser Bedingungen aufgrund nichtlinearer Rückkoppelungen, die das ihm vom Menschen vorgelegte Problem in ihm ausgelöst hat, Bifurkations- und Verstärkungsprozesse durchlaufen, die zur Selbstorganisation von Intelligenz führen.

Die Netze, die bisher zur Erprobung der konnektionistischen Vorstellungen konstruiert wurden, sind noch relativ einfach. Jeder Transistor, der in diesem Netz ein Neuron darstellt, reagiert auf Signale anderer Transistoren, indem er das von ihm selbst erzeugte Signal an- oder abschaltet bzw. verstärkt oder abschwächt. Ob er das eine oder das andere tut, hängt von der »Summe« aller Eingangssignale ab, die dieser Transistor empfängt. Einer der nach diesem Prinzip erbauten Computer mit neuralen Netzwerken hat bereits ein assoziatives Gedächtnis gezeigt, also die Fähigkeit, eine ganze Menge verschiedener Eigenschaften eines Gegenstandes auch dann herauszufinden, wenn die auslösende Frage nur bruchstückhaft oder teilweise falsch gestellt wird. (Ein Beispiel assoziativen Gedächtnisses ist es, wenn wir an einen Studienkollegen denken, der eine Brille trug, und wenn uns dann plötzlich allerlei andere Eigenschaften von ihm dazu einfallen.) Auch NetTalk ist mit seiner Fähigkeit, sich selbst die englische Aussprache beizubringen, ein Beispiel für einen Computer mit neuralem Netzwerk.

Zwar können große digitale Computer die bisher von neuralen Netzen erbrachten Leistungen ebenfalls ausführen, aber neurale Netze schaffen das viel schneller. Sie sind also vielversprechend, wenn sie auch zur Zeit nur sehr rudimentäre Formen der hochentwickelten Dynamik des lebenden Gehirns darstellen. Freeman und Skarda kritisieren die Konnektionisten und begründen diese Kritik mit dem, was sie selbst über die Erinnerungsstruktur im Riechzentrum herausgefunden haben. Dort hänge ja die Erinnerung nicht nur von den neuronalen Verknüpfungen ab, sondern auch von einem chaotischen Hintergrund. Dieses chaotische Muster, in das das Riechzentrum nach der Erkennung eines Geruches zurückkehrt, sei nie das gleiche. Durch sein Chaos sei das Gehirn also ganz verschieden von jenen Netzwerken der Konnektionisten mit ihren noch immer streng vorgeschriebenen Regeln, wie das einzelne Neuron auf die von ihm empfangenen Reize reagieren solle. Freeman sagt: »Das Chaos bestimmt den Unterschied in der Überlebensfähigkeit zwischen einem Wesen mit einem Gehirn in der wirklichen Welt und einem Roboter, der nicht außerhalb einer streng geregelten Umwelt funktionieren kann.« Der Konnektionismus entfernt sich zwar von der digitalen Logik der Computer, aber Freeman und Skarda erscheint es fraglich, ob er sich weit genug entfernt.

Es bleibt also abzuwarten, ob der konnektionistische Weg zur künstlichen Intelligenz Erfolg haben wird. Dennoch ist es bedeutsam, daß die Wissenschaftler ihre Hoffnungen nun auf die nichtreduktionistischen Aspekte der Komplexität richten, um das Problem des Baues einer denkenden Maschine zu lösen. Seit den Tagen, als die vorhersagbaren, rationalen Aspekte von Maschinen geradezu für ein Abbild des ganzen Universums gehalten wurden, hat also die Wissenschaft einen weiten Weg zurückgelegt.

Nichtlineare Zukünfte

Vieles, worüber wir in diesem Kapitel sprachen, könnte unter der Überschrift »Systemtheoretische Betrachtungsweise der Wirklichkeit« stehen. Das mag nach einer farblosen oder mechanistischen Vorstellung klingen, aber die Systemtheorie kann recht lebendig sein. Ein Schlüssel zu ihr ist die nichtlineare Rückkoppelung – und wie wir gesehen haben, kann diese aus der simpelsten Aktivität ein ganzes Feuerwerk von Komplexität erstrahlen lassen.

Im Rahmen dieser Betrachtungsweise haben sich im Laufe der Jahre viele Arten von Theorien entwickelt. Da ist die allgemeine Systemtheorie, in der der verstorbene Ludwig von Bertalanffy bahnbrechende Arbeit leistete; die kybernetische Tradition, die mit Norbert Wiener begann, und die servomechanistische oder technische Tradition, die auf den MIT-Systemtheoretiker Jay Forrester zurückgeht.

In ihren verschiedenen Formen und Kreuzungen hat die Systemvorstellung praktisch alle Disziplinen durchdrungen. An den Universitäten in aller Welt wurden Departments für Systemwissenschaften eingerichtet. Zukunftsforscher wie Alvin Toffler, John Naisbitt, Hazel Henderson und Marilyn Ferguson haben verkündet, die systemtheoretische Betrachtungsweise werde die Zukunft beherrschen. Der Wirtschaftswissenschaftler und Nobelpreisträger Herbert Simon teilte 1978 mit, daß er die traditionelle ökonomische Theorie aufgegeben habe und sich zur Informations- und Systemtheorie bekehren werde. Trotz all dieser Begeisterung ist jedoch die systemtheoretische Betrachtungsweise noch immer eine junge Wissenschaft, die erst wird beweisen müssen, daß sie mehr ist als eine geschickte neue Art, die Dinge anzuschauen.

Über Peter Senges Schreibtisch im Massachusetts Institute of Technology ist eine Zeichnung seiner kleinen Tochter an die Wand geheftet. Ein Wirbel von Linien, ein Porträt des Chaos, auf das sie mit ihrer Kinderschrift geschrieben hat: »Daddy bei der Arbeit.« Tatsächlich gehören Chaos und Ungewißheit zur Arbeit Senges, der in der Forschungsgruppe für Systemdynamik arbeitet. Er entstammt einer neuen Rasse von Sozialwissenschaftlern und mag uns hier als Beispiel für die Betrachtungsweise der Systemforscher dienen. Wie andere Systemtheoretiker ist er darauf erpicht, uns seine Sorte der Systembetrachtung zu erklären.

Die Idee der »Systemdynamik« hatte ihren Ausgangspunkt bei Senges Kollegen Jay Forrester, einem Technikwissenschaftler, der in den frühen fünfziger Jahren an der Erfindung der Kernspeicher für Computer beteiligt war. Forrester begann sich für die Anwendung seiner technischen Systembegriffe auf die Komplexität der Sozialwissenschaften zu interessieren, und er nutzte dabei den neuen Computer als Werkzeug.

Seit Gründung der Systemdynamikgruppe haben Forrester und seine Kollegen Dutzenden von Industrieunternehmen und Kommunalverwaltungen beigebracht, ihre Managementprobleme mit Hilfe nichtlinearen »Modellierens« anzupacken.

Wir alle haben zahllose Modellvorstellungen davon im Kopf, wie gewisse Dinge funktionieren. »Wenn dein Auto ins Schleudern kommt, dann dreh' dein Steuer in die gleiche Richtung« – das ist ein Modell. »Schon' die Rute und verzieh' dein Kind« – wieder ein Modell. In manchen unserer Modelle spielt Rückkoppelung eine Rolle, aber im allgemeinen nicht jene Art von iterierter (positiver) Rückkoppelung, die zur Nichtlinearität führt. Die zur Planung in Betriebs- und Volkswirtschaft benutzten theoretischen Modelle waren traditionell linear. »Vergrößere deinen Verkäuferstamm, und die Verkaufszahlen werden steigen«, oder »Nimm die Wachstumsrate der letzten fünf Jahre und gewinne daraus die Projektion für die nächsten fünf Jahre, unter Berücksichtigung der Bevölkerungsentwicklung«.

Lineare Modelle sind aber als Mittel der Vorhersage, wozu sie meist benutzt werden, notorisch unzuverlässig. Prognosen gehen daneben. Plötzlich entwickelt sich die Bevölkerung in einer unerwarteten Richtung, oder sie wandert in einen anderen Teil des Landes ab, oder sie kauft aus irgendeinem unvorhergesehenen Grund viel weniger von einem Produkt, als erwartet wurde – z. B. wegen einer Ölkrise. Versuche, etwas vorherzusagen, erleiden ein chaotisches Schicksal. Prognosen versagen, weil die Modelle nicht das Wesentliche erfassen können – die Gesamtheit der Wechselwirkungen zwischen den Elementen empfindlicher dynamischer Systeme.

Die Antwort der Systemdynamik auf dieses Dilemma der »Modellbauer«: Mach' das Wesentliche am Modell nichtlinear und leg' weniger Wert auf die Prognose.

Nichtlineare Modelle unterscheiden sich von linearen in vielerlei Hinsicht. Man versucht beim Modellieren nicht mehr, alle einzelnen Kausalketten zu verfolgen, sondern man hält Ausschau nach Knoten, in denen sich Rückkoppelungsschleifen verbinden, und man bemüht sich, von den wichtigen Schleifen so viele wie möglich im »Bild« des Systems unterzubringen. Das Modell wird nicht mit dem Ziel entworfen, die Zukunft vorherzusagen oder durch strenge Regelung festzulegen; vielmehr ist man beim Entwerfen eines nichtlinearen Modells damit zufrieden, durch Variation verschiedener Parameter das Modell zu stören und dabei etwas über die kritischen Punkte des Systems und über seine Homöostase (die Widerstandsfähigkeit gegen Änderungen) herauszufinden. Ziel des Modells ist also nicht die Kontrolle über das komplexe System durch

Quantifizierung und Beherrschung seiner Kausalität; der Modellbauer möchte vielmehr seine »Intuitionen« bezüglich der Systemfunktion verbessern, damit er harmonischer damit umzugehen lernt.

So ist die Entwicklung des Systemmodells ein Beispiel für die Verschiebung, die die Wissenschaft von Chaos und Entwicklung gebracht hat: vom quantitativen Reduktionismus zu einer qualitativen, ganzheitlichen Auffassung der Dynamik.

Wie macht man ein qualitatives Modell? Wenn Systemdynamiker mit komplexen Organisationen wie z. B. wirtschaftlichen Unternehmen zu tun haben, so werden sie zunächst versuchen, die schriftlich fixierten und die in den Köpfen vorhandenen Begriffe der Mitarbeiter dieser Organisation zu identifizieren, die diese bei ihrer Arbeit anwenden, sowie die Regeln und Planungen der Organisation, das wirkliche Verhalten der Leute in diesem Rahmen, die Organisationsstruktur, ihren Zweck und

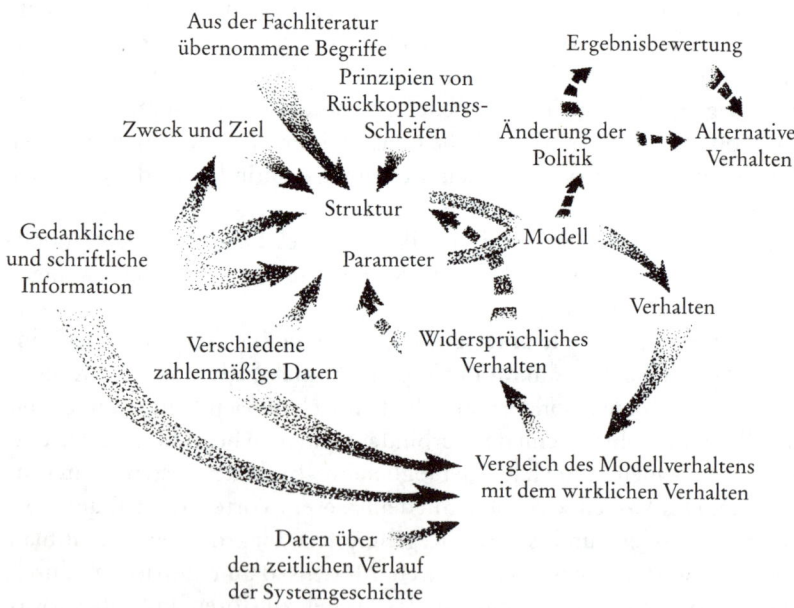

Abb. 2.6 Will man illustrieren, wie ein Modell nichtlinearer Rückkoppelung zustande kommt, so läßt man sich selbst auf einen nichtlinearen Rückkoppelungsprozeß ein.

das gesamte Zahlenmaterial wie z. B. die Zahl der Beschäftigten und ihre Arbeitszeit. Das Ziel ist herauszufinden, welche Arten von Schleifen diese Elemente bilden.

»Anfangs sind unsere Kunden skeptisch«, sagt Senge, »›Das können Sie doch nicht modellieren; das ist nicht nur ein System von harten Variablen. Wir reden hier über Innovation, menschliche Leidenschaften, alle möglichen, subtilen, nicht modellierbaren Dinge.‹ Die erste Reaktion ist fast immer Zynismus. Aber nach einer Weile sind sie begeistert. Sie sehen, daß man die Psychologie und die komplexere Dynamik in einer Organisation doch modellieren kann. Sie merken: Wenn man über etwas klar sprechen kann, so läßt es sich im allgemeinen auch modellieren. Und sie begeistern sich über Modelle subtilerer Vorgänge, deren Bedeutung jedermann klar ist.«

Der Wirrwarr der Rückkoppelungsschleifen ist natürlich oft unendlich komplex, aber der Computer kann damit umgehen. Den Schleifen werden nichtlineare Gleichungen zugeordnet, die die jähen Sprünge wiedergeben, die zustande kommen, wenn Parameterwerte (durch »Ringverstärkung«) hochschnellen oder abfallen.

Was bei solchen Modellen ganz absichtlich nicht berücksichtigt wird, das sind die »historischen« Daten, die in linearen Modellen benutzt werden, um das Auf und Ab der Vergangenheit der betreffenden Firma zu ermitteln und daraus Trends abzuleiten. Im nichtlinearen Modell benutzt man solche systemgeschichtlichen Daten nicht, um das Modell herzustellen, sondern um es zu prüfen. Läßt man das Modell auf dem Computer laufen, so kann man sehen, wie nahe das Bild von den Rückkoppelungen dem wirklichen Verhalten kommt, das die Firma oder sonstige Organisationen historisch zeigte.

Ein Vorteil guter Modelle ist es, daß man die Werte in verschiedenen Schleifen ändern und dann bei der Computersimulation beobachten kann, was geschieht. So kann man eine neue Firmenpolitik ausprobieren, die Wirkungen einer Aufstockung oder Verminderung des Personals beobachten, man kann versuchsweise die Beziehungen zwischen verschiedenen Elementen ändern und sogar das mögliche Ergebnis von Stimmungs- oder Verhaltensänderungen der Beschäftigten abschätzen.

Weil es dem menschlichen Denken schwerfällt, sich aus eigener Kraft mehr als ein paar solcher Schleifen vorzustellen, ist der Computer im Modellierungsprozeß unentbehrlich.

Indem sie vielfältige komplexe Systemformen studierten, haben die Systemtheoretiker eine lange Liste von Systemprinzipien entwickelt. Wir führen hier einige an – zusammengestellt von Peter Büttner, einem leitenden Angestellten der Boise Cascade Lumber Company und früherem Studenten von Senge am MIT:

- Um ein System dauerhaft zu verändern, muß man seine Struktur ändern.
- In jedem System gibt es nur sehr wenige »Haupteingriffsstellen« oder »Hebelpunkte«, an denen man eingreifen kann, um wesentliche dauerhafte Veränderungen im Gesamtverhalten des Systems zu bewirken.
- Je komplexer ein System ist, um so weiter voneinander entfernt sind gewöhnlich Ursache und Wirkung sowohl im Raum wie auch in der Zeit.
- Es bedarf nicht sehr vieler Rückkoppelungsschleifen, damit die Vorhersage des Systemverhaltens schwierig wird.
- Weder die Hebelpunkte noch die richtige Art, dort anzusetzen, um ein gewünschtes Resultat zu erzielen, sind im allgemeinen durchsichtig.
- »Erst schlechter, dann besser«, ist oft das Ergebnis, wenn man an einem Hebelpunkt die Firmenpolitik in der »richtigen« Richtung zu verändern versucht; jede Änderung der Planung, die unmittelbar zu besseren Ergebnissen führt, sollte daher stets verdächtig erscheinen.

In den vergangenen zwei Jahrzehnten sind alle möglichen Arten umfassender Modelle aus dem Boden geschossen, die dieser führenden Systemdynamikgruppe nacheiferten. Im allgemeinen haben solche Modelle umfassender Rückkoppelungssysteme nur wenige Elemente und sind, gemessen an ihren Zielen, recht simpel. Das vielleicht am besten bekannte ist die in den siebziger Jahren entwickelte Simulation einer Gruppe von Wirtschaftswissenschaftlern, Bevölkerungswissenschaftlern und anderen Experten, die sich selbst »Club of Rome« nannten. Nach direktem Anstoß durch Forrester entwickelte diese Gruppe ein globales Modell, das Rückkoppelungsbeziehungen zwischen Weltbevölkerung, Ressourcen, Nahrungserzeugung, industrieller Produktion und Umweltverschmutzung einschloß.

Die wesentliche Schlußfolgerung, die aus den Simulationen gezogen wurde, hätte man vermutlich auch durch den gesunden Menschenverstand erreichen können: Eine Weltwirtschaft, die auf ständigem Wachstum in allen Sektoren (oder auch nur in einigen Sektoren) beruht, muß schließlich versagen und dabei wahrscheinlich irgendeine Art von katastrophalem Zusammenbruch bewirken. Das Modell machte aber keine Vorhersage eines Zusammenbruchs zu einem bestimmten Zeitpunkt – eine Tatsache, die im allgemeinen mißverstanden wurde. Es bewies nur anschaulich, daß die Wachstumsannahme schließlich in eine globale Katastrophe führen würde, gleichgültig, wie man die Variablen manipulierte.

Der Grund liegt darin, daß alle Systeme der Welt in Rückkoppelungsschleifen zusammenhängen und daß die Ressourcen begrenzt sind. Erinnern wir uns an den nichtlinearen Zusatz, den Verhulst in der Gleichung des exponentiellen Wachstums anbrachte, und an den plötzlichen Absturz, den dieser in der Population von Alices Würmern bewirkte?

Ein Mitglied des Club of Rome, Donella Meadows, bemerkte, daß die nichtlineare Koppelung ökonomischer Faktoren unausweichlich zu dem Schluß führt, daß »kein Teil der Menschheit wirklich von anderen Menschen oder vom globalen Ökosystem getrennt betrachtet werden kann. Wir alle werden gemeinsam steigen oder fallen.«

Hazel Henderson glaubt, daß die auf ungebremstes Wachstum gerichtete Mentalität, die die Weltwirtschaft dominiert hat, der linearen Betrachtungsweise entsprungen ist, die die Ökonomen einer nichtlinearen Welt gegenüber anwandten.

Gibt es eine Lösung dieses nichtlinearen Dilemmas, das bereits begonnen hat, unseren Lebensstandard zu beeinflussen? Viele Systemtheoretiker empfehlen uns, wir sollten von den Mitochondrien und Spirochäten lernen, auf eine neue Art zusammenzuarbeiten.

Einige Vertreter der Systemwissenschaft glauben, eine solche neue Zusammenarbeit habe bereits begonnen – nämlich in Form der »Netzwerke«, deren innovativer gesellschaftlicher Organismus überall in der Gesellschaft Blüten zeigt.

Netzwerke hat es immer in irgendeiner Form gegeben, damit Menschen außerhalb der üblichen Hierarchien miteinander kommunizieren konnten. Aber der neue Netzwerkorganismus ist bewußt und vollständig durch Rückkoppelung bestimmt. Seine plötzliche Entwicklung stammt anscheinend aus der wachsenden Einsicht, daß in unserer komplexen Welt die alten gesellschaftlichen Hierarchien und reduktionistischen Regelstrukturen nicht funktionieren.

Senge sagt, in den meisten Organisationen werde heutzutage ein Spiel gespielt, in dem »Untergeordnete vorgeben, geführt zu werden, und Vorgesetzte vorgeben, sie führten«. Der Gipfel der Hilflosigkeit von Hierarchien zeigt sich aber dramatisch, wenn wegen des Versagens einer Schraube, die zwei Dollar kostet, ein Flugzeug abstürzt. Der Mensch, der die Schraube herstellte, befand sich am unteren Ende der Hierarchie all jener, die das Flugzeug bauten, und doch konnte er die ganze Hierarchie zu Fall bringen.

Die Einsicht in den Unsinn oder die Illusion von Hierarchien hat mitgeholfen, die Ausdehnung von Netzwerken zu fördern, die viele Beobachter der Gesellschaft wie Naisbitt, Toffler und Henderson für die Form der Zukunft halten. In seinem jüngsten Buch *Thriving on Chaos* (»Auf dem Chaos gedeihen«) erklärt der Managementberater Tom Peters den Managern, daß man auf den flatterhaften Weltmärkten von heute nur florieren könnte, wenn man »das Chaos liebt« und in seiner Firma ein hoch nichtlineares nichthierarchisches Umfeld schafft. Peters predigt, man sollte jedermann bei allem mitreden lassen, um kreative Durchbrüche zu ermöglichen. Sein früheres Buch *In Search of Excellence* machte die Idee populär, daß Management Netzwerkarbeit sei – »Management durch Herumgehen«. Auch die wirtschaftlichen Erfolge der Japaner sind eindrucksvolle Illustrationen erfolgreichen Managements, das zu nichthierarchischen Rückkoppelungssystemen zwischen den Mitarbeitern ermutigt.

Höchst effektive globale Netzwerke sind entstanden, die an kein Land und keine gesellschaftliche Hierarchie gebunden sind. Amnesty International, Greenpeace und die Coalition of Concerned Scientists sind Beispiele. Die grünen Parteien in Europa betrachten sich selbst als nichthierarchische Netzwerke und halten sich an das Motto: »Global denken, lokal handeln«, die Losung auch vieler anderer Netzwerke. Marilyn Ferguson hat die Netzwerkarbeit als »die Wassermann-Verschwörung« bezeichnet. Robert Theobald, Wirtschaftswissenschaftler und Begründer eines Netzwerks für »soziale Unternehmer«, sagt, Koppelung und Netzwerkarbeit werden die wichtigsten und allgemein anerkannten Gestaltungsmöglichkeiten für die Zukunft sein.

William Ellis, der Gründer von TRANET, einem Netzwerk für angepaßte oder alternative Technologie, hat noch größere Visionen: »Eine künftige Weltregierung kann man sich als ein vieldimensionales Netzwerk vorstellen, das jedem einzelnen vielfältige Wege freistellt, auf denen er für sein eigenes Wohlergehen sorgen und zugleich an der Kontrolle globaler Angelegenheiten teilnehmen kann.«

Ellis beschreibt TRANET als eine Struktur, »die aus Verbindungen zwischen Knoten besteht. Es gibt kein Zentrum. Jedes Mitglied des Netzwerks ist autonom. Im Unterschied zu einer Hierarchie ist hier kein Teil von irgendeinem anderen abhängig. Verschiedene Mitglieder tun sich zu speziellen Projekten oder für gewisse Themen zusammen, aber es gibt keine Bürokratie, die das Handeln erzwingt oder gar Konformität herbeiführt.«

Jeffrey Stamps, Mitautor eines Netzwerkführers, beschreibt die neuen Netzwerke als »Gewebe völlig frei dastehender Teilnehmer«. So besitzt offenbar die kooperative »Pflanzenwelt«, die sich in Anpassung an die gegenwärtige weltweite »Atmosphäre« entwickelt und ausbreitet, Autonomie auf der Ebene der individuellen »Zellen« (d. h. der Netzwerkmitglieder).

Wie einst die Bakterien durch den sich in der Luft anreichernden Sauerstoff zur Zusammenarbeit gedrängt wurden, so scheinen nun die Netzwerke in einer globalen Atmosphäre geboren zu werden, die durch Information schon nahezu vergiftet ist.

Einige Netzwerke bilden sich vor allem, um Informationen zwischen Leuten mit gemeinsamen Interessen auszutauschen. Andere werden ausdrücklich zu dem Zweck entworfen, jene Art von Informationsfluß zu schaffen, der zu Bifurkationen und neuen Gestalten führen kann.

Roy Fairfield ist ein unermüdlicher Netzwerker und einer der Begründer der Union Graduate School, eines Netzwerkexperiments für fortgeschrittene Studenten, das Ende der sechziger Jahre begonnen wurde. Obwohl diese Universität voll anerkannt ist, besitzt sie keinen Campus und keine Bibliothek und bietet statt dessen ihren weit verstreuten Doktoranden eine Kerngruppe junger Wissenschaftler, die das Geschick haben, Verbindungen zu anderen Studenten herzustellen und den intellektuellen Topf mit Ideen am Kochen zu halten. Fairfield fliegt im Lande herum, um Studenten zu treffen, und korrespondiert auch in einem ununterbrochenen, umfangreichen Strom von Briefen, Haikus, Zeitungsausschnitten, Lektürevorschlägen und Hinweisen auf andere Studenten, die passende Ideen haben könnten. Er sagt: »Ich verlange nichts dafür, wenn ich mit jemandem etwas teile.« Seine Vision von Ausbildung ist es, daß durch solche Netzwerkarbeit irgend etwas Kreatives geschehen wird. Er betrachtet die Netzwerkarbeit als einen Weg, auf dem sich ein chaotischer Untergrund aufrechterhalten läßt, so daß – wie im Gehirn – das Chaos von Zeit zu Zeit eine selbstorganisierte, intellektuelle Struktur hervorbringen kann.

Gute Netzwerkarbeit verlangt offenbar großen Einsatz und setzt den festen Glauben voraus, daß sich aus all dieser mäandrierenden, nichtlinearen Aktivität irgend etwas ergeben wird. Hunderte von Netzwerkorganismen sind durch Nichtgebrauch eingegangen und sie scheinen tatsächlich höchst empfindliche und vergängliche Wesen zu sein. Vielleicht gab es in ihnen zu wenige oder zu schwache Rückkoppelungen. Oder ein flüchtiges Leben ist das natürliche Schicksal eines Netzwerks, das es seinen Mitgliedern erlaubt, sich anderen Netzwerken anzuschließen. Es könnte aber auch sein, daß wir einfach noch nicht die lebensfähigste Form dieser kooperativen Spezies entwickelt haben. Wie könnten solche Strukturen autopoietisch werden? Zweifellos müssen wir über nichthierarchische komplexe Ordnung noch eine Menge lernen.

Senge z.B. glaubt, daß wir im Verständnis des Umgangs mit solcher Komplexität auf dem gesellschaftlichen Niveau gerade erst am Anfang stehen. Er sagt, er beginne den Unterricht über das Modellieren von Systemen mit einem »Komplexitätsgrad, der gerade noch innerhalb der Grenzen unserer bewußten Fähigkeiten liegt«, und dann steigere er die Komplexität, bis die Leute nur noch undeutlich das Ganze erfassen, ohne es wirklich bewußt wahrzunehmen. Wenn man lernen will, mit Komplexität umzugehen, so meint er, müsse man lernen, intuitiver zu leben, denn die Intuition sei der Schlüssel, wenn man in komplexen Systemen wesentliche Änderungen erreichen wolle, ihnen bei der Entwicklung helfen und sich mit ihnen entwickeln wolle.

»Wo wir am tiefsten in die Systemdynamik eingedrungen sind, dort versuchen wir einen besonderen intuitiv-rationalen Sinn zu kultivieren, der uns erkennen läßt, wann wir uns einem kritischen Systemaspekt annähern. Manchmal kann man das wirklich *fühlen*; man weiß dann einfach, daß man sich einem wichtigen »Hebelpunkt« nähert. Selten ist das mit den Symptomen korreliert, auf die sich die meisten Leute konzentrieren, denn in komplexen Systemen sind Ursache und Wirkung meist nicht räumlich und zeitlich benachbart.«

Er meint, es sei wichtig, daß Menschen sich auf die Komplexität einlassen, um ihre Vorstellungskraft freizusetzen. Man möchte das System so ändern, daß es die eigene Sichtweise ausdrückt. Aber dies läßt sich nicht automatisch erreichen, denn der eigene Standpunkt ist keine reduzierbare Angelegenheit; er ist eher ein Gefühl, eine Nuance. Um also eine Vorstellung davon zu gewinnen, muß man sich dem System als einem subtilen Ganzen nähern. Wie Senge dies beschreibt, ist es offenbar keine Aufgabe für ein Denken, das im Reduktionismus erzogen und eingeübt wurde. Er sagt, die Leute hätten bezüglich der Struktur von Organisationen eine unglaubliche Haltung des »Sag' mir, was ich tun kann, damit ich's in Ordnung bringe«. »Wir versuchen den Leuten die Systemperspektive beizubringen, und dazu gehört die Entwicklung der Fähigkeit, auf etwas aufzubauen, was man als unsicher erkannt hat. Man ist dabei immer am Experimentieren. Ich glaube, das verleiht enorme Kräfte. Es befreit die Phantasie, aber ebenso den Intellekt. In der Ausbildung versetzt es die Leute in eine Verfassung, in der sie lernen wollen statt Probleme zu lösen, und sie werden dadurch intellektuell sehr viel effektiver.«

Allerdings, so gibt er zu, gewinnen zwar die Leute oft Einsichten aus der Systemdynamik, bleiben aber dann nicht dabei. »Mir scheint, am tiefsten Grunde ihres Denkens lebt doch die Vorstellung, sie könnten trotz ihrer Einsicht irgendwie einen Weg zu der ersehnten Reduktion finden, zu einem Systemmodell, das sich wie ein Automat behandeln läßt. Nach einer Weile erkennen sie, daß sie mit dem intuitiven Prozeß nicht zu diesem Ziel kommen können, und sie werden entmutigt. Was wir tun, paßt einfach seiner Natur nach nicht zu ihrer Erwartung, es gebe eine reduktionistische Lösung.«

Unser Denken an die subtile ganzheitliche Komplexität anzupassen ist vielleicht deshalb so schwer, weil wir, wie Prigogine sagt, versucht haben, mit Hilfe von Vorhersagen der Zeit zu entrinnen. Es ist ein Axiom der Chaostheorie, daß es keinen Abkürzungsweg gibt, auf dem man das Schicksal eines komplexen Systems erfahren könnte; seine Entwicklung läßt sich nur in »Echtzeit« verfolgen. Die Zukunft enthüllt sich nur im Aufdröseln der Gegenwart von Augenblick zu Augenblick. Stellen wir uns der Begrenzung, ja der Unmöglichkeit von Vorhersagen, so können wir in die wirkliche Zeit zurückkehren und sie als die Grenze zwischen Ordnung und Chaos, zwischen dem Bekannten und dem Unbekannten, als die Tiefe der Spiegelwelten akzeptieren.

Kapitel 1

Quantenwurzeln ins Chaos

Das BUCH DES GELBEN KAISERS *sagt:*

... das Wurzelwerk von Himmel und Erde. Weiter und weiter geht es,
etwas, was beinahe da ist; gebrauche es, es geht nie zu Ende.

Nichtlineare Paradoxa im Kleinen

Ein seltsamer Ort. In den Tiefen der Spiegelwelt muß man mit Paradoxa
leben – wie Ilya Prigogine und David Bohm veranschaulichen.

Für den einen Wissenschaftler liegt die Wurzel des Universums im
Chaos; der andere sieht dort Ordnung – Ordnung »unendlichen Grades«, wie Bohm das nennt, und er meint damit, daß für ihn Chaos in
Wirklichkeit eine höchst subtile Form von Ordnung darstellt. Beide Wissenschaftler sind sich über die Bedeutung der Nichtlinearität für ihre
neuen Vorstellungen von der Wirklichkeit einig, aber sie können sich
nicht darüber verständigen, wohin diese Nichtlinearität sie führt.
Bezeichnenderweise liegt ihre Uneinigkeit vor allem im Reich der Quantentheorie – also dort, wo viele die tiefste Schicht der Realität vermuten.

Wir haben in diesem Buch überall die tiefe Bedeutung der Nichtlinearität in der Natur gesehen. Während das Lineare die Physik des 19. Jahrhunderts dominierte, erscheinen uns heute lineare Systeme geradezu als
die Ausnahme. Auch die erste große wissenschaftliche Revolution des 20.

Jahrhunderts – die Relativitätstheorie – ist durch und durch nichtlinear. In diesem immer schärfer werdenden Bild universeller Nichtlinearität stellt die Quantentheorie eine seltsam verschwommene Stelle dar. Die Mathematik der Quantentheorie ist linear. Die seltsamsten Züge dieser Theorie haben gerade mit dieser Linearität zu tun.

Das zentrale Paradox der Quantenlinearität liegt in dem, was man das Meßproblem der Quantenmechanik nennt. Das ist folgendes: Die Lösungen einer linearen Theorie wie der Quantentheorie sind vom mathematischen Standpunkt aus alle gleich gut; so kann nichts einen Wissenschaftler daran hindern, Lösungen auf verschiedene Arten zusammenzuzählen und dabei noch mehr Lösungen zu erzeugen. Die Lösung jedes beliebigen Problems der Quantentheorie wird daher immer in Form von Linearkombinationen verschiedener Lösungen angegeben – Kombinationen von verschiedenen Ergebnissen.

In jedem wirklich durchgeführten Quantenexperiment muß jedoch ein *ganz bestimmtes* Ergebnis existieren. Ein Geiger-Zähler knackt, ein Teilchen hinterläßt eine Spur auf einer Photoplatte; all dies sind wohlbestimmte und eindeutige Ergebnisse. Wie aber kann eine Theorie zu eindeutigen Ergebnissen führen, wenn sie auch alle möglichen Linearkombinationen von Ergebnissen zuläßt? Dies ist das Quanträtsel.

Der Physiker Erwin Schrödinger veranschaulichte dieses Paradox in besonders einleuchtender Weise. Er stellte sich ein Experiment vor, in dem der »Detektor« des Durchgangs eines Quantenteilchens nicht ein Geiger-Zähler ist, sondern eine Katze in einer Kiste, in der sich eine Blausäurekapsel befindet, sowie ein Schaltgerät mit Zufallscharakteristik, das mit 50 % Wahrscheinlichkeit aktiviert wird, wenn ein radioaktives Isotop ein Elektron aussendet. Würde man viele Versuche machen, so würde also die Hälfte aller Elektronen dazu führen, daß die Blausäurekapsel zerbricht und die Katze tötet. (Lassen Sie uns gleich hinzufügen, daß Schrödinger niemals daran dachte, dieses Experiment mit einer wirklichen Katze auszuführen; es ist nur eine bizarre Illustration der seltsamen linearen Eigenschaften der Quantentheorie.)

Um die Merkwürdigkeit der Quantentheorie besser zu verstehen, müssen wir betrachten, wie diese Apparatur in klassischen Begriffen aussähe. Dazu ersetzen wir den »Quanten-Trigger« (den Zufallsapparat und das emittierte Teilchen) durch ein nichtquantenhaftes Äquivalent, die Drehscheibe und die Kugel eines Rouletts. Wenn die in Drehung versetzte

Scheibe langsamer wird, so wissen wir, daß mit einer Chance von 50:50 die Kugel in eines der roten Fächer gefallen ist, und das soll nun die Triggerwirkung auf die Blausäurekapsel haben und die Katze töten. Fällt die Kugel in ein schwarzes Fach, so geschieht nichts und die Katze bleibt leben. Bevor wir nun die Schachtel öffnen, haben wir keine Möglichkeit festzustellen, ob die Katze am Leben ist oder tot. Eine Vorhersage können wir nur machen, wenn wir den Begriff der Wahrscheinlichkeit benutzen. Eines aber wissen wir: Die Katze muß entweder leben oder tot sein. Der gesunde Menschenverstand sagt uns, daß es keine anderen Möglichkeiten gibt.

Betrachten wir nun wieder den Quantenfall, wo ein zerfallendes Atom das Brechen der Blausäurekapsel auslöst. Wieder wissen wir nichts über das Schicksal der Katze, bevor wir die Schachtel öffnen. Und wieder wissen wir, daß sie entweder lebt oder tot ist. Oder etwa nicht?

Das Problem liegt darin, daß wir nun die Mathematik der Quantentheorie benutzen müssen – eine lineare Mathematik. Diese Mathematik sagt uns, daß eine lebendige Katze und eine tote Katze beide gleichermaßen Lösungen der quantenmechanischen Gleichung darstellen, die man die Schrödinger-Gleichung nennt. Da aber diese Gleichung rein linear ist, ist auch eine Kombination der beiden Möglichkeiten eine gültige Lösung – also eine Katze, die teilweise lebt und teilweise tot ist! Genaugenommen läßt Schrödingers Gleichung alle denkbaren Linearkombinationen der lebendigen und der toten Katze zu. Nach den Regeln der Mathematik sind alle diese Lösungen gültig – und wirklich. Bevor die Kiste geöffnet wird, muß sich die Katze in einem seltsamen Quantenzustand befinden, in dem die Frage nach ihrem Lebenszustand offen ist.

Natürlich sagt uns die Erfahrung, daß wir beim Öffnen der Kiste keineswegs eine Menge von Katzen in verschiedenen Kombinationen von Leben und Tod finden werden. Das Experiment ergibt eine eindeutige Lösung – eine Katze, die entweder lebt oder tot ist. Die vielfältigen Lösungen der Schrödinger-Gleichung sind also, wie man sagt, in einen einzigen, eindeutigen Zustand »kollabiert« – eine tote oder eine lebende Katze. (Wie dieser Kollaps vor sich geht, ist ein anderes Problem, über das sich die Quantenphilosophen streiten. Liegt es am Bewußtsein des menschlichen Beobachters, an den Nichtlinearitäten, die aus der Außenwelt hereingelangen, oder daran, daß man sich unendlich viele Universen vorstellen kann, in denen die Katze lebt oder tot ist?)

Das Paradox von Schrödingers Katze beleuchtet die Kluft zwischen unserer eigenen nichtlinearen Welt der eindeutigen Ergebnisse und der merkwürdigen Linearität der Quantentheorie. Solange die Kiste versiegelt ist, verlangt die Quantentheorie eine lineare Beschreibung, also eine Überlagerung der lebendigen und der toten Katze. Beim Öffnen der Kiste kehren wir in die vertrautere Welt der eindeutigen, nichtlinearen Ereignisse zurück. Wie aber lassen sich diese beiden Beschreibungen vereinen? Muß irgendwie die Nichtlinearität in die Quantenwelt eingefügt werden? Wir haben schon etwas von Prigogines Antwort gehört. Prigogine versucht die Nichtlinearität, die im klassischen Bereich der Realität von Sturmflut und Herzschlag gefunden wurde, in den Quantenbereich des unsichtbar Kleinen auszudehnen, weil er glaubt, daß die Irreversibilität und der zugehörige Pfeil der Zeit auf allen Ebenen existieren müssen. Für Prigogine stellt Nichtlinearität die Kreativität des Universums dar. An der Nichtlinearität hoffte er die Fruchtbarkeit des kosmischen Chaos zu beweisen. Durch Nichtlinearität und Irreversibilität will er uns zu einem Denken über das Universum verlocken, das zu einer »Wiederverzauberung der Natur« führt.

David Bohm, ein weltberühmter Physiker vom Birkbeck College in London, hat ebenfalls versucht, die Nichtlinearität bis zu den Quanten hinunter einzuführen, jedoch aus anderen Gründen. Für Bohm ist die Nichtlinearität im Reich der Quanten, wie wir bald sehen werden, der mathematische Schlüssel zur inhärenten Unteilbarkeit und Ganzheit der Natur, die in seiner Theorie eine wesentliche Rolle spielt. Durch die Nichtlinearität hofft Bohm, die Fruchtbarkeit der kosmischen Ordnung zu zeigen, die seiner Meinung nach in einer unendlich komplexen Bewegung liegt. Er nennt diese Komplexität die »implizite Ordnung« – das ist die Ordnung des Ganzen, die in der Bewegung jedes seiner »Teile« enthalten ist. Bohm hat über 30 Jahre damit zugebracht, seine Theorie der impliziten Ordnung und andere damit zusammenhängende Theorien zu entwickeln, um damit aus dem Reduktionismus auszubrechen, der eng mit der linearen Betrachtungsweise verbunden ist.

Im Rest dieses Kapitels wollen wir Bohms Versuch nachgehen, Schrödingers Paradox durch die Hinzufügung von Nichtlinearität aufzulösen, und schließlich noch einen anderen derartigen Versuch betrachten, den man »phase locking« oder »phasenstarre Koppelung« nennt. Zunächst also zu Bohm.

Bohms »kausale Interpretation« ist ein Vorschlag, wie Nichtlineariät in die Quantentheorie eingefügt werden kann. Bohm machte sich klar, daß man die Schrödinger-Gleichung in einer neuen Art schreiben kann, wobei man sie im wesentlichen in zwei Teile spaltet.* Der erste Teil beschreibt eine andere Art von »klassischem Elektron«. Der zweite Teil beschreibt ein bizarres »Potential«, in dem sich das Elektron bewegt – eine Art unendlicher Empfindlichkeit, die das Elektron (oder ein anderes Quantenteilchen) gegenüber seiner Umgebung besitzt. Bohm nennt es das »Quantenpotential«. Da Bohms Gleichungen nur eine mathematische Umformung der Schrödinger-Gleichung darstellen, müssen sie dieselben numerischen Lösungen besitzen wie die konventionelle Quantentheorie. Ihre Deutung aber ist völlig verschieden.

Das Quantenpotential, das die Bewegung eines Elektrons vorschreibt, ist nichtlinear und wird in einer unvorstellbar komplizierten Art durch die gesamte Materie bestimmt – also durch alle Atome und Elementarteilchen, die das fragliche Elektron umgeben. Das Quantenpotential regelt die Bewegung eines Elektrons im Innern eines Atoms oder bei seiner Reise durch die Teile einer Versuchsanordnung.

Wegen der extremen Empfindlichkeit des Quantenpotentials wird ein Elektron entlang seiner Bahn ständig in Bifurkationsstellen gestoßen, wo es in die eine oder andere Richtung weiterfliegen kann. Die Verschachtelung dieser Bifurkationen und wild schwankenden Bereiche ist so komplex, daß sich dabei die Umbestimmtheit und Unvorhersagbarkeit ergibt, die die Bewegung eines einzelnen Quants wie eines Elektrons charakterisiert – das »Quantenchaos«, wie es gelegentlich genannt wird. Was Bohm betrifft, so ist bei ihm aber die Bewegung des Elektrons nicht zufällig und unbestimmt; sie ist vielmehr vollkommen determiniert – jedoch durch ein Potential so endloser Komplexität und Subtilität, daß jeder Versuch einer Vorhersage außer Frage steht.

Für Bohm ist das Quantenpotential – das jedem Quantenteilchen zukommt – eine unendlich feine Rückkoppelung ans Ganze. Stellen wir uns das Elektron als ein Flugzeug vor, das durch einen automatischen Piloten kontrolliert wird. Das dem Teilchen zugeordnete Quantenpoten-

---

* Tatsächlich hatte Louis de Broglie schon früher entdeckt, daß man die Schrödinger-Gleichung in dieser Art aufspalten kann. De Broglie ließ sich jedoch von technischen Schwierigkeiten entmutigen und gab diese Betrachtungsweise bald wieder auf, die er seine »Theorie der doppelten Lösung« genannt hatte.

tial ist dann einem Radarsignal zu vergleichen, das den automatischen Piloten über alle Vorgänge in der Flugzeugumgebung informiert. Dieses Signal treibt das Flugzeug nicht etwa an, aber es kann seinen Kurs weitgehend beeinflussen – durch die Informationen über Wetterbedingungen, andere Flugzeuge in der Gegend, Gebirgszüge, Kontrolltürme. Veränderungen dieser Informationen werden eine Kursänderung des Flugzeugs bewirken.

Im Falle des betrachteten Elektrons schwankt dessen Quantenpotential in einer äußerst subtilen Art, da alle Moleküle, aus denen der das Quantensystem umgebende Apparat besteht, sich in ständiger Wärmebewegung befinden. Bohm glaubt, daß diese Schwankungen des gesamten Informationsfeldes die Ergebnisse von Quantenprozessen herbeiführen, die man üblicherweise mit wahrscheinlichkeitstheoretischen Methoden beschreibt – das Quantenchaos.

Was bedeutet dies für Schrödingers Katze? In der Formulierung Bohms und seines Kollegen Basil Hiley ist die Katze auch vor der Öffnung des Deckels immer in einem definitiven Zustand, entweder lebendig oder tot, niemals beides, niemals in einem »Zwischenzustand«, einer Überlagerung von Lösungen. Wir können dies an der Flugzeuganalogie verstehen.

Während des Fluges verarbeitet der automatische Pilot die Information des Radars, und irgendwann veranlassen die sich ständig ändernden Daten das Flugzeug, einen bestimmten Flugplatz anzufliegen. Wenn es über jenem Flugplatz ankommt, ist auf dem Radarschirm immer noch die Information über andere Landeplätze zu lesen, aber sie hat keine aktive Wirkung mehr auf die Steuerung des Flugzeuges. Diese inaktive Information ist mit den anderen möglichen Wellenfunktionen zu vergleichen, die Lösungen der Schrödinger-Gleichung sind. Der »Kollaps der Wellenfunktion« ist deshalb genaugenommen ein Zusammenbruch der Information. Die Katze ist ebensowenig halbtot und halblebend wie ein Flugzeug auf zwei Flugplätzen zugleich landen kann. Die kombinierten Lösungen, also Wellenfunktionen, die eine halbtote und eine halblebendige Katze enthalten, existieren in dieser Theorie von Bohm und Hiley nicht. Diese Lösungen stellen nur verschiedene Aspekte des gesamten Informationsfeldes dar, das die Bewegung des Elektrons steuert.

Bohms Theorie des Quantenpotentials löst also das Paradox von Schrödingers Katze auf. Sie hat auch das Verdienst, die Quantenwelt völlig konsistent mit dem klassischen Bereich zu verbinden. Die Physiker sind nicht mehr gezwungen, einen »Schnitt« zwischen den nichtlinearen Phänomenen im Großen und der Quantenlinearität zu machen, zwischen Determinismus und Indeterminismus. Nun erstreckt sich die gleiche Art von Ordnung vom Elektron bis zur Galaxie.

Das nichtlineare Quantenpotential verhilft auch zu einer Erklärung dessen, was man die »Quantenganzheit« genannt hat.

Es ist experimentell bewiesen, daß zwei korrelierte Quantenteilchen, die in entgegengesetzte Richtungen fliegen, stets korreliert bleiben. D. h. was immer man dem einen der beiden antut, wird von dem anderen »gefühlt«, und dieses wird entsprechend reagieren – selbst wenn die beiden im Raume weit getrennt sind. Bohm glaubt, die beiden Teilchen sind mit allen anderen Teilchen durch ihre nichtlinearen Quantenpotentiale gekoppelt. Diese Koppelung schließt auch die Teilchen in der Meßapparatur ein. So bewegt sich das Gesamtsystem gemeinsam, und was einem Teilchen zustößt, wird instantan durch Änderungen im Gesamtsystem registriert, so daß auch das andere Teilchen beeinflußt wird.

Bohms kausale Interpretation (das Quantenpotential) ist ein Zug seiner Theorie der impliziten Ordnung. Er stellt sich diese implizite Ordnung als einen riesigen Untergrund von Rückkoppelungen vor, aus dem Quantenprozesse auftauchen und in dem alles von allem anderen abhängt. Dieser Untergrund besteht aus etwas, was er »Holobewegung« nennt. Für Bohm existiert dieser universelle Untergrund der Rückkoppelung sogar, bevor es irgendwelche »Dinge« gibt, die Rückkoppelungsbeziehungen aufnehmen könnten. In Bohms Theorie der impliziten Ordnung enthält jedes Ding, das wir als einen »Teil« oder einen Gegenstand identifizieren, tatsächlich die Bewegung des Ganzen, weil es in diesem unendlichen nichtlinearen Rückkoppelungsuntergrund verwurzelt ist.

Bohm und Hiley geben zu, daß die Sichtweise des Quantenpotentials keine anderen Ergebnisse liefern kann als die orthodoxe Quantentheorie. Sie meinen aber, ihre Interpretation ergebe ein vorstellbares Bild der Vorgänge auf dieser Skala – etwas, was die orthodoxe Quantenmechanik nicht leistet. Außerdem fügt sich hier die Quantenwelt mit jenen nichtlinearen Rückkoppelungsphänomenen in der Welt des Großen zusammen, die wir in empfindlichen chaotischen Systemen fanden, in der Symbiose von Bakterien, in der Belusow-Zhabotinsky-Reaktion und wo immer die Ordnung aus dem Chaos hervortritt.

Phasenstarre Koppelung

Es gibt noch eine weitere Möglichkeit, die linearen Paradoxa der Quantentheorie aufzulösen – und auch hier kann Schrödingers Katze ihre schizophrene Existenz beenden, bevor die Kiste geöffnet wird. Ein Schlüssel zu dieser Behandlung der Quantennichtlinearität liegt im grundsätzlich kollektiven Charakter der Natur.

Leben und Natur wimmeln von Systemen zusammengekoppelter Individuen. Das haben wir an den chemischen Uhren gesehen, in denen Millionen individueller Moleküle koordiniert sind; bei den Schleimpilzen, wo sich durch Austausch chemischer Signale zwischen den individuellen Amöben eine gemeinsame Struktur bildet. Systeme gekoppelter Individuen treten auch dort auf, wo ein befruchtetes Ei sich in identische Zellen teilt, diese sich dann in verschiedene Organe differenzieren und schließlich zusammenarbeiten, um den Organismus zu schaffen und zu erhalten; in der geordneten Atomstruktur eines Magneten; im geordneten Zusammenwirken von Elektronen in einem Supraleiter. Man bezeichnet es als »phase locking« oder »phasenstarre Koppelung«, wenn viele individuell schwingende Systeme sich aus einem Zustand des Chaos heraus zu einer gemeinsamen Schwingung koppeln oder in harmonische Resonanz treten.

Ein vertrautes Beispiel dafür tritt in unseren eigenen Körpern auf, wenn wir nachts schlafen und tagsüber wach sind. Wenn wir von jedem Lichtwechsel isoliert werden, keine Uhr sehen und keine regulären Mahlzeiten erhalten, so läuft unsere innere Uhr mit einem 25-Stunden-Rhythmus. Kommen wir wieder ans Licht, so wird diese Uhr durch den 24-Stunden-Tag gesteuert und paßt sich dessen Frequenz durch Phasenkoppelung an. Wir müssen aber nur einen Transatlantik-Flug unternehmen, um diese Koppelung zu zerstören und dabei die Desorientierung durch den »jet lag« zu erleben, wenn der Körper versucht, sich an einen anderen 24-Stunden-Zyklus anzukoppeln.

Frauen, die in engen Gruppen zusammenleben, etwa in Gefängnissen, Krankenhäusern oder Studentenwohnheimen, neigen dazu, ihre Menstruationszyklen zu synchronisieren. Individuelle Spirochätenbakterien beginnen im gleichen Rhythmus in wellenartige Bewegungen zu verfallen, wenn sie sich bei einer Nahrungsquelle versammeln. Lynn Margulis glaubt, dieser Gruppenrhythmus könnte erklären, wie die Spirochäten dazu kamen, die Cilien primitiver tierischer Zellen zu bilden.

Kollektive Schwingungen erzeugen Grenzzyklen, die viel stabiler und anpassungsfähiger sind als eine Ansammlung individueller Schwingungen. Individuelle Uhren werden Abweichungen zeigen, aber ein phasengekoppeltes Kollektiv von Uhren kann kleinen Störungen widerstehen.

An der McGill University in Montreal nahmen Michael Guevara, Leon Glass und Alvin Shrier Zellen aus einem embryonalen Kükenherzen und verteilten sie in einer Lösung, wo sie erratisch weiterschlugen. Nach einigen Tagen aber fanden die Zellen wieder zueinander. Es war ihnen gelungen, ihr individuelles Handeln zusammenzukoppeln und so eine kollektive Schwingung zu erzeugen.

Im nächsten Schritt von McGills Experiment wurde dieser Zellenansammlung durch eine Elektrode entweder ein einzelner Puls oder eine periodische Pulsfolge übertragen. Dabei waren die Herzzellen fähig, sich an die einlaufenden Signale anzukoppeln und selbst stabile Pulsfolgen zu erzeugen. Durch vorsichtige Abwandlung der Frequenz gelang es den Experimentatoren, das Phänomen der Phasenkoppelung zu benutzen, um die Rhythmen der Zellen in den Bereich der Periodenverdoppelung und schließlich ins Chaos zu drängen.

McGills Ergebnisse lassen vermuten, daß auch unser eigener Herzschlag durch Phasenkoppelung der individuellen Herzzellen zustande kommt. Diese Zellkollektive werden durch verschiedene natürliche Schrittmacher angetrieben – die Nervenknoten oder Ganglien –, die periodische Signale aussenden. Die inhärente Stabilität eines phasengekoppelten Herzens ist nützlich, wenn das Tier ausruht oder schläft. Für plötzliche Aktivitätsausbrüche braucht das Herz aber die Möglichkkeit, die Grundfrequenz zu ändern, und hier ist der Schrittmacher wichtig.

Wenn die Herzzellen sich zusammenkoppeln können, um variable und dennoch stabile Rhythmen zu erzeugen, wie steht es dann mit den komplexen nichtlinearen Netzwerken des Gehirns? Wie wir gesehen haben, besteht das Nervensystem selbst aus einer astronomischen Anzahl von Verknüpfungen, und es könnte einen ungeheuren Bereich von Ordnungsmöglichkeiten erschließen – vom einfachen Grenzzykel und von den Solitonen bis hin zu den subtilsten und unterschiedlichsten Formen des Chaos. Regelmäßige Phasenkoppelung kommt, wie man in EEG-Aufzeichnungen von Gehirnrhythmen sehen kann, bei einer Anzahl von

Frequenzen vor. Es gibt auch Rhythmen, die sich durch das ganze Gehirn bewegen und mit speziellen Typen von Aktivitäten zusammenzuhängen scheinen. Ist es möglich, daß solche globalen und lokalen Rhythmen in fraktaler Form vorhanden sind und sich in immer kleineren Bereichen des Gehirns wiederholen?

Vielleicht kann eine derartige Phasenkoppelung auch erklären, wie durch Zusammenwirken von Systemen auf der »Quantenskala« Systeme auf der klassischen Skala zustande kommen. David Bohm hat in dieser Richtung eine interessante Bemerkung gemacht.

In den ersten Jahren unseres Jahrhunderts standen die Wissenschaftler dem Problem gegenüber, das negative Ergebnis des berühmten Michelson-Morley-Experiments zu erklären. Nach dem normalen Denken sollte einem, wenn man einem Lichtstrahl entgegenläuft, dessen Geschwindigkeit höher erscheinen, als wenn man von ihm fortläuft. Michelson und Morley fanden jedoch bei ihrer sorgfältigen Untersuchung, daß die gemessene Lichtgeschwindigkeit unabhängig von der Geschwindigkeit ist, mit der sich der Beobachter gegenüber der Lichtquelle bewegt.

Wie sich zeigte, erforderte das Ergebnis von Michelson und Morley eine außergewöhnliche Erklärung – Einsteins spezielle Relativitätstheorie.

Etwa ein Jahr, bevor Einsteins entscheidende Arbeit erschien, hatte jedoch ein anderer Physiker, Hendrik Lorentz, vorgeschlagen, daß die Lichtgeschwindigkeit nicht konstant sei, wie das Michelson-Morley-Experiment nahezulegen schien; vielmehr, so sagte er, hätten experimentelle Effekte sich dazu verschworen, die tatsächliche Änderung in der Geschwindigkeit unbeobachtbar zu machen. Lorentz berief sich darauf, daß ja Uhren und Maßstäbe aus Atomen bestehen und daß diese Atome durch elektromagnetische Wechselwirkungen zusammengehalten werden. Wenn sich irgendein materieller Körper bewegt, so muß er seine innere Struktur der Bewegung anpassen. Dies sollte dann dafür sorgen, daß bewegte Uhren langsamer gehen und bewegte Maßstäbe schrumpfen. Lorentz behauptete, die kleinen Anpassungen im Meßapparat könnten eben jene Veränderung der Lichtgeschwindigkeit unbeobachtbar machen, die dieser Apparat messen sollte.

Einsteins Erklärung des Michelson-Morley-Experiments war viel raffinierter und weitreichender. Er wies darauf hin, daß Zeit und Raum

Abb. 1.1 Phasenstarre Wechselwirkung erinnert an ein Orchester von lauter Individuen, die alle im gleichen Takt die gleiche Melodie spielen – ganz ohne Dirigenten.

nichts Absolutes sind, wie Lorentz das noch angenommen hatte. Dann kam aber Lorentz' Argumenten, warum Uhren »wirklich« langsamer laufen und Maßstäbe »wirklich« schrumpfen sollten, gar keine klare Bedeutung zu. Längen und Zeitintervalle in verschiedenen Systemen werden einfach von verschiedenen Beobachtern verschieden beurteilt.

Bohm hat das später verworfene Argument von Lorentz mit Einsteins Relativitätstheorie kombiniert und gelangte dabei zu einem Begriff der

»materiellen Bezugssysteme«. Er behauptet, man könne sich vorstellen, daß Beobachter – einschließlich ihrer Laboratorien oder anderer kollektiver Strukturen – jeweils ihren eigenen lokalen Raum und ihre eigene Zeit definierten. In einer Hinsicht ist Bohms Interpretation ähnlich der Lorentzschen, denn die Zeit in einem solchen materiellen System entsteht durch die Phasenkoppelung der Materie in diesem Rahmen. Aber sie ist auch von Lorentz' Vorstellung verschieden, da es keinen absoluten Hintergrund von Raum und Zeit gibt, gegen den diese Uhren und Entfernungen zu messen wären. Statt dessen ist die Zeit ein Maß für die Menge von »Geschehen«, das stattfindet, also das Ticken der inneren Uhr dieses Bezugssystems. Wenn zwei Beobachter ihre jeweiligen Uhren gegenseitig als zu langsam bezeichnen, so liegt es daran, daß ihre materiellen Rahmen eine verschiedene Phasenkoppelung aufzuweisen scheinen.

Vielleicht spielt diese Phasenkoppelung in materiellen Bezugssystemen nicht nur für Weltraumfahrer eine Rolle, die nahezu mit Lichtgeschwindigkeit durch ein Einsteinsches Universum reisen. Es könnte auch auf der individuellen und kulturellen Ebene stattfinden. Es könnte sich in der Tatsache bemerkbar machen, daß der »Zeitsinn« verschiedener Menschen und Gesellschaften sehr verschieden sein kann.

Die Phasenkoppelung materieller Bezugssysteme muß auf dem Quantenniveau beginnen. Aber wie? Wir meinen, die Antwort könnte in der Transformation liegen, die eintritt, wenn zufälliges individuelles Verhalten in kollektives Verhalten umschlägt. Hier hilft eine Analogie mit dem Schleimpilz.

Einerseits verhält sich der Schleimpilz, wenn es auf dem Waldboden genügend Nahrung gibt, wie eine Menge individueller Zellen, deren jede unabhängig von ihren Nachbarn ist und ihren eigenen Angelegenheiten nachgeht. Wird aber die Nahrung knapp, so fließen diese Individuen in einer kollektiven Identität zusammen. Sie vereinigen sich zu einem einzigen Wesen, das sich über den Waldboden fortbewegt und schließlich zum Pilzkörper wird. Der Schleimpilz zeigt diesen Übergang vom individuellen zum kollektiven Verhalten besonders deutlich. Wir spekulieren, daß beim Übergang vom individuellen zum kollektiven Phänomen auf dem Quantenniveau etwas Ähnliches geschieht. Wäre das so, so könnte die quantentheoretische Phasenkoppelung eine Brücke darstellen, die die klassische, nichtlineare Wirklichkeit mit der linearen Quantenwirklichkeit verbindet.

Nehmen wir an, Quantenobjekte sind wie Schleimpilzzellen und wirken kollektiv zusammen. In ihrer individuellen Gestalt mögen Quantenobjekte exakt durch die Linearkombinationen aller möglichen Lösungen der Schrödinger-Gleichung beschrieben werden – also die Kombinationen lebendiger und toter Katzen. Beginnen aber große Zahlen von Quantenobjekten sich kollektiv zu verhalten, so tauchen gewisse stabile, wohldefinierte Eigenschaften auf, und die Ansammlung läßt sich nicht mehr durch Linearkombination verschiedener Zustände beschreiben. Wir haben den Eindruck, daß irgend etwas dieser Art in lebenden Systemen geschehen muß. Durch Phasenkoppelung werden Moleküle aufgebaut, deren Eigenschaften in der Mitte zwischen dem Quantenniveau und dem klassischen Niveau liegen. Solche Moleküle haben einerseits klar definierte Eigenschaften und sind doch andererseits in Quantenprozesse einbezogen. Manche Moleküle sind z.B. für ein Eingangssignal empfindlich, das aus einem einzigen Quant besteht.

Kehren wir für einen Augenblick zum Paradox von Schrödingers Katze zurück: Klarerweise ist die Katze ein kooperatives, nichtlineares System mit wohldefinierten Eigenschaften – sie kann nicht halblebendig und halbtot sein. Andererseits ist der zerfallende Atomkern, der das Platzen der Blausäurekapsel auslöst, ein lineares Quantenobjekt. Wird dieses jedoch an Schrödingers Katze angekoppelt, so wird das System als Ganzes nichtlinear und kann sich nur in definierten Zuständen befinden.

Auch der Mathematiker und theoretische Physiker Roger Penrose hat untersucht, was geschehen könnte, wenn eine große Zahl von Quantenobjekten aneinandergekoppelt wird. Penrose wählte für seine Arbeit die elementarsten Quantengrößen aus, nämlich Spinoren – das sind Größen, die jeweils nur einen von zwei möglichen Werten annehmen können. Er fügte diese Objekte nach den Regeln der Quantentheorie aneinander, bis er schließlich ein großes Netzwerk von Spinoren vor sich hatte. Dann fragte Penrose, was geschieht, wenn zwei solche Netzwerke miteinander verbunden werden. Die Antwort ist, daß sie einander (räumlich ausgedrückt) so sehen werden, als seien sie relativ zueinander unter einem gewissen Winkel orientiert.

Das Erstaunliche an diesem Ergebnis ist, daß Penrose mit vollständiger Abstraktion begann – ohne in irgendeinem Raum zu arbeiten, also im Bereich der reinen Mathematik. Und doch konnte er, wenn die Spinoren zu immer größeren Netzwerken zusammengekoppelt wurden, aus ihren gegenseitigen Beziehungen die Eigenschaften der Orientierung im dreidimensionalen Raum herleiten. Es sieht also so aus, als seien die Eigenschaften des Raumes nicht inhärent, nicht vorgegeben, sondern als tauchten sie erst auf einer größeren Skala auf, als Ergebnis kooperativer Wechselwirkung von Quantensystemen.

Ganz ähnlich, so meinen wir, könnten Quantensysteme sich zusammenkoppeln, um nicht nur den Raum, sondern auch die Zeit und andere makroskopische Strukturen hervorzubringen. Es ist deshalb unnötig, eine Trennungslinie zwischen der linearen Quantenwelt und den Nichtlinearitäten unserer makroskopischen Welt zu ziehen. Wenn Quantensysteme größer werden, werden sie nämlich Nichtlinearitäten und Strukturen entwickeln.

In manchen Fällen wird die sich auf dem klassischen Niveau entwickelnde Struktur relativ stabil und daher – wie im Falle unseres Sonnensystems – relativ unempfindlich gegenüber einzelnen Quantenfluktuationen. Andere große Systeme aber können durch eine Art von Phasenkoppelung zustande kommen, die sie hochempfindlich macht und in die Nähe der Grenze zum Chaos bringt. In solchen Fällen ist dann das klassische kollektive System für einzelne Quantenfluktuationen empfindlich, so daß es sich chaotisch, unvorhersagbar benimmt, also dem Einfluß eines seltsamen Attraktors unterworfen ist.

Wenn Wissenschaftler Quantenmessungen ausführen, so verstärken sie einen einzelnen Quantenprozeß so weit, daß schließlich die Änderung irgendeiner makroskopischen Größe sichtbar wird, etwa der Zeiger auf einem Meßinstrument oder das Knacken eines Geigerzählers. Das Ergebnis ist dann immer unvorhersagbar, wie in dem Experiment mit Schrödingers Katze.

Autopoietische Strukturen wie Katzen und Menschen haben die Fähigkeit entwickelt, die Unvorhersagbarkeit der Einzelereignisse auf dem Quantenniveau auszubeuten. Unsere Augen, Nasen und Geschmacksknospen können auf einige wenige Energiequanten reagieren. Das menschliche Nervensystem ist zugleich klassischer und quantentheoretischer Natur, denn es baut auf Prozessen auf dem Quantenniveau auf, um im Großen Ziele wie z. B. eine Bewegung oder Sprache zu erreichen. So kann die Spannung zwischen dem individuellen Quantenchaos und der kollektiven Quantenordnung immer komplexere Strukturen hervorbringen und antreiben.

Die Tiefen der Spiegelwelten sind also merkwürdige Gegenden. Prigogine findet dort die Lösung des Problems von Schrödingers Katze im Chaos und im sich entwickelnden Pfeil der Zeit. Bohm löst dieses Problem, indem er dort Anzeichen einer unendlichen, ganzheitlichen Ordnung findet, und wieder andere Anzeichen deuten darauf hin, daß die Lösung im Rückkoppelungsphänomen der Phasenkoppelung liegen könnte. Vielleicht sind alle diese Lösungen falsch oder alle richtig. Mindestens aber scheinen sie alle Reflexionen einer uralten Spannung zwischen dem Individuum und dem Kollektiv darzustellen, zwischen Sicherheit und Ungewißheit, zwischen Chaos und Ordnung. Wir erkennen mehr und mehr, wie kreativ diese Spannung ist.

Lange Zeit hindurch wohnte Ta'aroa in seiner Schale. Die war rund wie ein Ei und drehte sich im Raum in beständiger Dunkelheit ... Schließlich aber schlug Ta'aroa, da er so eng eingeschlossen war, leicht an seine Schale, diese bekam einen Sprung und brach auseinander. Da schlüpfte er heraus, stand auf seiner Schale und rief: » Wer ist dort oben? Wer ist dort unten?« ... So drehte er seine Schale herum und richtete sie auf, um damit das Himmelsgewölbe zu bauen, und er nannte es Rumia. Und er wurde müde und nach einer kurzen Weile schlüpfte er aus einer weiteren Schale, die ihn einhüllte, und er benutzte sie, um Fels und Sand zu machen ... Die Menge der Schalen aller Dinge, die diese Welt hervorbringt, ist unzählbar.

POLYNESISCHER SCHÖPFUNGSMYTHOS

Prolog

Spannung immer wieder neu

*Der Kaiser des südlichen Meeres hieß Shu (Kurz). Der Kaiser des
nördlichen Meeres hieß Hu (Plötzlich), und der Kaiser der Mitte hieß
Hun-tun (Chaos). Shu und Hu trafen sich von Zeit zu Zeit im Gebiet des
Hun-tun, und Hun-tun war sehr großzügig zu ihnen...*

Wieder dieser Monsieur Poincaré

In einem nichtlinearen Universum kann alles geschehen. Gestalten
mögen sich in Chaos auflösen oder sich selbst zu einer Ordnung verknüpfen. Könnten die Prinzipien der Nichtlinearität auch auf die Kreativität des Menschen anwendbar sein, auf unsere Fähigkeit, ein Kunstwerk
zu schaffen oder eine wissenschaftliche Entdeckung zu machen? Es paßt
zusammen, daß Henri Poincaré, der Wissenschaftler, der den ersten Hinweis darauf fand, wie Nichtlinearität und Chaos auf der kosmischen
Skala funktionieren, auch tiefe Einsichten darüber gewann, wie das nichtlineare Chaos im kreativen Geist arbeitet. Noch einmal kommt uns Poincaré ins Blickfeld, um uns zu sagen, daß die Spannung der alten Kosmologien weiterbesteht. Ja, Poincaré hat gezeigt, daß sich in unserem kreativen
Schaffen die alte Spannung zwischen Chaos und Ordnung immer wieder
erneuert.

Poincaré offenbarte seine Einsichten über kreative Prozesse in einem
Vortrag vor der Psychologischen Gesellschaft in Paris. Der große Physi-

Abb. P 1

ker beschrieb hier den merkwürdigen Prozeß, der ihn zur Lösung des Problems der Fuchsschen Funktionen geführt hatte.

Er erklärte seinen Zuhörern, daß er zwei Wochen lang mit diesem mathematischen Rätsel gekämpft habe, daß aber seine Anstrengungen vergeblich zu bleiben schienen. Eines Abends aber »trank ich, entgegen meiner Gewohnheit, eine Tasse schwarzen Kaffees und konnte nicht schlafen«. In dieser denkwürdigen Nacht »kamen die Ideen massenhaft; ich fühlte sie zusammenstoßen, bis sich Paare von ihnen zusammenschlossen und sozusagen eine stabile Kombination erzeugten«. Und da geschah es, daß er eine Ordnung aus dem Chaos kondensieren sah.

Poincaré gestand aber, daß der Durchbruch mit Hilfe der Einsichten aus einer schlaflosen Nacht nur der erste Schritt war. Diese neuen Ideen, die sich »verhakt« hatten, zeigten, als er ihnen nachging, eine weitere Schicht von Chaos. Und aus dieser Verwirrung entsprang wieder eine andere Wahrnehmung von Ordnung, diesmal sogar viel dramatischer.

»Gerade zu dieser Zeit verließ ich Caen, wo ich damals lebte, um an einer geologischen Exkursion unter Leitung der Bergbauschule teilzunehmen. Die Ereignisse dieser Reise ließen mich meine mathematische Arbeit vergessen. Nachdem wir Coutances erreicht hatten, bestiegen wir einen Omnibus, um irgendwohin zu fahren. In dem Augenblick, als ich meinen Fuß auf das Trittbrett setzte, kam mir plötzlich der Einfall, ohne daß irgend etwas in meinen vorherigen Gedanken dafür den Weg bereitet zu haben schien, daß die Transformationen, die ich zur Definition der Fuchsschen Funktionen benutzt hatte, mit jenen der nichteuklidischen Geometrie identisch waren. Ich konnte diese Idee nicht gleich verifizieren; ich hätte keine Zeit dafür gehabt, denn als ich meinen Sitz im Omnibus einnahm, setzte ich sogleich eine schon begonnene Konversation fort, aber ich fühlte eine absolute Sicherheit. Bei meiner Rückkehr nach Caen schlug mir das Gewissen und ich verifizierte bei Gelegenheit das Ergebnis.«

Poincaré erzählte seinem Publikum, daß ihm das Muster seiner wissenschaftlichen Entdeckungen, wenn er darüber nachdachte, aus anfänglicher Frustration, Verwirrung und mentalem Chaos zu bestehen schien, denen dann unerwartete Einsichten folgten. Er erinnerte sich an eine andere Gelegenheit, bei der dieses Muster auftauchte. Voller Abscheu über den Mißerfolg beim Lösen eines Problems »ging ich fort, um ein paar Tage an der Küste zu verbringen, und dachte an etwas anderes. Eines Morgens, während ich über die Felsen wanderte, kam mir die Idee [die Lösung], mit genau der gleichen Charakteristik, der Kürze, Plötzlichkeit und unmittelbaren Sicherheit...«

Obwohl Poincaré seine Einsichten in die Kreativität nicht viel weiter verfolgte, hatten sie doch erheblichen Einfluß auf die Theorien über Kreativität.

In seinem epochemachenden Buch *The Act of Creation* vertrat Arthur Koestler die Theorie, daß solches Aufblitzen der Ordnung aus dem Chaos, wie sie Poincaré beschrieben hatte, zu einem Vorgang gehörte, den Koestler »Bisoziation« nannte, d.h. die Verknüpfung zweier verschiedener Bezugssysteme. Als typisches Beispiel der Bisoziation wählte Koestler die Geschichte des griechischen Wissenschaftlers Archimedes. Archimedes war die Aufgabe gestellt worden, die Goldmenge in der Krone des Königs zu bestimmen, und er war frustriert, weil er sich nicht vorstellen konnte, wie das ohne Einschmelzen der Krone möglich sein sollte.

Nach der Legende rief Archimedes eines Tages, als er sein Bad betrat, plötzlich aus: »Heureka!« (Ich habe es gefunden!). Als er sah, wie das Badewasser anstieg, erkannte er, daß er das Volumen der Krone bestimmen könnte, indem er sie in Wasser tauchte und die Menge des verdrängten Wassers maß. Zu dieser genialen Lösung, sagt Koestler, konnte er kommen, weil er zwei völlig verschiedene Bezugssysteme aneinanderkoppelte – das Meßproblem und sein Bad.

Im Falle von Poincarés Inspirationsblitzen war Koestlers Hypothese, es sei der Wechsel des Schauplatzes gewesen, der es dem großen Wissenschaftler erlaubte, die Bezugssysteme für die Sicht auf das Problem zu verschieben und so auf dessen plötzliche Lösung zu stoßen.

Koestler hielt die Bisoziation für den zentralen Prozeß in der Kreativität. Seine Zeichnungen zu diesen Vorgängen sind eine Art psychologischer Phasenraumkarte.

Abb. P.2 zeigt Koestlers Vorstellung davon, wie der Geist mit einem

Problem ringt. Der Ausgangspunkt (S) ist eine Art von Anziehungspunkt. Die Intensität des Interesses stößt den Geist von diesem Attraktor weg und schickt ihn auf die Suche nach der Lösung, dem Ziel (T für *target*). Die Suche beginnt mit gewohnten Denkmustern, die sich wie Grenzzykel verhalten. Der Geist hält sich an diese Muster. Die Lösung, das Ziel, liegt aber nicht im gleichen Bezugsrahmen (oder hier: in der gleichen Bezugsebene) wie das Problem; sie läßt sich nicht im vertrauten Zusammenhang der früher bei ähnlichen Problemen gefundenen Lösungen finden.

Koestler beschreibt, wie dadurch die Frustration des Schöpfers ansteigt und die Suche nach einer Lösung zunehmend erratische Züge annimmt, wobei Grenzzykel zusammenbrechen, bis schließlich ein weit vom Gleichgewicht entfernter Geisteszustand entsteht. An einem kritischen Punkt in diesem Brodeln der Gedanken wird eine Bifurkation erreicht, in der ein winziges Informationsstückchen oder eine triviale Beobachtung (wie das Steigen des Badewassers in der Wanne) verstärkt wird und dadurch dem Gedanken eine Abzweigung in eine neue Bezugsebene eröffnet – eine Ebene, die tatsächlich die Lösung enthält.

Die Buchstaben M in Koestlers Zeichnung (Abb. P.3) stehen für »Matrix«, was den Zusammenhang oder die Bezugsebene bedeuten soll. Das L an der Bifurkationsstelle bezeichnet die Verbindung (»link«) zwischen den beiden Bezugsebenen. Diese Verbindung ist das, was in der Bifurkation verstärkt wird und die neue Ordnung schafft. In Archimedes' Bisoziation mag diese Verbindungsstelle zwischen den beiden Ebenen der Anblick des steigenden Wasserspiegels im Bad gewesen sein, der dem Volumen der untergetauchten Teile seines Körpers entsprach. Poincaré erzählte uns nicht genug über seine Situation, als daß wir die Verbindungsstelle identifizieren könnten, die ihn dazu brachte, in ein neues

Abb. P 2   *Abb. P 3*

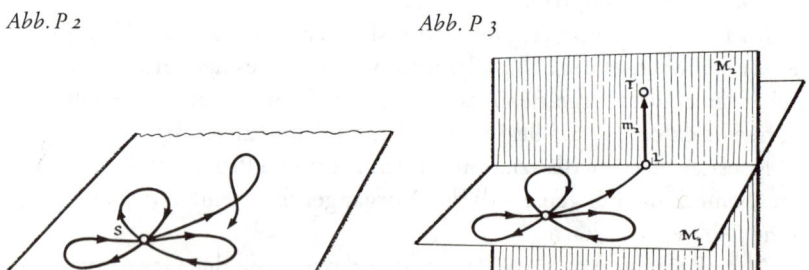

Bezugssystem zu springen, als er den Bus betrat. Es scheint, als hätte schon die physische Abwesenheit von seinem normalen Arbeitsplatz genügt, um ihm eine neue Perspektive auf all die mathematischen Elemente zu liefern, die chaotisch in seinem Gehirn brodelten, und der Szenenwechsel brachte offenbar mathematische Ideen aus anderen Bezugssystemen herein, die er zunächst nicht in die Betrachtung des Problems einbezogen hatte. So wurde ein verstreuter Gedanke über die nichteuklidische Geometrie verstärkt und verband sich mit dem Fuchsschen Problem.

Ein führender Kreativitätsforscher, der Psychologe Howard Gruber von der Universität Genf, hat Koestlers einfache Bilder der Kreativität einige Schritte weiter getrieben. Gruber meint, man sollte für die Beschreibung kreativer Prozesse nicht an die Verbindung von zwei Bezugsebenen denken, sondern an die Koppelung *vieler* Ebenen.

Wie wir sahen, berichtete Poincaré, daß er, bevor er zu seiner endgültigen Lösung des Problems der Fuchsschen Funktionen gelangte, schon mindestens *eine* vorherige Verschiebung der Sichtweise erlebt hatte, nämlich in der Nacht seiner kaffeebedingten Schlaflosigkeit. Grubers Forschungen weisen darauf hin, daß im kreativen Prozeß die ganze Zeit hindurch solche Verschiebungen der Perspektive vor sich gehen, und zwar auf verschiedenen Skalen, bis schließlich die Lösung gefunden ist. Nach Grubers Meinung koppeln sich viele, viele kleine Verschiebungen der Bezugsebenen zusammen, bis schließlich eine größere Verschiebung in der Wahrnehmung zustande kommt.

Die geistige Anstrengung des Schöpfers kann man sich als ein Umkreisen des Problems oder der kreativen Aufgabe vorstellen, als Bifurkation zu neuen Bezugsebenen, als Rückkehr in die alte Ebene, als Verzweigung in weitere Ebenen und Ebenen in Ebenen. Diese geistige Anstrengung ruft eine weit vom Gleichgewicht entfernte Strömung hervor, die die Grenzzykel des gewohnten Denkens destabilisiert. Sie führt auch zu Rückkoppelungen zwischen verschiedenen Bezugsebenen und beginnt, spontane Selbstorganisation zu erzeugen.

Die Fähigkeit, von einem Bezugssystem zum anderen zu springen und dabei diese verschiedenen Ebenen miteinander zu verknüpfen, scheint davon abzuhängen, wie empfindlich der Schöpfer für Nuancen ist.

Nuancen: Eine extreme Empfindlichkeit

Tatsächlich ist ein wesentliches Erkennungszeichen kreativer Menschen eine extreme Empfindlichkeit gegenüber gewissen Nuancen des Gefühls, der Wahrnehmung und des Denkens. Eine Nuance ist eine Bedeutungsschattierung, eine Verknüpfung von Gefühlen oder eine Feinheit der Wahrnehmung, für die der Verstand keine Worte oder bewußten Kategorien besitzt. Wenn eine Nuance erscheint, so geschieht dem schöpferischen Menschen etwas, das wir als akute nichtlineare Reaktion bezeichnen könnten. Henry James berichtet, daß seine Geschichte *The Spoils of Poynton* ihm schlagartig in den Kopf kam, als eine Frau, die bei einem Essen neben ihm saß, eine unwichtige Bemerkung über eine Mutter und ihren Sohn fallen ließ, die um ein Vermögen stritten. In diesem Augenblick wurde James von einer lebhaften, wenn auch gestaltlosen Wahrnehmung gepackt, die er später das »Ganze« jener Geschichte nannte, an deren Niederschrift er sich bald setzen sollte. Die Worte der Frau waren in seinen Gedanken durch seine Empfindlichkeit für eine besondere Nuance verstärkt worden. Diese Nuance, der Komplex unaussprechlicher, nicht in Kategorien zu fassender Gefühle und Gedanken, bestand für ihn in dem Ereignis, von dem sie gesprochen hatte. Jeder schöpferische Mensch ist für verschiedene Typen von Nuancen empfindlich. Nuancen erinnern an den Reichtum des Grenzbereichs in der Mandelbrot-Menge, den Reichtum der vielen Skalen in einem Fraktal. Bei schöpferischen Menschen lassen die Nuancen überall die »Informationslücken« wahrnehmbar werden. Der Impressionist Claude Monet besaß eine unerschöpfliche Empfindlichkeit für Nuancen des Sonnenlichts. Virginia Woolf sprach heftig auf alle Nuancen an, die mit wellenförmigen Bewegungen zu tun hatten. Solche Nuancen führten sie zu einigen ihrer großartigsten Novellen. Zunächst ist eine Nuance eine völlig private Angelegenheit. Da ihr Reichtum nicht in den normalen Denkformen enthalten ist oder beschrieben werden kann, läßt sie sich nicht leicht anderen Menschen mitteilen. Um die eigene Erfahrung einer Nuance auszudrücken, muß das Individuum erst eine Gestalt schaffen, in der sie sich anderen mitteilen läßt.

Nuancenreiche Einfälle oder Vorstellungen, die einen schöpferischen Menschen dazu provozieren, eine neue Gestalt zu schaffen, nannte James einen »Keim«. Reagieren auch Wissenschaftler auf solche keimhaften Nuancen?

Der Wissenschaftshistoriker Gerald Holton erklärt, daß kreative Wissenschaftler höchst empfindlich auf Nuancen ansprechen, die etwas mit bestimmten Themen zu tun haben, die sie in der Natur wahrnehmen. Solche Themen reichen tief in den persönlichen Hintergrund des Wissenschaftlers und hängen oft mit einer Nuance zusammen, die der Wissenschaftler zum ersten Mal als Kind erlebte. Die Entdeckung der Relativitätstheorie bespielsweise verbindet Holton mit der reichen Nuance, die Einstein im Zusammenhang mit dem Thema »Kontinuum« fühlte. Einstein erinnerte sich, daß ihm sein Vater im Alter von fünf Jahren einen Kompaß zeigte. Die geheimnisvolle Kraft des elektromagnetischen Kontinuums, von der die Kompaßnadel unerbittlich gefesselt war, zog ihn an. Obwohl er noch sehr jung gewesen sei, habe ihn die Erinnerung an dieses Ereignis niemals verlassen, erklärte Einstein später. Holton glaubt, die Nadel im magnetischen Kontinuum habe sich in der Seele des jungen Einstein mit seinen frühen religiösen Sehnsüchten verbunden, und dies sei seiner Vorstellung entgegengekommen, es gebe eine unsichtbare Kraft, die das ganze Universum zusammenhalte. Später wurde dann das Kontinuumthema in der Natur zu einem nuancengeladenen Keim, der in Einstein zu verschiedenen wissenschaftlichen Untersuchungen heranwuchs, darunter die Relativitätstheorie und die Suche nach einem universellen Kontinuum, das er selbst als »einheitliches Feld« bezeichnete.

Natürlich ist die Welt voll potentieller Nuancen; sie ist durch und durch erfüllt von schattenhaften Bedeutungen, Gefühlen und Wahrnehmungen – Erfahrungen, für die unsere Sprachen und unsere Logik keine Kategorien besitzen. Nuancen hausen in den fraktalen Räumen *zwischen* unseren Gedankenkategorien. Nach der Theorie von Paul LaViolette und William Gray gehen von den Gefühls- und Wahrnehmungszentren unseres Gehirns ununterbrochen Nuancen aus, die im Gehirn umlaufen, aber dann sogleich durch die Hirnrinde vereinfacht werden, so daß Gedanken entstehen, die sich einordnen lassen und »organisatorisch abgeschlossen« sind. Alles, was wir als unser Wissen über die Welt ansehen, ist organisatorisch abgeschlossen. Staunen, Unsicherheit und Fragen aber sind voll von Nuancen. In der Erfahrung der Nuance betreten wir den Grenzbereich zwischen Ordnung und Chaos, und in der Nuance liegt unser Sinn für die Ganzheit und Unteilbarkeit der Erfahrung.

Eine Bildhauerin beschrieb ihre frühkindliche Nuancenerfahrung: »Eine kleine Pfütze, die von verschüttetem Öl schillerte und ein Stückchen des Himmels spiegelte, erweiterte sich plötzlich für den unendlichen Bruchteil einer Sekunde grenzenlos und umfaßte mein ganzes Universum.«

Während die meisten von uns an solchen Eindrücken vorbeigehen oder sie sogar unterdrücken, weil sie unsere gewöhnliche Denkweise bedrohen, halten schöpferische Menschen sie fest und konzentrieren sich darauf, um sie zu verstärken. Schöpferische Menschen pflegen ihre Fähigkeit, in »Zweifel und Ungewißheit« zu leben, wie Keats das nannte, also in jener Welt, die durch eine Nuance geschaffen wird, die gerade lange genug anhält, um dort etwas Neues aufblühen zu lassen.

Fällt ein solcher nuancenreicher Keim auf fruchtbaren seelischen Boden, so entsteht in diesem schöpferischen Menschen eine Nichtgleichgewichtsströmung von Staunen, Ungewißheit und Ganzheit. Dann gelingt es, in dem Material, mit dem gerade gearbeitet wird – seien es nun wissenschaftliche Daten, eine Landschaft und eine Leinwand oder eine Menge von Charakteren in einem Roman –, Feinheiten zu verstärken, sich in neue Bezugsebenen hinein zu verzweigen und zwischen verschiedenen solcher Ebenen Rückkoppelungsschleifen zu schaffen, d. h. diese Nuance in einem Selbstorganisationsprozeß Gestalt annehmen zu lassen.

Unsere normalen gedanklichen Muster organisieren sich um ihre Grenzzykel. Wird man gebeten, aus einem komplexen Materialangebot eine Gestalt zu schaffen oder ein Problem zu lösen, so reagiert man typischerweise mit einer reduktionistischen oder organisatorisch abgeschlossenen Struktur, statt dem Material zu erlauben, sich aus den fraktalen Dimensionen der Nuance heraus selbst zu entwickeln – wie ein schöpferischer Mensch es tun würde.

Welche Werke werden durch diese aus Nuancen erwachsene Selbstorganisation geschaffen? Um dieser Frage nachzugehen, wollen wir uns der Welt der Kunst zuwenden.

Die fraktale Natur des Geschaffenen

In seinem Buch *Der sprachgelehrte Affe* erklärt Octavio Paz: »Der Dichter sieht alles auf einen Punkt zulaufen, am Ende der Straße. ... In der schwindelerregend schiefen Sicht erweist sich das Universum nicht als eine Aufeinanderfolge... sondern als ein Zueinander lauter rotierender Welten.«

Wenn ein Dichter eine Nuance sich entfalten läßt, so ist das wie die Iteration einer Gleichung im Grenzbereich zwischen der Ordnung des Endlichen und dem Chaos des Unendlichen. Der Schöpfer entdeckt die Selbstähnlichkeit. Betrachten wir als Beispiel dieser Selbstähnlichkeit das folgende Gedicht des Pulitzer-Preisträgers Richard Wilbur.

Die Schriftstellerin

In ihrem Zimmer im Giebel des Hauses,
wo Licht sich bricht und die Fenster in den Linden schaukeln,
schreibt meine Tochter eine Geschichte.

Auf der Treppe zögernd höre ich
durch ihre geschlossene Tür einen Aufruhr der Tasten
wie eine Kette, die über die Reling rasselt.

Jung ist sie, und der Rohstoff
ihres Lebens ist wertvolle Ladung, und teilweise schwer:
Ich wünsche ihr glückliche Überfahrt.

Nun aber ist sie es, die zögert,
als wehrte sie sich gegen die Glätte meines Gedankens.
Eine Stille wächst, in der

das ganze Haus zu denken scheint,
und dann ist sie da wieder mit einem gebündelten Lärm
von Anschlägen, und dann wieder Stille.

Ich denke an jenen verirrten Star,
der in dies Zimmer geriet, vor zwei Jahren;
wir schlichen hinein, ein Fenster zu öffnen

und zogen uns zurück, um ihn nicht zu erschrecken;
und eine hilflose Stunde, durch den Türspalt,
schauten wir auf das glatte, rauhe, dunkle

und schillernde Geschöpf,
das gegen die Helligkeit prallte, wie ein Handschuh
auf den harten Boden oder den Schreibtisch stürzte,

und dann wartete, verbeult und blutig,
auf den Mut zum neuen Versuch; und welche Freude
in uns aufstieg, als er plötzlich

von einer Stuhllehne abhob,
geradewegs das rechte Fenster ansteuerte
und glatt das Fensterbrett nahm, die Schwelle zur Welt.

Ich hatte vergessen, mein Liebling,
es geht immer um Leben und Tod.
Ich wünsche Dir
das gleiche wie vorhin, doch heftiger.

Das Gedicht ist als verschachtelte Reihe von Metaphern aufgebaut, oder wie wir es lieber nennen, von »Reflektaphern«. Eine Reflektapher ist ein schöpferisches Mittel (in der Literatur z. B. Ironie, Metapher, Simile, Wortspiel, Paradox, Synekdoche), das seine Wirkung daraus bezieht, daß im Leser, Zuhörer oder Betrachter eine *unauflösliche Spannung* zwischen den Ähnlichkeiten und Unterschieden der Bestandteile entsteht. Dadurch versetzt ihn die »Reflektapher« in einen Zustand von neugieriger Spannung, Zweifel und Ungewißheit – bereit zur Wahrnehmung von Nuancen. Eine wichtige »Reflektapher« in Richard Wilburs Gedicht ist der Vergleich zwischen der Anstrengung der Tochter, ihre Geschichte zu schreiben, und der Anstrengung des Stars, den »Kurs auf das rechte Fenster« einzuschlagen. Diese beiden Dinge sind offensichtlich sehr verschieden, stammen aus ganz verschiedenen Regalen in der Bibliothek unseres Gedächtnisses. Und doch legt die Art, wie Wilbur sie hier nebeneinander stellt, Ähnlichkeiten nahe. Die Spannung zwischen den offensichtlichen Unterschieden und den entdeckten Ähnlichkeiten zwingt den Leser, sein übliches Denkschema zu verlassen und zu Feinheiten und Nuancen vorzustoßen.

Eine zweite wesentliche »Reflektapher« in diesem Gedicht deutet die Ähnlichkeiten (und auch die Unterschiede) zwischen der Mühe der Tochter beim Schreiben und den Bemühungen des Vaters an, der zu verstehen sucht, was sie beim Schreiben durchmacht. Eine dritte vergleicht die Tochter mit dem Haus (in dem z. B. der innere Kampf des Mädchens mit der Geschichte mit dem Zimmer hoch oben im Haus verglichen wird, wo die Fenster »in den Linden schaukeln«). Hier sehen wir, wie sich die Bestandteile einer »Reflektapher« gegenseitig reflektieren – daher der Name.

Die vierte wesentliche »Reflektapher« ist besonders interessant, weil sie eine Metapher enthält, die der Vater in der vierten Strophe zurückweist. Dort möchte er die Nuancen in der Erfahrung seiner Tochter verstehen und vergleicht dabei ihr Ringen ganz bewußt mit einer Seefahrt. Kaum aber sagt er sich das, zögert das Mädchen, »als wehrte es sich gegen die Glätte meines Gedankens«. Dabei wird dem Erzähler klar, daß das Gleichnis der Seereise, das er gewählt hat, ein Klischee ist. Es ist eine *tote* Metapher, also eine, die ihre innere Spannung verloren hat. Statt die tiefere Wahrnehmung ihres Ringens hervorzulocken, verleugnet dieser Vergleich ihres Lebens mit einer Seereise ihre feineren Schattierungen, zwängt ihre Erfahrung in Kategorien, versimpelt sie, ist »organisatorisch abgeschlossen«. Wilbur, ein Dichter und Schriftsteller, ist sich schmerzhaft bewußt, daß nur eine frische, nicht eine tote Metapher Nuancen hervorlocken kann; sie muß den Geist überraschen und zum Staunen bringen, indem sie eine Lücke zwischen ihren Bestandteilen aufreißt und dann diese Lücke mit dem Funken einer Nuance überbrückt. Zu häufiger Gebrauch schließt diese Lücke zwischen den Bestandteilen des Gleichnisses und läßt uns glauben, wir »wüßten« schon, was die Metapher bedeutet. Der Vergleich des Lebens mit einer Seereise klingt anheimelnd, weil wir meinen, wir wüßten alles über des Lebens rauhe Überfahrt und schwere Ladung.

Indem er das abgeschlossene und kategorische Klischee in diesem

Gleichnis der Seereise erkennt, zwingt jedoch der Dichter, der Erzähler, ironischerweise sich selbst und den Leser zu der Einsicht, daß wir in Wirklichkeit *nicht* wissen, was es bedeutet, wenn man sagt, das Leben sei wie eine Seereise. Dadurch, daß das Klischee in Frage gestellt wird, wird dem Bild von der Seereise plötzlich neue Kraft eingeflößt, die es ihm erlaubt, wieder Staunen auszulösen, und die es sogar in der letzten Strophe hintergründig wiederkehren läßt, nun übervoll von Nuancen.

So ähnelt eine »Reflektapher«, deren Nuancen aus der unauflöslichen Spannung zwischen ihren Bestandteilen erwachsen, einem Fraktal. Erinnern wir uns, daß Fraktale zugleich Ordnung und Chaos sind. Sie besitzen Selbstähnlichkeit auf verschiedenen Skalen, aber diese Selbstähnlichkeit bedeutet nicht Selbstgleichheit, denn Unvorhersagbarkeit und Zufall sind auch in ihr am Werk. Die Spannung zwischen den Ähnlichkeiten und Verschiedenheiten in »Reflektaphern« läßt uns einen Sinn für die Unvorhersagbarkeit und Zufälligkeit in schöpferischer Arbeit entwikkeln, einen Sinn dafür, daß das Wahrgenommene organisch ist, zugleich vertraut und unbekannt.

Die Bestandteile einer Reflektapher sind wie die Pole in einem elektrischen Gerät. In der Lücke zwischen ihnen herrscht die Spannung einer Nuance und läßt einen Strom fließen. Sind mehrere Reflektaphern vorhanden, so treten diese Pole in Wechselwirkung miteinander wie Schaltkreise oder Rückkoppelungsschleifen, wobei jede die andere zur Erzeugung weiterer Spannungen und Ströme von Nuancen anregt: eine sich selbst organisierende Entwicklung an der Grenze zwischen Ordnung und Chaos.

Dies ist eine abstrakte Landkarte, ein Führer zur Ganzheit und Selbstähnlichkeit des Gedichts. Die Rückkoppelung läßt erkennen, daß nicht nur jede Einzelheit jede andere im Gedicht beeinflußt, sondern daß eigentlich alles eins ist. In gewissem Sinne ist der Vater die Tochter (beispielsweise ist er ein Schriftsteller; er ringt mit dem Ausdruck von Nuancen im gleichen Moment wie sie); die Tochter ist das Haus; der Vater ist das Haus – usw. Und doch ist nicht das eine wie das andere; auch die Unterschiede sind entscheidend.

Der Entstehungsprozeß von Wilburs Gedicht kam vermutlich durch Selbstorganisation aus einem nuancenreichen Keim zustande, zu dem die Wahrnehmung gehörte, daß der literarische Schöpfungsakt und die Eltern-Kind-Beziehung irgendwie das gleiche sind. Dazu paßt, daß die

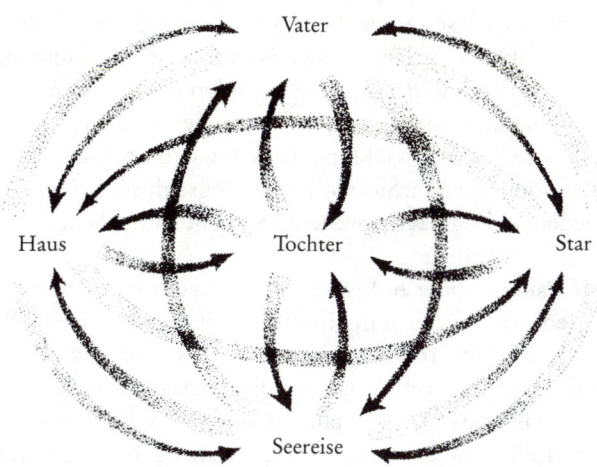

Vater

Haus Tochter Star

Seereise

sich aus dem Keim entfaltende Gestalt ein selbstähnliches Objekt ist. Wie James sagte, enthalten die Keime auch die Wahrnehmung des Ganzen. Diese Ganzheit ist in der Selbstähnlichkeit des abgeschlossenen Werkes verkörpert, wo jeder Teil mit jedem anderen Teil gekoppelt ist, aus ihm entstand und ihn reflektiert.

Und so fällt uns eine weitere Selbstähnlichkeit in diesem Gedicht ins Auge, wenn uns klar wird, daß Richard Wilbur bei der Arbeit an ihm den gleichen inneren Kampf durchgemacht haben muß, den er am Vater und an der Tochter beschreibt. Diese Skala von Selbstähnlichkeit ist in schöpferischen Werken keineswegs ungewöhnlich. Es ist vorstellbar, daß jedes große Kunstwerk sich auf irgendeiner Skala als Abbild des geistigen Ringens betrachten läßt, das der Künstler im Schöpfungsprozeß durchmachte: *Moby Dick, Guernica,* die *Eroica* – das sind deutliche Beispiele.

Durch all diese selbstähnliche Rückkoppelung offenbart das Kunstwerk die Verschachtelung von Welten in Welten. Dabei haben wir die wichtigste Skala von Selbstähnlichkeit noch gar nicht betrachtet – jene zwischen dem Kunstwerk und seinem Publikum.

In Wilburs Gedicht macht sich diese Selbstähnlichkeit bemerkbar, wenn der Leser darum ringt, zu den flüchtigen Nuancen des Gedichtes Verbindung aufzunehmen, wie der Vater um die Verbindung mit seiner Tochter ringt und die Tochter um die zu ihrer Geschichte.

Ein Gedicht wie dieses erzeugt auf allen seinen Skalen reflektaphorische Spannung. Das existiert in den Nuancen seiner Metaphern und Bilder, seiner Ironien und Paradoxa – mit anderen Worten, in den Dimensionen zwischen den Grenzzykelattraktoren der Sprache. Die sich ergebende nuancenreiche Entwicklung (das Gedicht selbst) ist, wie wir sahen, fraktal oder (wenn Sie wollen) holographisch, denn jeder Teil reflektiert jeden anderen Teil – wenn auch nicht ganz genau.

Die Art von fraktaler oder holographischer Struktur, die wir in Wilburs Gedicht finden, tritt uns auch in Hokusais Gemälde *Die große Woge* entgegen, das wir auf Seite 166 betrachteten. Sehen wir es nun noch einmal an, so werden wir die reflektaphorische Spannung zwischen der im Moment erstarrten flüssigen Gestalt der Welle im Vordergrund und dem festgebauten Fujiyama im Hintergrund wahrnehmen; zwischen den Booten, die den Bögen der Wellen folgen, und doch zugleich durch diese in Gefahr geraten; zwischen den Gesichtern der Bootsleute und der Gischt.

Hokusais Hang, die Tiefenstruktur seines Gemäldes fraktal zu gestalten, ist nicht etwa ungewöhnlich. Sehen wir das Porträt der Maria Portinari an, das der flämische Künstler Hans Memling im 15. Jahrhundert malte (siehe Abb. P5).

Die ovale Form der Augen wiederholt sich in zahlreichen reflektaphorischen Variationen und Spannungen, die das ganze Bild durchziehen: z.B. im Halsband, in der Spitze des kegelförmigen Hutes und sogar in den gebogenen Daumen. In seiner fraktalen Struktur offenbart Memlings Gemälde das Paradox der Einfachheit als Komplexität und der Komplexität als Einfachheit.

Nachdem Benoit Mandelbrot die fraktale Geometrie entdeckt hatte, begannen Künstler sie bewußt als einen Grundzug ihrer Kunst zu erkennen. »In ein Fraktal kann man immer weiter und weiter hineinsehen, und es bleibt dabei immer ein Fraktal«, sagt der britische Maler David Hockney. »Es weist einen Weg zum tieferen Bewußtsein der Einheit.« Nach Hockneys Meinung ist sein eigenes Werk holographisch und fraktal.

Auch Musiker haben diese Zusammenhänge bemerkt. Der Komponist Charles Dodge, Leiter des Zentrums für Computermusik am Brooklyn College, stellt eine Verbindung zu der grundlegenden Selbstähnlichkeit her, die es in der klassischen Musik immer gegeben hat. »Das Bewußtsein

der Selbstähnlichkeit durchzieht alle Untersuchungen musikalischer Struktur«, sagt Dodge.

Z.B. wies Leonard Bernstein in seinen Vorlesungen in Harvard auf musikalische Selbstähnlichkeit von der größten bis zur kleinsten Skala musikalischer Struktur hin und nannte solche sich wiederholenden Abwandlungen »musikalische Metaphern«. Und der Komponist Arnold Schönberg war der Meinung, in einem großen Musikstück seien »Dissonanzen lediglich fernerliegende Konsonanzen«. Nuance, Selbstähnlichkeit, Ganzheit und »reflektaphorische« Spannung sind alle in Schönbergs Feststellung eingeschlossen.

Zeitgenössische Komponisten mußten sich aber nicht damit zufriedengeben, die Ähnlichkeiten zwischen der fraktalen Geometrie und den traditionellen ästhetischen Strukturen in ihrer Kunst zu beobachten – einige haben sogar die fraktale Technik direkt in einigen ihrer Kompositionen angewandt.

Der Komponist und Pulitzer-Preisträger Charles Wuorinen sagte, er sei im Jahre 1977 durch die Lektüre von Mandelbrots Buch über fraktale Geometrie inspiriert worden. Fasziniert von der darin liegenden Vorstellung vom »Verhalten der Teile der Natur« schrieb er mehrere Stücke unter Anwendung fraktaler Algorithmen. Eines dieser Stücke, das er *Bamboula Squared* nannte, war für quadrophonisches Tonband und Orchester komponiert und wurde 1984 von den New Yorker Philharmonikern aufgeführt. Wuorinen berichtet, er habe die Stücke erzeugt, indem er den »richtigen« Algorithmus gefunden und diesen als ein zufälliges Fraktal iteriert habe. Mit dem richtigen Algorithmus meint er einen, der Nuancen schafft, indem er die Zufälligkeit mit selbstähnlichen Zügen ins Gleichgewicht bringt. Das Stück, das hierbei herauskam, zwingt den Zuhörer zu ständiger Auseinandersetzung mit der Musik, weil er in ihr offensichtlich geordnete und einander ähnliche Klangwolken entdeckt, die zugleich aber immer wieder unerwartet und verschieden sind. Diese Wahrnehmung von Erwartet-Unerwartetem ist eine wesentliche Facette kreativen Ausdrucks. Durch sie wird die Spannung zwischen Ordnung und Chaos immer wieder erneuert. Das ist es, was Paz »die schwindelerregend schiefe Sichtweise« nannte, »die das Universum nicht als eine Aufeinanderfolge... sondern als ein Zueinander lauter rotierender Welten offenbart«.

Die Kunst des Forschers und andere Künste

David Bohm empfahl, die Wissenschaft sollte sich in Zukunft mehr der Kunst annähern. Er machte dafür zwei Vorschläge. Im ersten meint er, die Wissenschaft solle alternative wissenschaftliche Theorien nicht einfach für falsch erklären, um einer einzigen »akzeptierten« Theorie anzuhängen, sondern die Wissenschaftler sollten auch die Möglichkeit in Betracht ziehen, daß wissenschaftliche Wahrheit, wie künstlerische Wahrheit, unendlich viele Nuancen, »Welten in Rotation« enthält. Die Wurzel des Wortes *Theorie*, so betont Bohm, bedeutet ja »schauen«. Wegen der unendlichen Nuancen der Wirklichkeit könnte es doch viele, sogar entgegengesetzte, Anschauungsarten der natürlichen Vorgänge geben. Künstler haben dies natürlich schon lange gewußt.

Bohms zweiter Vorschlag, der der Wissenschaft helfen soll, eine Kunst zu werden, empfiehlt den Urhebern wissenschaftlicher Theorien, in diese eine Art von Ironie einzubauen, ähnlich der Ironie der Kunst. Durch diese Ironie würde anerkannt, daß alles, was die Theorie über die Wirklichkeit aussagt, nicht auch schon diese Wirklichkeit darstellt, weil ja jede Theorie eine Abstraktion vom Ganzen ist und damit in gewissem Sinne eine Illusion. Zwar mögen wissenschaftliche Theorien recht nützliche Illusionen sein, aber Bohm glaubt, der Benutzer einer Theorie sollte sich stets der jeder Theorie innewohnenden Begrenzungen klar bewußt sein. Auch dies ist eine Verbeugung vor der Wirklichkeit unendlicher Nuancen. Eine gute Theorie sollte sich ein wenig »herunterspielen«, wie der Gelbe Kaiser, wenn er in eine besonders taoistische Stimmung kommt.

Peter Senge sagt, auch unsere künftige gesellschaftliche Arbeit und das Handeln der gesellschaftlichen Gruppen sollten am besten in einer Atmosphäre der Ironie und der Nuancen ablaufen. Er nennt dies die Anerkennung der grundlegenden Ungewißheit. »Ehrfurcht vor der Ungewißheit«, sagt er, »ist eine der oft übersehenen Folgen von Systemdenken.« Paradoxerweise verknüpft er diese Ehrfurcht mit einer visionären Gabe, die ihm an erfolgreichen Industriemanagern aufgefallen ist, die außergewöhnlich viel Energie haben und die Fähigkeit besitzen, ihre eigene Auffassung von Nuancen in eine Form zu bringen, die dann auch andere beeinflußt.

»Ich glaube, die Ehrfurcht vor der Ungewißheit macht den Unterschied zwischen einem kreativen Visionär und einem Fanatiker aus. Ein Fanatiker hält Ausschau nach etwas, das die Ungewißheit plattwalzt. Der schöpferische Mensch gibt die Ungewißheit zu. Dieser Mensch sagt, ›Das hier würde ich wirklich gerne geschehen sehen. Ich bin nicht sicher, ob es möglich ist, aber ich bin bereit, mich mit aller Kraft dafür einzusetzen.‹«

In Senges Programm führt die Ehrfurcht vor der Ungewißheit zu einer persönlichen Vision, die dann aber wiederum mit der Fähigkeit des einzelnen verknüpft ist, kollektives Handeln vieler einzelner zu fördern. Das erinnert uns wieder an Keats' Behauptung, die Fähigkeit, in »Zweifel und Ungewißheit« zu leben (also in Nuancen), sei die Grundlage aller schöpferischen Kraft.

Die Alten sagten, die Aufgabe des Künstlers sei es, der Natur einen Spiegel vorzuhalten. Was sie meinten, wurde vermutlich von späteren Zeitaltern mißverstanden, denn der Spiegel der Kunst bot nie eine sklavische

Nachahmung der Gestalten und Gebärden der Natur. Viel eher war es ein Spiegel aus Alices Wunderland, so voll von spielerischer Ungewißheit wie die Natur selbst... Ein Spiegel, der in neuen Formen die uralte Spannung zwischen Ordnung und Chaos wieder aufleben läßt. In den Bifurkationen, die unsere Zukunft herbeiführen, werden sich vielleicht die Wissenschaft und unsere gesellschaftlichen Bräuche mit den Künsten darin verbünden, unserem turbulenten Universum einen derart verspielten turbulenten Spiegel vorzuhalten. In all dem, was wir in diesem Buch gesehen haben, nimmt diese Bewegung vielleicht schon ihren Anfang.

Vorwort

Die Menschheit bewegt sich schnell auf einen Bifurkationspunkt zu. In unserem Jahrhundert wurden die Wissenschaftler durch die reduktionistischen Annahmen tief ins Atom hineingeführt, wo sie die furchteinflößenden Kernkräfte befreiten, die unseren Untergang bedeuten könnten. Zugleich aber setzte die Verfolgung des Reduktionismus bis ins Herz des Atoms wesentliche Einsichten in die Grenzen des Reduktionismus frei. Die Paradoxa der Quantentheorie enthüllten den Wissenschaftlern die Geheimnisse der »Quantenganzheit«, deren weitreichende Folgen erst allmählich Gegenstand der Forschung werden. Unterdessen folgen die meisten Physiker noch dem reduktionistischen Programm, als habe sich nichts geändert. Sie bauen immer größere und leistungsstärkere Teilchenbeschleuniger, um damit nach den Grundbausteinen der Natur zu suchen – Quarks, Gluonen und vielleicht die Urkraft, aus der das Universum geboren wurde.

Auch in der Molekularbiologie herrscht noch die reduktionistische Sichtweise, die die Wirklichkeit analysieren und in ihre Bestandteile zerlegen will, um sie dann entsprechend unseren Bedürfnissen und Liebhabereien wieder zusammenzusetzen. Und eben jetzt führt diese Sichtweise zu einer biotechnologischen Revolution. Die jüngsten genetischen Entdeckungen geben den Wissenschaftlern demnächst die Möglichkeit, die existierenden Organismen umzuplanen und neue herzustellen. So eröffnet sich die Aussicht, daß wir eines Tages unseren Planeten in ein von unseren eigenen Geschöpfen bevölkertes Habitat verwandeln. Durch unsere genetischen Künste immer kühner geworden, werden wir wohl bald versucht sein, auch in unsere eigene Evolution einzugreifen.

Die Kontrolle der Natur durch das menschliche Denken ist der Kernpunkt des reduktionistischen Traums. Dieser Traum wird weitergeträumt, selbst im Angesicht seines offensichtlichen Scheiterns. Die Denkweise, die jedes System als mechanisch behandelt, aus Teilen bestehend und von anderen Systemen isolierbar, hat eine mächtige Technologie entstehen lassen – so mächtig, daß sie nun die Welt beherrscht. Eine unmittelbare Nebenwirkung dieser Technologie ist aber die Entstellung der planetaren Umwelt, wozu auch der Abbau des stratosphärischen Ozons und die Anreicherung der Treibhausgase gehören. Viele Forscher sagen nun vorher, daß diese Seite von Technik und Fortschritt zu ökologischen Katastrophen führen wird und unsere eigene Art ins Chaos stürzen muß. Der reduktionistische Traum aber läßt sich dadurch nicht erschüttern. Was die reduktionistische Wissenschaft in einer mechanischen Welt verdorben hat, das kann sie auch wieder »reparieren«. So kommen schon die Empfehlungen, man solle doch gefrorenes Ozon in die obere Atmosphäre schießen, um den Schaden wiedergutzumachen.

Gegen diesen Trend erhebt sich die junge Wissenschaft vom Chaos, von der Ganzheit und vom Wandel – ein neues Bestehen auf den Wechselbeziehungen zwischen allen Dingen, ein Bewußtsein für die grundsätzliche Unvorhersagbarkeit in der Natur und für die Ungewißheit in unseren wissenschaftlichen Beschreibungen.

Welche der Betrachtungsweisen werden wir wählen – die ganzheitliche oder die reduktionistische? Daß der Kampf um diese Entscheidung zunimmt, mag man daran erkennen, wie sehr sich die reduktionistische Position die ganzheitliche Sprache aneignet. Es ist heute normal, Wissenschaftler von »Perspektiven« der Wirklichkeit reden zu hören statt von der objektiven Wirklichkeit, von »kreativen Möglichkeiten« statt von Kausalität, von »wahrscheinlichen Szenarien« statt von deterministischen Ergebnissen, von »nützlichen Modellen« statt von dauerhaften Wahrheiten. Zwar mag diese Art von Sprache ganzheitlich erscheinen, aber daß dem nicht so sein muß, ist Jeremy Riffkin aufgefallen:

»Auf den ersten Blick scheinen Ausdrücke wie ›Perspektive‹, ›Szenario‹, ›Modell‹, ›kreative Möglichkeiten‹ ein neu entdecktes Bewußtsein der Menschheit für ihre eigenen Begrenzungen anzuzeigen, für ihre Unfähigkeit, jemals die Wahrheiten des Universums völlig zu erfassen und zu begreifen. Dem ist nicht so. Es ist nicht Demut, was den neuen kosmologischen Jargon belebt, sondern Maulheldentum. Nehmen wir den neuen Wortschatz näher unter die Lupe, so erscheint er plötzlich ganz anders, nämlich bedrohlich und vergiftend. Perspektiven, Szenarien, Modelle, kreative Möglichkeiten – diese Worte bezeichnen Urheberschaft, es sind Worte eines Schöpfers, eines Architekten, eines Designers. Die Menschheit gibt die Vorstellung auf, das Universum folge ehernen Wahrheiten, sie fühlt keine Notwendigkeit mehr, sich von solchen Hemmschuhen fesseln zu lassen. Die Natur wird neu gemacht, diesmal von Menschen.«

Das neue ganzheitliche Vokabular kann also dazu dienen, den traditionellen reduktionistischen Ansatz zu verkleiden, diesen Ansatz eines Monteurs und Manipulators von Teilen. Die Übernahme der Sprache zeigt, wie mächtig der reduktionistische Drang in der Wissenschaft ist – so mächtig, daß es fast unmöglich ist, sich eine Wissenschaft vorzustellen, die ohne diesen Trieb auskäme, zum absoluten Grund der Dinge vorzustoßen, die absoluten Bestandteile zu finden, den absoluten Urspung aller Gestalten zu erfahren.

Und doch ist auch der Schwung des ganzheitlichen Ansatzes in der Wissenschaft mächtig, ein Spiegelbild des reduktionistischen. Mancher Wissenschaftler mag den absoluten Teilen nachspüren, weil er die Wechselbeziehungen innerhalb des Ganzen wahrnehmen will. Der Wunsch nach einer reduktionistischen Antwort wird oft vom Bedürfnis begleitet, an einem Geheimnis zu arbeiten. Der Unterschied zwischen Reduktionismus und Holismus ist weitgehend eine Sache der Betonung und Einstellung. Und doch ist letzten Endes dieser Unterschied entscheidend.

In den kommenden Jahren wird der sich zuspitzende Kampf entschieden werden – der Kampf zwischen der Haltung des ungehemmten Reduktionismus und der Haltung, die die »turbulente Wissenschaft« vertritt. Die auf beiden Seiten benutzte Terminologie wird nicht immer klar erkennen lassen, wo man steht; die Themen, über die man streitet, werden nicht immer klar sein – aber schließlich wird die Frage ihre Antwort finden. Werden wir den Reduktionismus weiter treiben bis zu dem letzten Traum (und vielleicht der letzten Enttäuschung), die Natur in eine reine Fortsetzung des menschlichen Denkens verwandeln zu können? Oder werden wir den turbulenten Spiegel betreten, unsere eigenen Begrenzungen bereitwillig annehmen und unsere Abhängigkeiten anerkennen?

Wenn wir in diesen Spiegel eintreten – was werden wir dort finden? Offensichtlich weiß das niemand. Die wissenschaftlichen Vorstellungen über Kooperation und grundsätzliche Unvorhersagbarkeit könnten uns in nie geträumte Wirklichkeiten und zu nie gedachtem Handeln hinführen. Es ist sogar möglich, daß diese neuen turbulenten Wirklichkeiten dramatischer sein werden als die Science-fiction-Zukünfte, die uns die

Reduktionisten versprechen. Vielleicht aber wird sich die neue Wirklichkeit vor allem im Wandel unserer Einstellung offenbaren.

Könnte die Haltung der Genetikerin Barbara McClintock Schule machen? »Im Grunde ist alles eins«, sagt sie. »Man kann keine Trennungslinie zwischen den Dingen ziehen. Wir ziehen zwar solche Trennlinien, aber sie sind nicht wirklich.« Zwar erreichte McClintock diesen Sinn für das Eine, indem sie sich mit fast reduktionistischem Eifer auf einzelne Teile (vor allem auf das Chromosom) konzentrierte, aber ihre Arbeitsweise ist doch nicht im traditionellen Sinn reduktionistisch oder »objektiv«. »Je mehr ich mit ihnen arbeitete, um so größer wurden die Chromosomen, und obwohl ich an ihnen arbeitete, war ich doch nicht draußen. Ich war in ihnen. Ich war ein Teil des Systems.« McClintocks Haltung ist ironisch, wie die eines taoistischen Weisen, vielleicht wie die des taoistischen Gelben Kaisers: Sowohl reduktionistisch als auch holistisch strebt sie zum Grund der Dinge und ist sich dabei bewußt, daß diese keinen Grund haben. In ihrem Sinn für das Ganze, den sie »ein Gefühl für den Organismus« nennt, schwelgt sie in den Ungewißheiten, Beziehungen und gegenseitigen Abhängigkeiten, die die Natur durchziehen. Zitieren wir aus ihrer Biographie: »Sie hatte Zugang zu der tiefen Vernetztheit aller biologischen Gestalten – der Zelle, des Organismus und des Ökosystems. Sie ist von ihrer Überzeugung geprägt, daß uns die Wissenschaft ohne ein Bewußtsein von der Einheit der Dinge nur eine Natur in Stücken geben kann; und noch öfter gibt sie uns nur Stücke von Natur. Nach McClintocks Ansicht führt es uns unausweichlich in Probleme, wenn wir uns zu ausschließlich auf die wissenschaftliche Methode verlassen. ›Wir haben die Umwelt ganz entsetzlich geschädigt und kamen uns dabei noch großartig vor, weil wir die Techniken der Wissenschaft anwandten. Dann wurde Technik daraus, und die schlägt nun zurück, weil wir sie nicht genügend durchdachten. Wir machten Annahmen, zu denen wir kein Recht hatten. Wir glaubten, wir wüßten, wie die uns interessierenden Teile funktionierten... Wir fragten nicht einmal danach, schauten nicht einmal hin, um zu sehen, was mit allem anderen geschah. All dies andere geschah, und wir sahen es nicht.‹«

McClintock war offenbar in den turbulenten Spiegel eingedrungen, in ein Universum, das weiter, komplexer, fließender, weniger sicher und in gewissem Sinne furchteinflößender ist als das von der reduktionistischen Wissenschaft gemalte. In einem anderen Sinn aber scheint sie zu wissen, daß das turbulente Universum nichts von alledem ist; es ist ein freundlicher Ort, weil wir alle darin zusammenleben.

Vorwort

Nun, wenn ich etwa je wirklich hinunterfiele ... was wird von mir bleiben? Niemand weiß, wie dies geschah, und das Rigweda spekuliert, ob es etwa sogar der Eine nicht wüßte ...unterbrach Alice, ziemlich unklug ... Nicht chaosgleich in Qual verzerrt, doch wie die Welt in Harmonie verwirrt, wo Ordnung in der Vielfalt uns erscheint, und was getrennt bleibt, sich gleichwohl vereint ... Alice konnte sich kaum ein Lachen verkneifen ...

Der Gelbe Kaiser ergriff es und stieg zum wolkigen Himmel auf.
CHUANG-TZU

Dank

Wir möchten folgenden Persönlichkeiten unseren Dank für die freundliche Unterstützung während der Arbeit an diesem Buch aussprechen:

Ashvin Chhabra und Roderick V. Jensen (Mason Laboratory for Applied Physics, Yale University); Benoit Mandelbrot und Dennis Arvey (IBM – Thomas J. Watson Research Center, Yorktown Heights, N. Y.); Ilya Prigogine und seinen Kollegen (Center for Statistical Mechanics, University of Texas, Austin); Lynn Margulis und Gail Fleischaker (Boston University); Dan Kalikow und David Brooks (Prime Computer); Peter Senge (Massachusetts Institute of Technology); Douglas Smith (Boston Museum of Science); Jim Crutchfield (University of California, Berkeley); Ron Deckett (Bridgeport Telegram); Frank McCluskey (Mercy College); Charles Redmond und Mike Gentry (NASA); Roy Fairfield (Union Graduate School); Laurence Becker – und ganz besonders unseren beiden Lektoren Jeanne Flagg und Rick Kot bei Harper & Row.

Literatur

Im Folgenden sind einige der Quellen aufgeführt, die wir für unser Buch benutzt haben. Diese Auswahl ist als Anregung gedacht, weniger als erschöpfendes Verzeichnis der anwachsenden wissenschaftlichen und populären Literatur, die sich mit dem Thema unseres Buches befaßt.

Die Sinnsprüche über den Gelben Kaiser stammen aus zwei Quellen: dem *Book of Lieh-tzu* in der Übersetzung von A. C. Graham, London 1960, und den *Complete Works of Chuang-tzu* in der Übersetzung von Burton Watson, New York 1968.

Vorwort

Briggs, John, and F. David Peat, *Looking Glass Universe*, New York 1984

Gleick, James, *Chaos: Making a New Science*, New York 1987; dt. *Chaos – Die Ordnung des Universums*, München 1990

Kneale, Dennis, »Market Chaos: Scientists Seek Pattern in Stock Prices«. In: *Wall Street Journal*, 17 Nov. 1987

Prolog Eine alte Spannung

Beir, Ulli, Ed., *The Origin of Life and Death*, London 1966

Colum, Padraic, *Myths of the World*, New York 1959

Disorder and Order: Proc. Stanford Int. Symp. (Sept. 14–16, 1981), Stanford Literature Studies I, Saratoga, Calif. 1984

Long, Charles H., *Alpha: The Myths of Creation*, New York 1983

Richardson, George P., »The Feedback Concept in American Social Science with Implications for Systems Dynamics«. In: Int. Systems Dynamics Conf., July 1983

Weiner, Philip, Ed., *Dictionary of the History of Ideas*, New York 1973

Kapitel 1 Von Attraktoren und vom Kartenlesen

Abraham, Ralph H., and Christopher D. Shaw, *Dynamics – The Geometry of Behavior, Part 1: Periodic Behavior*, Santa Cruz 1984
Dynamics – The Geometry of Behavior, Part 2: Chaotic Behavior, Santa Cruz 1984

Arnold, V. I., »Small Denominators and Problems of Stability of Motion in Classical and Celestial Mechanics«. In: *Russ. Math. Surv.* 18 (1963), 85

Goldstein, Herbert, *Classical Mechanics*, Reading, Mass. 1950; dt. *Klassische Mechanik*, Wiesbaden 1991

Kolmogorov, A. N., »Preservation of Conditionally Periodic Movements with Small Change in the Hamiltonian Function«. In: *Lecture Notes in Phys.* 93 (1979), 51

Leung, A., »Limiting Behavior for a Prey-Predator Model with Diffusion and Crowding Effects«. In: *Jour. Math. Biol.* 6 (1978), 87

Smith, J. Maynard, *Models in Ecology*, Cambridge 1974
»The Theory of Games and the Evolution of Animal Conflicts«. In: *Jour. Theor. Biol.* 47 (1974), 209

Walker, Grayson H., and Joseph Ford, »Amplitude Instability and Ergodic Behavior for Conservative Nonlinear Systems«. In: *Phys. Rev.* 188 (1969), 87

Kapitel 2 Turbulenz – Jener seltsame Attraktor

Hammer, Signe, and Margaret L. Silbar, »The Riddle of Turbulence«. In: *Science Digest*, May 1984

Hénon, Michel, »A Two-dimensional Mapping with a Strange Attractor«. In: *Commun. Math. Phys.* 130 (1976), 69

Hopf, E., »A Mathematical Example Displaying Features of Turbulence«. In: *Comm. Pure Appl. Math.* 1 (1948), 303

Landau, L.D., *On the Problem of Turbulence: Collected Papers of L.D. Landau*, Trans. D. ter Haar, N.Y. 1965

Lorenz, Edward N., »Deterministic Non-periodic Flow«. In: *Jour. Atmospheric Sciences* 20 (1976), 69

»The Mathematics of Mayhem«. In: *The Economist*, 8 Sept. 1984

Reiter, Carla, »The Turbulent Nature of a Chaotic World«. In: *New Scientist*, 31 May 1984

Ruelle, David, and Floris Takens, »On the Nature of Turbulence«. In: *Commun. Math. Phys.* 20 (1971), 167

Kapitel 3   Verdoppelungsweg zum Chaos

Feigenbaum, Mitchell J., »Quantitative Universality for a Class of Nonlinear Transformations«. In: *Jour. Statistical Phys.* 19 (1978), 25

Hirsch, J.E., B.A. Huberman, and D.J. Scalapino, »Theory of Intermittency«. In: *Phys. Rev.* 25 (1982), 519

Jensen, Roderick V., »Classical Chaos«. In: *American Scientist*, March–April 1987

Markoff, John, »In Computer Behavior, Elements of Chaos«. In: *New York Times*, 11 Sept. 1988

May, Robert M., »Simple Mathematical Models with Very Complicated Dynamics«. In: *Nature* 261 (1976), 459

Saperstein, Alvin M., »Chaos – A Model for the Outbreak of War«. In: *Nature* 309 (1984)

Screenivasan, K.R., and R. Ramshankar, »Transition Intermittency in Open Flows, and Intermittency Routes to Chaos«. In: *Physica* 23D (1986), 246

Taubes, Gary, »Mathematics of Chaos«. In: *Discover*, Sept. 1984

Kapitel 4   Die Magie der Iteration

Chaitin, Gregory J., »Gödel's Theorem and Information«. In: *Int. Jour. Theor. Phys.* 21, No. 12 (1982), 94

Crutchfield, James P., J. Doyne Farmer, Norman H. Packard, and Robert Shaw, »Chaos«. In: *Scientific American*, Dec. 1986

Day, Richard H., »The Emergence of Chaos from Classical Economic Growth«. In: *Quart. Jour. Econ.*, May 1983

»Irregular Growth Cycles«. In: *The American Econ. Rev.*, June 1982

Hofstadter, Douglas R., *Gödel, Escher, Bach: An Eternal Golden Braid*, New York 1980; dt. *Gödel Escher Bach – ein Endloses Geflochtenes Band*, Stuttgart 1985

Kapitel 0   Auf beiden Seiten

Batty, Michael, »Fractals – Geometry Between Dimensions«. In: *New Scientist*, 4 April 1985 *Microcomputer Graphics*, London 1987

Barcellos, Anthony, Interview with Benoit Mandelbrot. In: *Mathematical People: Profiles and Interviews*, Ed. Donald J. Albers and G.L. Alexanderson, Boston 1985

Dewdney, A.K., »Computer Recreations«. In: *Scientific American*, Aug. 1985

Gleick, James, »The Man Who Reshaped Geometry«. In: *New York Times Magazine*, 8 Dec. 1985

Kalikow, Daniel N., *David Brooks' Investigation of the Mandelbrot Set*. Monograph, Framingham, Mass. 1985

La Brecque, Mort, »Fractal Symmetry«. In: *Mosaic*, Jan./Feb. 1985

Lorenz, Konrad, *On Agression*, Trans. M.K. Wilson, New York 1966; dt. *Das sogenannte Böse*, München 1983

Mandelbrot, Benoit, *The Fractal Geometry of Nature*, San Francisco 1982; dt. *Die fraktale Geometrie der Natur*, Basel 1986

»The Many Faces of Scaling: Fractals, Geometry of Nature, and Economics«. In: *Self Organization and Dissipative Structures*, Eds. William C. Schieve and Peter M. Allen, Austin 1982

An Interview. In: *Omni*, 5 Feb. 1984

Mandelbrot, Benoit, Dann E. Passoja, and Alvin J. Paullay, »Fractal Character of Fracture Surfaces of Metals«. In: *Nature* 308 (1984), 721

Peitgen, H.O., and P.H. Richter, *The Beauty of Fractals*, Berlin 1986

Peterson, Ivars, »Packing It In«. In: *Science News*, 2 May 1987

Poston, Tim, and Ian Stewart, *Catastrophe Theory and Its Applications*, Boston 1981

Ruelle, David, »Strange Attractors«. In: *Math. Intell.* 2 (1980), 126

Saunders, P. T., *An Introduction to Catastrophe Theory*, Cambridge 1980; dt. *Katastrophentheorie*, Wiesbaden 1986

Shannon, C. E., and W. Weaver, *The Mathematical Theory of Information*, Urbana 1949

Thom, René, *Structural Stability and Morphogenesis*, Trans. D. H. Fowler, Reading, Mass. 1975

Thompson, D'Arcy, *On Growth and Form*, Cambridge 1917

Ullman, Montague, »Wholeness and Dreaming«. In: *Quantum Implications*. Eds. Basil Hiley and F. David Peat, London 1987

Vilenkin, N. Ya., *Stories About Sets*, New York 1965

West, Bruce J., and Ary L. Goldberger, »Physiology in Fractal Dimensions«. In: *American Scientist*, July / Aug. 1987

Zeeman, E. C., *Catastrophe Theory*, Reading, Mass. 1977

Kapitel 4   Die große Woge

Bishop, A. R., and T. Schneider, *Solitons and Condensed Matter Physics*, New York 1978

Dodd, R. K., J. C. Elibeck, J. D. Gibbon, and H. C. Morris, *Solitons and Nonlinear Wave Equations*, New York 1982

Fermi, Enrico, J. Pasta, and S. Ulam, »Studies of Nonlinear Problems«, Reprinted in: *Collected Papers of Enrico Fermi*, Vol. 2, Ed. E. Segre, Chicago 1965

Frampton, Paul H., »Vacuum Instability and Higgs Scalar Mass«. In: *Phys. Rev. Lett.* 37 (1976), 1378

»Consequences of Vacuum Instability in Quantum Field Theory«. In: *Phys. Rev. Lett.* D15 (1977), 2922

Ingersoll, Andrew P., »Models of Jovian Vortices«. In: *Nature* 331 (1988), 654

Lee, T. D., *Particle Physics and Introduction to Field Theory*, Switzerland 1981

Lonngren, Karl, and Alwyn Scott, Eds., *Solitons in Action*, New York 1978

Russell, J. Scott, »Report on Waves«. In: *Report Brit. Assn. Advancement Sci.*, 1945

Takeno, S., Ed., *Dynamical Problems in Soliton Systems*, New York 1985

Yuan, H. C., and B. M. Lake, »Nonlinear Deep Waves«. In: *The Significance of Nonlinearity in Natural Sciences*, Ed. B. Kursunoglu, A. Perlmutter, and L. F. Scott, New York 1977

Kapitel 3   Der Pfeil der Zeit

Davies, Paul, *The Physics of Time Asymmetry*, London 1974

Engel, Peter, »Against the Currents of Chaos«, Rev. of *Order Out of Chaos*. In: *The Sciences*, Sept. – Oct. 1984

Landsberg, P. T., *Thermodynamics*, New York 1961

Pagels, Heinz R., »Is the Irreversibility We See a Fundamental Property of Nature?«, Rev. of *Order Out of Chaos*. In: *Phys. Rev.*, Jan. 1985

Penrose, Oliver, »Improving on Newton«, Rev. of *Order Out of Chaos*. In: *Nature*, 26 July 1984

Prigogine, Ilya, *From Being to Becoming*, San Francisco 1980; dt. *Vom Sein zum Werden*, München 1983

Interview with the authors. University of Texas, Austin, 27 – 29 April 1985

Prigogine, Ilya, and Isabelle Stengers, *Order Out of Chaos*, Toronto 1984

Prigogine, Ilya, and Y. Elskens, »From Instability to Irreversibility«. In: *Proc. Natl. Academy of Sci.* 83 (1986), 5756

Kapitel 2   Triumphe der Rückkoppelung

Augros, Robert, and George Stanciu, *The New Biology: Discovering the Wisdom of Nature*, Boston 1987; dt. *Die neue Biologie*, Bern 1991

Bergström, R. M., »An Analysis of the Information-carrying System of the Brain«. In: *Synthese* 17 (1967), 425

»An Entropy Model of the Developing Brain«. In: *Developmental Psychobiology* 2 (3), 139

»Quantitative Aspects of Neural Macrostates«. In: *Cybernetic Medicine* (1973), 9

Bertalanffy, Ludwig von, *General System Theory*, New York 1968

Büttner, Peter, »What Is Systems Thinking?«. In: *The Brattleboro Bulletin*, July 1985

Cairns, J., J. Overbaugh, and S. Miller, »The Origin of Mutants«. In: *Nature* 335 (1988), 142

Capra, Fritjof, *The Turning Point*, Toronto 1982; dt. *Wendezeit*, Bern 1983

Chandler, David L., »Rethinking Evolution«. In: *Boston Globe*, 28 July 1986

Edelman, Gerald, »Group Selection as the Basis for Higher Brain Function«. In: *The Organization of the Cerebral Cortex*, Eds. F. O. Schmitt et al., Cambridge 1983

Ellis, William, »Transnational Networks and World Order«. In: *Transnational Perspectives* 8, No. 4 (1982), 9

Fairfield, Roy, *Person-Centered Graduate Education*, Buffalo 1977

Ferguson, Marilyn, *The Aquarian Conspiracy*, Los Angeles 1980; dt. *Die sanfte Verschwörung*, München 1984

Fleischaker, Gail R., *Autopoiesis: System Logic of the Origin and Diversity of Life*. Doctoral thesis, Boston University, 1987

Forrester, Jay, *Urban Dynamics*, Cambridge 1969
»Common Foundations Underlying Engineering Management«. The Institute of Electrical and Electronics Engineers. Reprint of talk

Fox, Jeffrey L., »The Brain's Dynamic Way of Keeping in Touch«. In: *Science*, Aug. 1984

Freeman, Walter J., »Physiological Basis of Mental Images«. In: *Biol. Psychiatry* 18, No. 10 (1983), 1107

Freeman, Walter J., and Christine A. Skarda, »Spatial EEG Patterns, Nonlinear Dynamics and Perception: The Neo-Sherrington View«. In: *Brain Research Rev.* 10 (1985), 147

Gardner, Howard, *The Mind's New Science*, New York 1985; dt. *Dem Denken auf der Spur*, Stuttgart 1989

Garfinkel, Alan, »A Mathematics for Physiology«. In: *American Physiological Society* (1983)

Globus, Gorden G., »Three Holonomic Approaches to the Brain«. In: *Quantum Implications*, Eds. Basil Hiley and F. David Peat, London 1987

Gould, Stephen Jay, »Kropotkin was No Crackpot«. In: *Natural History* (1988), 12–21

Gray, William, »Understanding Creative Thought Process: An Early Formulation of the Emotional-Cognitive Structure Theory«. In: *Man-Environment Systems* 9, No. 1 (1979)

Harley, Richard, »Global Networks: Trading Recipes and Technologies from Maine to Nepal«. In: *Christian Science Monitor*, 7 Oct. 1982

Henderson, Hazel, *The Politics of the Solar Age*, Garden City, N. Y. 1981; dt. *Die neue Ökonomie*, München 1989

Hofstadter, Douglas R., *Metamagical Themas: Questing for the Essence of Mind and Pattern*, Toronto 1985; dt. *Metamagicum*, Stuttgart 1988

Hooper, Judith, and Dick Teresi, *The 3-Pound Universe*, New York 1986

Jantsch, Erich, *The Self-Organizing Universe*, Oxford 1980; dt. *Die Selbstorganisation des Universums*, München 1982

Johnson, George, »Learning, Then Talking«. In: *New York Times*, 16 Aug. 1988

Joseph, Laurence E., »Britain's Whole Earth Guru«. In: *New York Times Magazine*, 2 Nov. 1986

Keller, Evelyn Fox, *A Feeling for the Organism*, New York 1983; dt. *Liebe, Macht und Erkenntnis*, München 1986

King, Roy, Joachim D. Raese, and Jack Barchas, »Catastrophe Theory of Dopaminergic Transmission: A Revised Dopamine Hypothesis of Schizophrenia«. In: *Jour. Theoretical Biol.* 92 (1981), 373

LaViolette, Paul A., »Thoughts about Thoughts about Thoughts: The Emotional Perceptive Cycle Theory«. In: *Man-Environment Systems* 9, No. 1 (1979)

Lipnack, Jessica, and Jeffrey Stamps, *Networking: The First Report and Directory*, Garden City, N. Y. 1982

Lovelock, J. E., *Gaia: A New Look at Life on Earth*, Oxford 1979

Margulis, Lynn, and Dorion Sagan, *Microcosmos*, New York 1986

Meadows, Donella H., et al., *The Limits to Growth*, New York 1972; dt. *Grenzen des Wachstums*, Stuttgart 1972
»Whole Earth Models and Systems«. In: *The Co-Evolution Quarterly Report*. Reprint

Miskin, Mortimer, and Tim Appenzeller, »The Anatomy of Memory«. In: *Scientific American*, June 1987

Mosekilde, Erik, Javier Aracil, and Peter M. Allen, »Chaotic Behavior in Non-linear Dynamic Models«. Manuscript

Naisbitt, John, *Megatrends*, New York 1984; dt. *Megatrends*, Rastatt 1984

Pagels, Heinz, *The Dreams of Reason*, New York 1988

Peat, F. David, *Artificial Intelligence*, New York 1988

Peters, Thomas, and Robert H. Waterman, Jr., *In Search of Excellence*, New York 1982
Thriving on Chaos: A Handbook for a Managerial Revolution, New York 1987

Rosenfield, Israel, »Neural Darwinism: A New Approach to Memory and Perception«. In: *New York Rev. of Books*, 9 Oct. 1986

Senge, Peter M. »Systems Dynamics, Mental Models and the Development of Management Intuition«. Int. System Dynamics Conf., July 1985
»Systems Thinking in Business: An Interview with Peter Senge«. In: *Revision* 7, No. 2
Interviews with J. Briggs. MIT, Cambridge, Mass., 4 Sept. 1986 and 8 Jan. 1987

Sterman, John D., »Deterministic Chaos in Models of Human Behavior: Methodological Issues and Experimental Results«. Manuscript

Tank, David W., and John J. Hopfield, »Collective Computation in Neuronlike Circuits«. In: *Scientific American*, Dec. 1987

Theobald, Robert, *The Rapids of Change*, Indianapolis 1987

Varela, Francisco J., *Principles of Biological Autonomy*, New York 1979

Weiner, Jonathan, »In Gaia's Garden«. In: *The Sciences* (Jan.–Feb. 1986), 2

Weisburd, Stefi, »Neural Nets Catch the ABCs of DNA«. In: *Science News*, 1 Aug. 1987

Young, J.Z., »Hunting the Homunculus«. In: *New York Rev. of Books*, 4 Feb. 1988

Kapitel 1   Quantenwurzeln ins Chaos

Bohm, David, B. Hiley, and P.N. Kaloyerou, »An Ontological Basis for Quantum Theory«. In: *Phys. Reports* 144, No. 6 (1987), 323

D'Espagnat, Barnard, »Quantum Theory and Reality«. In: *Scientific American*, Nov. 1979

Peat, F. David, »The Emergence of Structure and Organization from Physical Systems«. In: *Int. Jour. Quantum Chemistry*, Quantum Biology Symposium No. 1 (1974), 213
»The Evolution of Structure and Order in Quantum Mechanical Systems«. In: *Collective Phenomena* 2 (1976), 149
»Time, Structure and Objectivity in Quantum Theory«. In: *Foundations of Physics*, December 1988
Superstrings and the Search for the Theory of Everything, New York 1988; dt. *Superstrings*, Hamburg 1989

Shimony, Abner, »The Reality of the Quantum World«. In: *Scientific American*, Jan. 1988

Wheeler, John A., »Bits, Quanta and Meaning«. Preprint

Wheeler, John A., and Wojciech H. Zurek, Eds., *Quantum Theory and Measurement*, Princeton 1983

Prolog   Spannung immer wieder neu

Arnheim, Rudolf, *Entropy and Art: An Essay on Disorder and Order*, Berkeley 1971

Bernstein, Leonard, *The Unanswered Question*, Cambridge, Mass. 1976; dt. *Musik – die offene Frage*, München 1991

Briggs, John, *Fire in the Crucible: The Alchemy of Creative Genius*, New York 1988
»Reflectaphors: The (Implicate) Universe as a Work of Art«. In: *Quantum Implications*, Eds. Basil Hiley and F. David Peat, London 1987

Bohm, David and F. David Peat, *Science, Order and Creativity*, New York 1987; dt. *Das neue Weltbild*, München 1990

Dodge, Charles and Curtis R. Bahn, »Musical Fractals«. In: *Byte*, June 1986

Gruber, Howard, »Inching Our Way Up Mount

Olympus: The Evolving Systems Approach to Creative Thinking«. In: *The Nature of Creativity*, Ed. Robert J. Sternberg, Cambridge 1988

Hadamard, Jacques, *The Psychology of Invention in the Mathematical Field*, New York 1945

Holton, Gerald, *Thematic Origins of Scientific Thought: Kepler to Einstein*, Cambridge, Mass. 1973; dt. *Themata*, Wiesbaden 1984

James, Henry, *The Art of the Novel*, New York 1934; dt. *Die Kunst des Romans*, Hanau 1984

Koestler, Arthur, *The Act of Creation*, New York 1964

Monaco, Richard, and John Briggs, *The Logic of Poetry*, New York 1974

Paz, Octavio, *The Monkey Grammarian*, Trans. Helen R. Lane, New York 1981; dt. *Der sprachgelehrte Affe*, Frankfurt 1982

Schönberg, Arnold, *Style and Idea*, New York 1950; dt. *Stil und Gedanke*, Frankfurt 1976

Thomsen, Dietrick E., »Making Music – Fractally«. In: *Science News*, 22 March 1980

Vorwort

Keller, Evelyn Fox., *A Feeling for the Organism*, New York 1983; dt. *Liebe, Macht und Erkenntnis*, München 1986

Rifkin, Jeremy, *Algeny*, New York 1983; dt. *Genesis zwei*, Reinbek 1986

Verzeichnis der Abbildungen

Sämtliche Kapitelüberschriften, das Frontispiz, die beiden Doppelseiten 112/113 und 170/171, das Schlußbild sowie die Abbildungen P.3, P.4, 1.1–1.20, 2.1, 2.3–2.9, 3.1–3.7, 3.9, 4.1, 4.2, 4.5, 4.6, 0.1–0.3, 0.7, 0.19, 0.20, 0.22, 4.1–4.3, 4.5–4.7, 3.2, 3.3, 3.7, 2.1, 2.2, 2.3, 2.5, 2.6, 1.1 und P.4 hat Wilfried Blecher nach den Zeichnungen der Originalausgabe von Cindy Tavernise neu gezeichnet.

Abb. 0.5, 0.6 Benoit Mandelbrot, IBM Research

Abb. 0.7 Blecher nach Tavernise

Abb. 0.8–0.18 Die Berechnungen zu diesen Abbildungen wurden auf einem Prime 9955 Semimini-computer durchgeführt. Die Abbildungen mit einer Auflösung von etwa 120 Bildpunkten pro cm^2 wurden im PostScript-Verfahren auf einem Apple Laserdrucker erzeugt. Für jeden Bildpunkt (etwa 14000 Bildpunkte pro cm^2) wurde eine Berechnung der Mandelbrot-Menge durchgeführt. Die Illustrationen wurden mit freundlicher Genehmigung von Prime Computer Inc., Natick, Mass., und den Entwicklern des Algorithmus bei Prime, David Brooks und Dan Kalikow, reproduziert. Abbildungsverfahren, Prime Computer Inc.

Abb. 0.19 Blecher nach Tavernise

Abb. 0.20 Blecher nach Tavernise, unter Verwendung von Diagrammen von Roderick V. Jensen (in: *American Scientist* 1987) und Leo Kadanoff (in: *Physics Today* 1983)

Abb. 0.21 H.-O. Peitgen und P. H. Richter, in: Peitgen/Richter, *The Beauty of Fractals*, Heidelberg 1986

Abb. 0.22 Blecher nach Tavernise

Abb. 0.23 Douglas Smith, Boston Museum of Science

Abb. 0.24, 0.25 Michael Batty, in: Batty, *Microcomputer Graphics*, London 1987 und *New Scientist* 1985

Abb. 0.26 The Desborough Mirror: The British Museum

Abb. 0.27 Katsushika Hokusai, *The Great Wave:* Spaulding Collection, Museum of Fine Arts, Boston

Doppelseite Alice (S. 170/171) Blecher nach Tavernise

Kapitel 4

Abb. 4.1–4.3 Blecher nach Tavernise

Abb. 4.4 Jet Propulsion Laboratory, Pasadena, California

Abb. 4.5–4.7 Blecher nach Tavernise

Abb. 4.8 NASA

Kapitel 3

Abb. 3.1A John Briggs und F. David Peat, in: Briggs/Peat, *Looking Glass Universe*, New York 1984

Abb. 3.1B, C Ralph Abraham, in: Abraham, *Dynamics: The Geometry of Behaviour: Chaotic Behavior*, Santa Cruz 1984

Abb. 3.2, 3.3 Blecher nach Tavernise

Abb. 3.4 Friz Goro, in: Ilya Prigogine, *Being to Becoming*, San Francisco 1980

Abb. 3.5 National Optical Astronomy Observatories

Abb. 3.6 John Briggs

Abb. 3.7 Blecher nach Tavernise

Kapitel 2

Abb. 2.1 Blecher nach Tavernise und Lynn Margulis

Abb. 2.2 Blecher nach Tavernise und John Lovelock

Abb. 2.3 Blecher nach Tavernise und Erich Jantsch

Abb. 2.4 Blecher nach Tavernise und Matti Bergström

Abb. 2.5 Blecher nach Tavernise und Michael Merzenich

Abb. 2.6 Blecher nach Tavernise und Peter Senge

Kapitel 1
Abb. 1.1   Blecher nach Tavernise

Prolog
Abb. P.1   James Crutchfield
Abb. P.2, P.3   Sterling Lord Literistic, Inc., Arthur Koestler (1964)
Abb. P.4   Blecher nach Tavernise
Abb. P.5   Hans Memling, *Bildnis der Maria Portinari:* Benjamin Altman Collection, The Metropolitan Museum of Art, New York

Schlußbild   Blecher nach Tavernise

Personenregister

DIE BIBEL EINES NEUEN ZEITALTERS

Raymond Kurzweil und seine Gastautoren setzen sich mit allen Aspekten der KÜNSTLICHEN INTELLIGENZ auseinander. Der erste Teil des Buches gibt in leicht faßlicher Form eine Einführung in die philosophischen, technischen und logischen Ursprünge KÜNSTLICHER INTELLIGENZ. Der zweite Teil zeigt die Arbeitsgebiete der KI und die Leistungsfähigkeit der Systeme. Einen fundierten Ausblick auf zukünftige Entwicklungen und Anwendungsgebiete sowie daraus entstehende soziale Implikationen liefert der Schlußteil des Buches. Dieser mit acht Preisen ausgezeichnete Titel gilt seit 1990 in Amerika als Standardwerk über KÜNSTLICHE INTELLIGENZ.

Aus dem Amerikanischen von Sonja Göttler, Verena Koch, Enrico Heinemann und Ulrich Mihr. Ca. 566 Seiten mit ca. 80 Seiten Anhang und Bibliographie. 126 Fotos, davon 58 in Farbe. 28 Computergraphiken und 51 Zeichnungen. Gebunden

Raymond Kurzweil

KI

The Age of Intelligent Machines

Hoimar v. Ditfurth im dtv

Foto: York-Foto, Freiburg i. Br.

Der Geist fiel nicht vom Himmel
Die Evolution unseres Bewußtseins

Die Entstehung menschlichen Bewußtseins als notwendiges Ergebnis einer Jahrmilliarden langen Entwicklungsgeschichte. dtv 1587

Im Anfang war der Wasserstoff

Ein Report über 13 Milliarden Jahre Naturgeschichte, angefangen vom Urknall über die Entstehung des »Abfallprodukts« Erde, über die große Sauerstoffkatastrophe, die Entstehung der Warmblütigkeit (und damit die Voraussetzung für das menschliche Bewußtsein) bis hin zur Möglichkeit interplanetarisch-galaktischer Kommunikation. Durchgehend verzeichnet Ditfurth dabei das Vorherrschen von Vernunft. dtv 30015

Kinder des Weltalls
Der Roman unserer Existenz

Anhand wissenschaftlicher Erkenntnisse vollzieht Ditfurth nach, warum auf unserer Erde Leben entstehen konnte und wie unser Dasein von ineinandergreifenden kosmischen Vorgängen abhängt. dtv 10039

Wir sind nicht nur von dieser Welt
Naturwissenschaft, Religion und die Zukunft des Menschen

»Dies Buch wird in der Überzeugung geschrieben, daß die naturwissenschaftliche und religiöse Deutung der Welt und des Menschen miteinander in Einklang zu bringen sind.« (Hoimar von Ditfurth) dtv 10290

Innenansichten eines Artgenossen

Ditfurths letztes und reifstes Buch – eine ungemein fesselnde Bilanz nicht nur seines Lebens, sondern auch all der Fragen aus Natur- und Geisteswissenschaften, die ihn beschäftigt haben. dtv 30022

Hoimar v. Ditfurth/Dieter Zilligen: Das Gespräch

Hoimar Ditfurths letztes Interview: Ein kraftvolles Vermächtnis des großen Publizisten, Mahners und Warners. dtv 30329

Zusammen mit Volker Arzt:

Dimensionen des Lebens
Reportagen aus der Naturwissenschaft auf der Grundlage der Fernsehreihe »Querschnitte«. dtv 1277

Querschnitte
Reportagen aus der Naturwissenschaft
Zehn weitere Beiträge aus der erfolgreichen Fernsehserie »Querschnitte« in Buchform. dtv 1742

Frederic Vester
im dtv

Denken, Lernen, Vergessen
Was geht in unserem Kopf vor, wie
lernt das Gehirn, und wann läßt es
uns im Stich?
Frederic Vester vertritt eine völlig
neue Richtung der Gehirnfor-
schung: die Biologie der Lernvor-
gänge. Ein Testprogramm zeigt
dem Leser, wie er seinen individuellen Lerntyp feststellen und seinen
eigenen »biologischen Computer«
am effektivsten nutzen kann.
dtv 30003

Phänomen Streß
Wo liegt sein Ursprung,
warum ist er lebenswichtig,
wodurch ist er entartet?

»Vester ist es in bewundernswerter
Weise gelungen, die wesentlichen
Zusammenhänge des Streßgesche-
hens in einer auch dem Laien ver-
ständlichen Sprache zu vermitteln.
Sein Buch ist höchst angenehm zu
lesen, gut illustriert und äußerst
instruktiv.« (Professor Hans Selye)
dtv 1396

**Unsere Welt –
ein vernetztes System**

Ein faszinierender Einblick in die
Gesetzmäßigkeiten von sich selbst
regulierenden Systemen, die vom
Mikrokosmos bis zum Makrokos-
mos die gleichen sind. Anhand vieler anschaulicher Beispiele erläutert
Vester die Steuerung von Systemen
in der Natur und durch den Menschen, und wie wir sie in ihren
Abhängigkeiten und Wechselwirkungen verstehen, beurteilen und
zur Lösung von Problemen einsetzen können. dtv 10118

Neuland des Denkens
Vom technokratischen zum
kybernetischen Zeitalter

Das fesselnd und allgemeinver-
ständlich geschriebene Hauptwerk
von Frederic Vester – eine grundlegende und breitgefächerte Orien-
tierungshilfe für alle, die an einer
(über-)lebenswerten Zukunft interessiert sind. dtv 10220

Ballungsgebiete in der Krise
Vom Verstehen und Planen
menschlicher Lebensräume

Eine praktikable Anleitung, die
Zukunft unserer bedrängten Lebensräume nicht mehr der technokratischen Planung zu überlassen,
sondern sie auf der Grundlage bio-
kybernetischen Denkens als vernetztes System zu erfassen und für
die Zukunft zu gestalten. Aktualisierte Neuausgabe. dtv 30007

Frederic Vester/Gerhard Henschel:
Krebs – fehlgesteuertes Leben
Aktualisierte Neuausgabe. dtv 11181

Carl Friedrich von Weizsäcker im dtv

Foto: Isolde Ohlbaum

Wege in der Gefahr
Eine Studie über Wirtschaft, Gesellschaft und Kriegsverhütung

Dieses Buch »ist geeignet, den Blick für die politischen Realitäten im Atomzeitalter zu schärfen, die sonst gelegentlich an Konturen verlieren... Für Weizsäcker, wie für viele Kulturkritiker der Gegenwart, ist das bloße wissenschaftliche Denken ohnmächtig. Das Ziel eines Bewußtseinswandels ist eine ›von Liebe ermöglichte Vernunft‹.« (Wehrwissenschaftliche Rundschau) dtv 1452

Deutlichkeit
Beiträge zu politischen und religiösen Gegenwartsfragen

Was heißt Verteidigung der Freiheit gegen Terrorismus und Repression? Hat das parlamentarische System eine Zukunft? Welche Chancen und Risiken birgt die friedliche Nutzung der Kernenergie? Gehen wir einer asketischen Weltkultur entgegen? Wie läßt sich die Frage nach Gott mit dem naturwissenschaftlichen Denken vereinen? – Vielfältige Fragen, die Weizsäcker klar zu beantworten versucht. dtv 1687

Wahrnehmung der Neuzeit

Die Wahrnehmung der Neuzeit und ihrer Krise ist Weizsäckers Hauptanliegen in diesem Band mit Aufsätzen und Vorträgen von 1945 bis heute: »Das Ziel ist, die Neuzeit sehen zu lernen, um womöglich besser in ihr handeln zu können.« dtv 10498

Bewußtseinswandel

Carl Friedrich von Weizsäcker beschäftigt sich in diesen tief durchdachten Aufsätzen mit der zentralen Krise der Menschheit. »Von Weizsäcker tritt auf als ein Prediger, ein Warner vor dem Untergang der Menschheit, einer, der den Quellen der Weisheit ganz nahe sitzt.« (Kurt Kister in der Süddeutschen Zeitung) dtv 11388

Das Carl Friedrich von Weizsäcker Lesebuch

Ein Querschnitt aus dem Gesamtwerk Carl Friedrich von Weizsäckers, einer der herausragendsten Persönlichkeiten der geistigen Kultur Deutschlands. dtv 30305

Das Buch

Wo man hinblickt, Turbulenzen, Unvorhersagbarkeiten, Unregelmäßigkeiten – kurz: Chaos. Ein Schmetterlingsschlag in China löst einen Hur-
rikan in den USA aus; ein Planet beginnt zu torkeln, weil eine minimale
Störung des Gravitationsverhältnisses aufgetreten ist; eine winzige
Abweichung eines einzigen Energiequants während des Urknalls hätte
ein ganz anderes Universum entstehen lassen können. Ist die naturwissenschaftliche Sichtweise falsch, den Kosmos vom Standpunkt der Ordnung aus zu betrachten? Nein, denn mit Chaos ist nicht das Fehlen jegli-
cher Ordnung und völlig regelloses Durcheinander gemeint, sondern –
wegen der Vernetztheit der vielen Elemente, die miteinander agieren und
rückkoppeln – die Unübersehbarkeit und Unberechenbarkeit der Natur-
prozesse. John Briggs und F. David Peat laden den Leser ein, jene faszinie-
rende Welt zu erkunden, die sich durch die noch recht junge Chaos-For-
schung erschließt. Als Reisebegleiterin haben sie Alice auserkoren, die
schon im Wunderland hinter den Spiegeln mit rätselhaften Erscheinungen
konfrontiert war. Die Entdeckungsreise durch die erstaunlich vielfältige
Welt komplexer Systeme wird zu einem intellektuellen Vergnügen,
gerade weil es den Autoren gelingt, selbst komplizierte Sachverhalte geist-
reich und nachvollziehbar zu veranschaulichen. Wer sich in die instabile
Welt modernster Naturwissenschaft begeben will, findet hier eine brillante Einführung.

Die Autoren

John Briggs lehrt Psychologie an der Western Connecticut State University in den USA.
F. David Peat ist Physiker, Wissenschaftspublizist und Mitglied des renom-
mierten Canada National Research Council.